水电厂岗位模块培训教材

水电自动装置检修

>>>>>>> 东北电网有限公司 编

中国电力出版社
CHINA ELECTRIC POWER PRESS

内 容 提 要

本书是按照《国家电网公司生产技能人员职业能力培训规范》的要求，结合一线生产实际需求，采取模块化模式编写而成的。全书分三个分册共二百七十一个模块，分别适用于水电自动装置检修Ⅰ、Ⅱ、Ⅲ级人员培训学习，主要内容包括水电自动装置、励磁系统设备、调速系统设备、监控系统设备、同期系统设备、水力机械自动化系统设备的维护、检修、故障处理，以及水电自动装置的更换。

本书可作为水电厂生产技能人员职业能力的培训用书，也可供相关职业院校教学参考使用。

图书在版编目(CIP)数据

水电自动装置检修/东北电网有限公司编. —北京：中国电力出版社，2014.1

水电厂岗位模块培训教材

ISBN 978-7-5123-4252-1

Ⅰ.①水… Ⅱ.①东… Ⅲ.①水力发电站-自动装置-检修-技术培训-教材 Ⅳ.①TV736

中国版本图书馆 CIP 数据核字(2013)第 060474 号

中国电力出版社出版、发行

(北京市东城区北京站西街 19 号 100005 http://www.cepp.sgcc.com.cn)

航远印刷有限公司印刷

各地新华书店经售

*

2014 年 1 月第一版 2014 年 1 月北京第一次印刷

710 毫米×980 毫米 16 开本 55.625 印张 995 千字

印数 0001—3000 册 定价 **138.00** 元（上、中、下册）

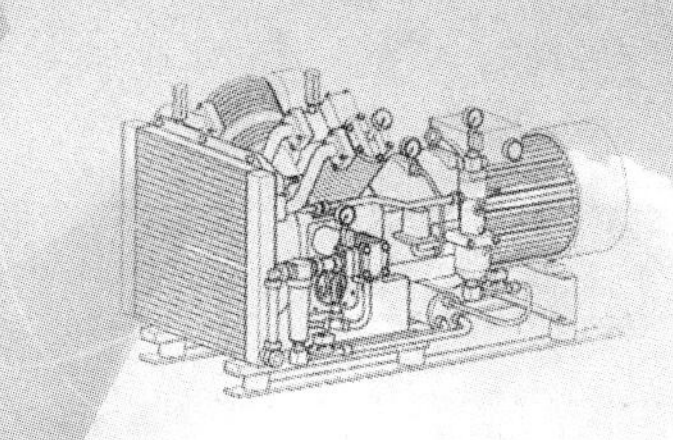

目 录

Ⅱ　级

Ⅲ 级

III 级

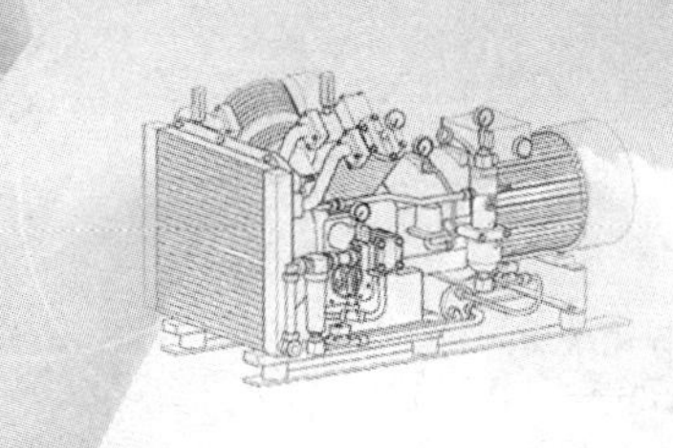

科目十四

水电自动装置的常规维护和检修

水电自动装置的常规维护和检修培训规范

科目名称	水电自动装置的常规维护和检修	类别	专业技能
培训方式	实践性/脱产培训	培训学时	实践性 72 学时/ 脱产培训 36 学时
培训目标	1. 掌握用双臂电桥测试直流电阻方法和标准。 2. 能熟练使用数字式示波器进行各种信号的测量。 3. 掌握水电自动装置中磁力启动器的安装及二次回路控制电缆的敷设。 4. 掌握使用复杂仪器对自动装置的静态、动态性能测试方法。		
培训内容	模块 1　用双臂电桥测试直流电阻 模块 2　数字式示波器的高级参数设置 模块 3　用数字式示波器进行电压参数、时间参数的测量 模块 4　用数字式示波器捕捉自动装置单次信号 模块 5　测量自动装置脉冲上升沿频率、幅值 模块 6　减少信号上的随机噪声的方法 模块 7　水电自动装置中磁力启动器的安装 模块 8　水电厂二次回路控制电缆的敷设 模块 9　励磁调节器的动态性能测试		
场地、主要设施和设备、主要工器具、主要材料	1. 场地：设备所在地、实验室。 2. 主要设施和设备：水电厂自动装置及二次回路等。 3. 主要工器具：万用表、双臂电桥、数字式示波器、励磁调节器测试仪、电工工具、钢锯、温度计、湿度计等。 4. 主要材料：动力电缆、电缆卡子、电缆标示牌、钢锯锯条、穿管用的 8～10 号钢丝、电缆敷设的专用工具、放线架、足够长的厚壁钢管、爬梯、照明器具		
安全事项、防护措施	1. 检修前交代作业内容、作业范围、危险点、安全措施和注意事项。 2. 戴安全帽、穿工作服（防静电服）、穿绝缘鞋、高空作业需佩戴安全带。 3. 加强监护，严格执行电业安全工作规程。 4. 对于需停电检修的设备，要认真进行验电检查，确保无电及安全措施完善后才能开始检修工作。		
考核方式	笔试：120 分钟 操作：120 分钟 完成维护和检修任务后，针对模块技能操作评分标准进行考核。		

模块1 用双臂电桥测试直流电阻

一、操作说明

在水电自动装置中，测量直流电阻是常见的操作项目，所用测量仪器一般都是直流电桥。利用直流电桥测量直流电阻，简单方便，准确度高。常用的直流电桥有单臂电桥和双臂电桥。在测量高电压大容量电力变压器绕组的直流电阻时，由于被试品电感量大，充电时间长，使测试工作耗费时间太长，带来诸多不便。因此，长期以来，人们研究各种快速充电方法。随着数字技术在测试仪器中的广泛应用，采用直流恒流电源制造的直流电阻快速测试仪使测量直流电阻时的充电时间缩短到最小。并且配上自动数字显示、自动打印等功能，使测试工作操作简便，测量快捷，准确可靠，具备诸多优点。双臂电桥是在单臂电桥的基础上增加特殊结构，以消除测试时连接线和接线柱接触电阻对测量结果的影响。特别是在测量低电阻时，由于被测量很小，试验时的连接线和接线柱接触电阻都会对测试结果产生很大影响，造成很大误差。因此，测量低值电阻时应使用双臂电桥。双臂电桥也称凯尔文电桥，常用的有QJ28型、QJ44型和QJ101型等，QJ44型双臂电桥原理图和版面布置如图14-1所示。

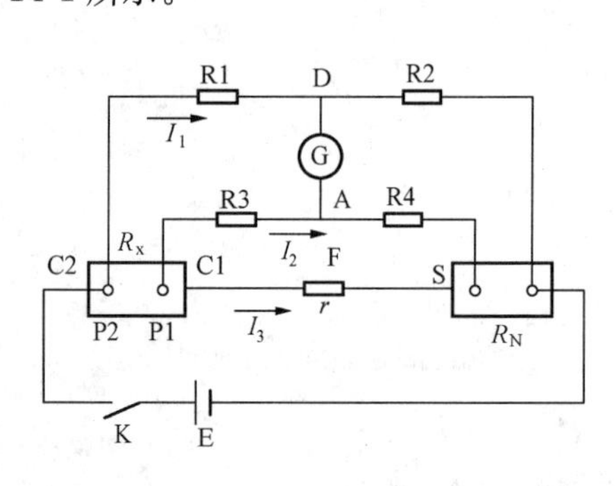

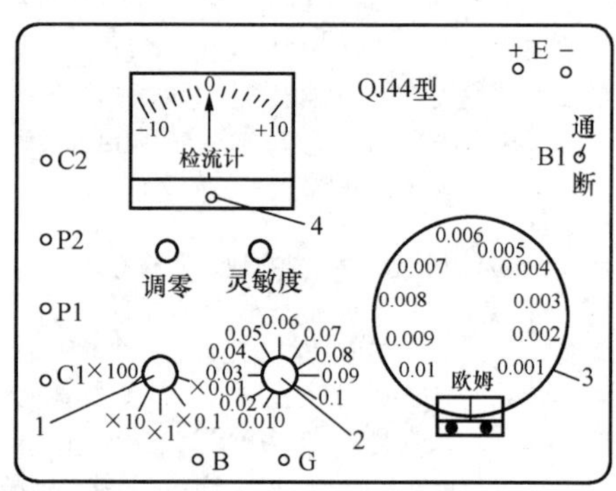

图14-1 QJ44型双臂电桥原理图和版面布置

1—倍率选择开关；2—电阻读数步进开关；3—电阻读数滑线盘；4—检流计闭锁锁扣

二、操作步骤

（1）确认设备序号。

（2）将电桥放置于平整位置，放入电池。

（3）测量直流电阻接线如图14-2所示。按图14-2（a）接线方式接入被试品电阻R_x。在该图中被测电阻是变压器的绕组直流电阻，其接线端子是A、x。由图

14-2（a）可见，试验引线需四根，分别单独从双臂电桥的C1、P1、P2、C2四个接线柱引出。由Cl、C2与被测电阻构成电流回路，而P1、P2则是电位采样，供检流计调平衡用。

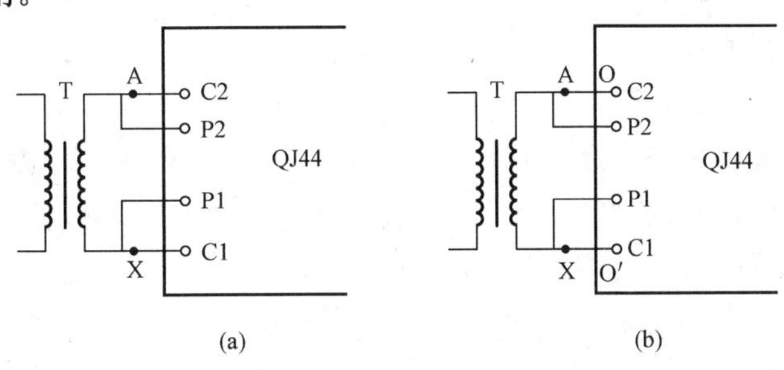

图14-2　测量直流电阻接线

（a）正确接线；（b）错误接线

T—被试变压器；A、X—被测绕组的首尾引出端子；QJ44— 双臂电桥；

C1、C2—双臂电桥电流接线端子；P1、P2—双臂电桥电位接线端子（电压采样）

必须注意，不可按图14-2（b）的方式接线。如果那样接线，则试验引线OA和O′x的电阻，以及在接线柱A、x处的接触电阻都计入被测电阻中，这就增加了误差。同时还应注意，电流接线端子Cl、C2的引线应接在被测绕组的外侧（即端子A、x处），而电位接线端子Pl、P2的引线应接在Cl、C2的内侧，即应按照图14-2（a）的方式接线。这样接线可避免将C1、C2的引线与被测绕组连接处的接触电阻测量在内。

（4）接通电桥电源开关B1，待放大器稳定后检查检流计是否指零位，如不在零位，调节调零旋钮，使表针指示零位。

（5）检查灵敏度旋钮，应在最小位置。

（6）估算被测电阻大小，将倍率开关和电阻读数步进开关放置在适当位置。

（7）按下电池按钮“B”，对被测电阻R_x进行充电，待一定时间后，估计充电电流渐趋稳定，再按下检流计按钮“G”，根据检流计的偏转方向“+”或“−”，逐渐减少或增加步进读数开关的电阻数值，以使检流计指向“零位”，并逐渐调节灵敏度旋钮，使灵敏度达到最大，检流计指零位，必要时可旋转电阻滑线盘，作为调节检流计指“零”位的微调手段。

（8）在灵敏度达到最大，检流计指示“零”位，稳定不变的情况下，读取步进开关和滑线盘两个电阻读数并相加，再乘上倍率开关的倍率读数，即为最后电阻读数。

（9）在灵敏度达到最大，检流计指示“零”位，稳定不变的情况下，不等读数

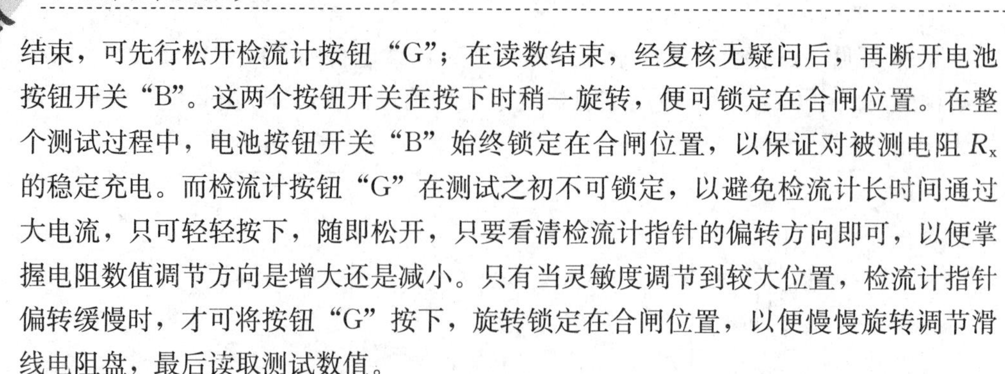

结束，可先行松开检流计按钮“G”；在读数结束，经复核无疑问后，再断开电池按钮开关“B”。这两个按钮开关在按下时稍一旋转，便可锁定在合闸位置。在整个测试过程中，电池按钮开关“B”始终锁定在合闸位置，以保证对被测电阻 R_x 的稳定充电。而检流计按钮“G”在测试之初不可锁定，以避免检流计长时间通过大电流，只可轻轻按下，随即松开，只要看清检流计指针的偏转方向即可，以便掌握电阻数值调节方向是增大还是减小。只有当灵敏度调节到较大位置，检流计指针偏转缓慢时，才可将按钮“G”按下，旋转锁定在合闸位置，以便慢慢旋转调节滑线电阻盘，最后读取测试数值。

（10）测试结束时，先断开检流计按钮开关“G”，然后才可断开电池按钮开关“B”，最后拉开电桥电源开关 B1，拆除电桥到被测电阻的四根引线 C1、P1、P2 和 C2。

为了测试准确，采用双臂电桥测试小电阻时，所使用的四根连接引线一般选用较粗、较短的多股软铜绝缘线，其阻值不大于 0.01Ω。如果导线太细、太长、电阻太大，则导线上会存在电压降，本来测试时使用的干电池电压就不高，如果引线压降过大，会影响测试时的灵敏度和测试结果的准确性。

（11）记录天气条件，即温度，特别是被测设备的实际温度，并进行电阻数值的温度换算。

三、操作注意事项

（1）双臂电桥使用结束后，应立即将检流计的锁扣锁住，防止指针受振动、碰撞、折断。

（2）双臂电桥在按钮开关“G”没有断开时，不可先断开电池开关“B”，以免由于被测设备存在大电感瞬间感应自感电动势对电桥反击，烧坏检流计。

（3）在拆除试验引线时要戴手套，其目的也是防止被测设备上的残余电荷对人体放电。在引线拆除后，如被测设备为变压器等具有较大电感和对地电容时，应对地放电。

（4）双臂电桥的测量范围为 10^{-5}～11Ω，有的测量范围上限达 22Ω，测量精度为 0.2%。

模块 2　数字式示波器的高级参数设置

一、操作说明

通过观察状态栏来确定示波器设置的变化；如何进行自校正、垂直系统校准、水平系统校准、屏幕测试、键盘测试、调整探头补偿校准输出频率等操作。

二、操作步骤

（1）在示波器 MENU 控制区的 UTILITY（辅助系统功能）为高级系统功能按键，如图 14-3 所示。使用 UTILITY按钮弹出系统功能设置菜单，如图 14-4 所示。

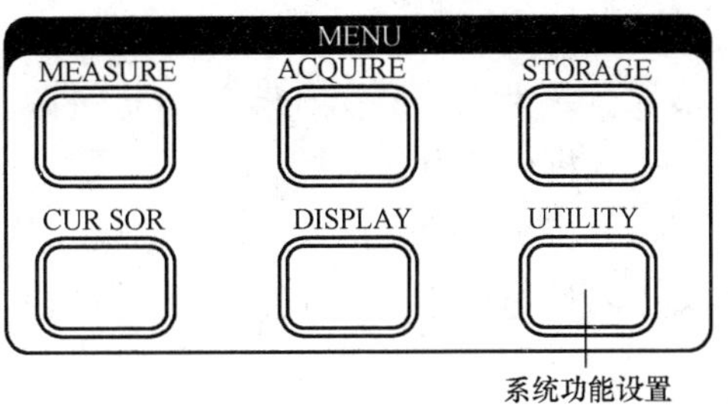

图 14-3　示波器 MENU 控制区

（2）自校正程序可迅速地使示波器达到最佳状态，以取得最精确的测量值。可在任何时候执行这个程序，但如果环境温度变化范围达到或超过 5℃时，必须执行这个程序。若要进行自校正，应将所有探头或导线与输入连接器断开。然后，按 UTILITY 钮，选择自校正。运行自校正程序以前，请确定示波器已预热或运行达 30min 以上。校准的顺序必须是先进行垂直系统校准再进行水平系统校准。

UTILITY
自校正
接口设置
探头校准输出频率
1kHz
自测试
Language
简体中文

功能菜单	设定	说　明
自校正	垂直系统校准 水平系统校准	执行垂直系统自校准程序 执行水平系统自校准程序
接口设置	RS–232 波特率 GPIB 地址	设置 RS–232 扩展模块通信波特率 设置 GPIB 扩展模块地址
探头校准输出频率	1kHz 2kHz 6kHz	设置探头校准输出频率为 1kHz、2kHz、6kHz 的方波
自测试	屏幕测试 键盘测试	执行屏幕测试程序 执行键盘测试程序
Language	简体中文 English	设置系统显示语言为简体中文 设置系统显示语言为英文

图 14-4　系统功能设置菜单

（3）按菜单操作键选择垂直系统校正，进入校准状态。注意校准时，CH1 和 CH2 不得输入信号。按 RUN/STOP 键开始校准，按 AUTO 键退出校准。注意观察进度条，若校准完成，进度条到满刻度，系统会弹出提示信息“校准完成”；若校准进行中期望退出，可以按 RUN/STOP。

（4）水平系统校准前，应先运行垂直系统校准。然后，按菜单操作键选择水平系统校正，进入校准状态。校准时，同样不得输入信号。

（5）选择屏幕测试按钮进入屏幕测试界面。依次按此键，观察屏幕是否有严重色偏或其他显示错误。

（6）选择键盘测试按钮进入键盘测试界面。此界面上的矩形区域代表面板上对应位置的按键；带箭头标志的细长矩形代表面板对应位置的旋钮；正方形代表对应旋钮的按下功能。分别对所有按键和旋钮进行测试，观察其是否正确反应。

（7）探头补偿器用来调整探头与输入电路的匹配性。探头补偿器输出约5V的方波，频率为1kHz、2kHz、6kHz可调。

三、操作注意事项

（1）探头补偿器接地，BNC屏蔽连接接地。

（2）请勿将电压源连接到探头补偿器和BNC屏蔽连接接地终端。

模块3　用数字式示波器进行电压参数、时间参数的测量

一、操作说明

使用数字式示波器进行电压参数、时间参数的测量是水电自动装置检修工作中经常进行的一项技能操作。

二、操作步骤

（1）确认检测电路。

（2）将探头菜单衰减系数设定为10×，并将探头上的开关设定为10×。

（3）将通道1的探头连接到电路被测点。

（4）如图14-5所示，在MENU控制区的MEASURE为自动测量功能按键。按下自动测量功能按键。

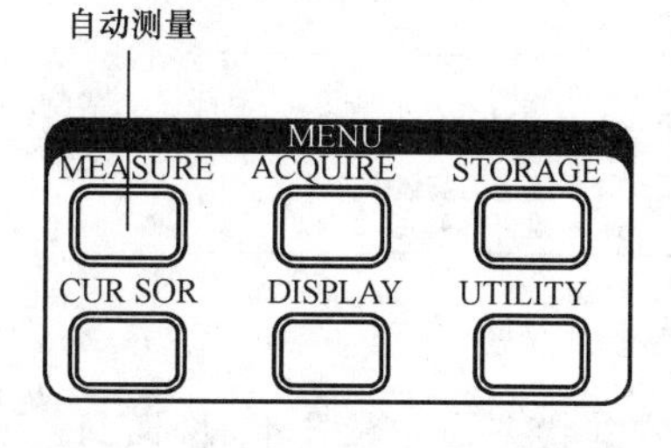

图14-5　示波器MENU控制区

（5）测量的电压显示在显示屏幕上，电压参数包括峰峰值、最大值、最小值、平均值、均方根值、顶端值、低端值。顶端平整的脉冲信号如图14-6所示，表述了电压参数的物理意义。

1）峰峰值（V_{pp}）：波形最高点波峰至最低点的电压值。

2）最大值（V_{max}）：波形最高点至GND（地）的电压值。

3）最小值（V_{min}）：波形最低点至GND（地）的电压值。

4）顶端值（V_{top}）：波形平顶至GND（地）的电压值。

5）底端值（V_{basc}）：波形平底至GND（地）的电压值。

6）平均值（A_{vcrage}）：1个周期内信号的平均幅值。

7）均方根值（V_{rms}）：即有效值。依据交流信号在1周期内换算所产生的能量，对应产生等值能量的直流信号电压，即均方根值。

（6）按下时间参数的自动测量按键，测量频率、周期、上升时间、下降时间、正脉宽、负脉宽、延迟参数，测量的参数显示在显示屏幕上，时间参数定义值如图

14-7 所示。

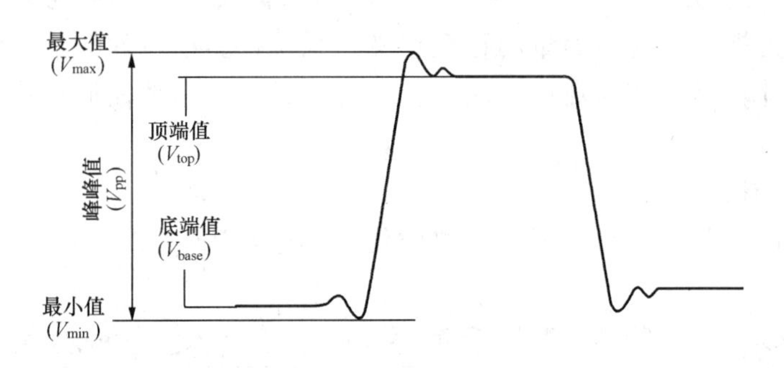

图 14-6　顶端平整的脉冲信号

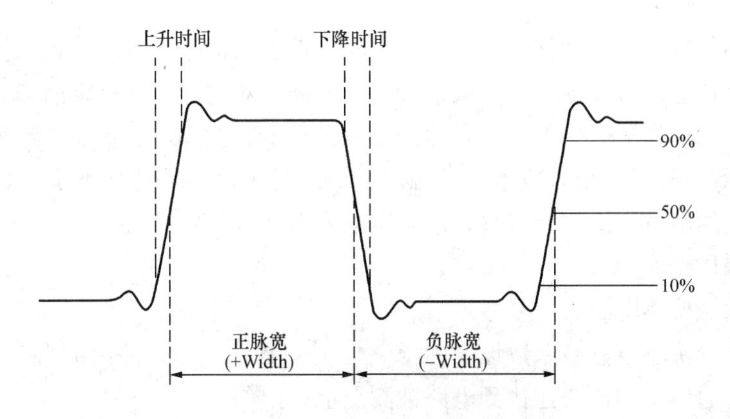

图 14-7　时间参数定义值

1）上升时间（Rise time）：波形幅度从 10%。上升至 90%所经历的时间。

2）下降时间（Fa11 time）：波形幅度从 90%下降至 10%所经历的时间。

3）正脉宽（＋Width）：正脉冲在 50%幅度时的脉冲宽度。

4）负脉宽（－Width）：负脉冲在 50%幅度时的脉冲宽度。

5）延迟 1->2∮1：通道 1、2 相对于上升沿的延时。

6）延迟 1->2∮2：通道 1、2 相对于下降沿的延时。

（7）光标测量分为 3 种模式。

1）手动方式：光标电压或时间方式成对出现，并可手动调整光标的间距。显示的读数即为测量的电压或时间值。当使用光标时，需首先将信号源设定成所要测量的波形。

2）追踪方式：水平与垂直光标交叉构成十字光标。十字光标自动定位在波形上，通过旋转对应的垂直控制区域或水平控制区域的 POSITION 旋钮可以调整十字光标在波形上的水平位置。示波器同时显示光标点的坐标。

3）自动测量方式：通过此设定，在自动测量模式下，系统会显示对应的电压或时间光标，以揭示测量的物理意义。系统根据信号的变化，自动调整光标位置，并计算相应的参数值。注意：此种方式在未选择任何自动测量参数时无效。

三、操作注意事项

测量结果在屏幕上的显示会因为被测信号的变化而改变。

模块4　用数字式示波器捕捉自动装置单次信号

一、操作说明

在自动装置电路中捕捉脉冲、毛刺等非周期性的信号是自动装置维护检修工作的一项高级技能。若捕捉一个单次信号，首先需要对此信号有一定的知识，才能设置触发电平和触发沿。例如，如果脉冲是一个TTL电平的逻辑信号，触发电平应该设置成2V，触发沿设置成上升沿触发。如果对于信号的情况不确定，可以通过自动或普通的触发方式先行观察，以确定触发电平和触发沿。

二、操作步骤

（1）确认检测电路。

（2）将探头菜单衰减系数设定为10×，并将探头上的开关设定为10×。

（3）将通道1的探头连接到电路被测点上。

（4）进行触发设定。

1）按下触发（TRIGGER）控制区域MENU按钮，显示触发设置菜单。

2）在此菜单下分别应用1～5号菜单操作键，设置触发类型为边沿触发、边沿类型为上升沿、信号源选择为CH1、触发方式为单次、耦合为直流。

3）调整水平和垂直挡位至适合的范围。

4）旋转触发（TRIGGER）控制区域LEVEL旋钮，调整适合的触发电平。

5）按RUN/STOP执行按钮，等待符合触发条件的信号出现。如果有某一信号达到设定的触发电平，即采样一次，显示在屏幕上。

三、操作注意事项

幅度较大的突发性毛刺，将触发电平设置到刚刚高于正常信号电平，按RUN/STOP按钮开始等待，则当毛刺发生时，机器自动触发并把触发前后一段时间的波形记录下来。通过旋转面板上水平控制区域（HORIZONTAL）的水平POSITION旋钮，改变触发位置的水平位置，可以得到不同长度的负延迟触发，便于观察毛刺发生之前的波形。

模块5　测量自动装置脉冲上升沿频率、幅值

一、操作说明

在自动装置电路中测量脉冲上升沿频率、幅值是自动装置维护检修工作的一项高级技能。

二、操作步骤

（1）按下 CURSOR 按钮，以显示光标测量菜单。

（2）按下 1 号菜单操作键，设置光标模式为手动。

（3）按下 2 号菜单操作键，设置光标类型为时间。

（4）旋转垂直控制区域垂直 POSITION 旋钮，将光标 1 置于 RING 的第一个峰值处。

（5）旋转水平控制区域水平 POSITION 旋钮，将光标 2 置于 RING 的第二个峰值处。

（6）光标菜单中显示出增量时间和频率（测得的 RING 频率）。装置脉冲上升沿频率、幅值如图 14-8 所示。

（7）按下 CURSOR 按钮，以显示光标测量菜单。

（8）按下 1 号菜单操作键，设置光标模式为手动。

（9）按下 2 号菜单操作键，设置光标类型为电压。

（10）旋转垂直控制区域垂直旋钮，将光标 1 置于 RING 的波峰处。

（11）旋转水平控制区域水平旋钮，将光标 2 置于 RING 的波谷处。

光标菜单中将显示测量值：增量电压（RING 的峰峰电压）。光标 1 处的电压、光标 2 处的电压如图 14-8 所示。

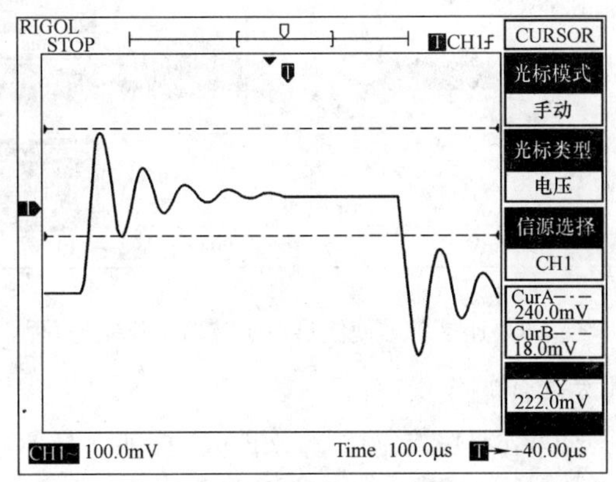

图 14-8　装置脉冲上升沿频率、幅值

三、操作注意事项

（1）应用示波器进行波形测量时，应注意把波形调到有效屏面的中心区进行测量，以免示波管的边缘失真而产生测置误差。

（2）在测试过程中，要避免手指或人体其他部位直接触及输入端和探针，以免因人体感应电压影响测试结果。

（3）示波器在使用时，被测信号电压的幅度（包括信号中的直流电压）不得超过说明书中规定的最大输入电压值。

模块6　减少信号上的随机噪声的方法

一、操作说明

如果被测试的信号上叠加了随机噪声，则对本体信号产生干扰，通过调整示波器的设置，滤除或减小噪声是自动装置维护检修工作的一项高级技能。

二、操作步骤

（1）确认检测电路。

（2）将探头菜单衰减系数设定为10×，并将探头上的开关设定为10×。

（3）将通道1的探头连接到电路被测点。

（4）连接信号使波形在示波器上稳定地显示，如图14-9所示。

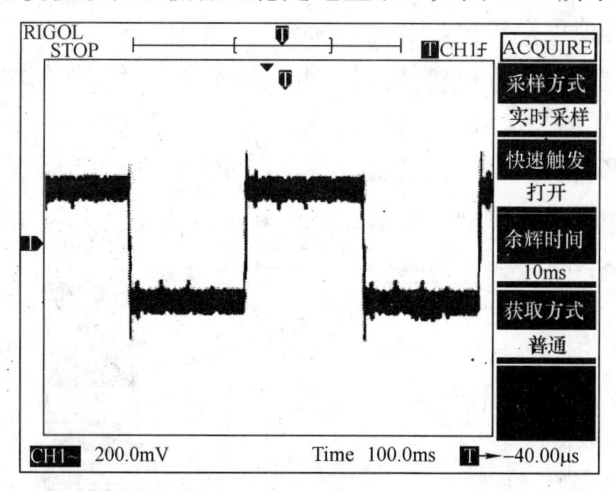

图14-9　连接信号使波形在示波器上稳定地显示

（5）通过设置触发耦合滤除噪声。

1）按下触发（TRIGGER）控制区域MENU按钮，显示触发设置菜单。

2）按5号菜单操作键，选择低频抑制或高频抑制。低频抑制是设定一高通滤波器，可滤除 8kHz 以下的低频信号分量，允许高频信号分量通过。高频抑制是设定一低通滤波器，可滤除 150kHz 以上的高频信号分量（如 FM 广播信号），允许低频信号分量通过，以得到稳定的触发。

3）如果被测信号上叠加了随机噪声，导致波形过粗，可以应用平均采样方式，去除随机噪声的显示，使波形变细，便于观察和测量。随机噪声取平均值后，噪声被减小而信号的细节更易观察。按面板 MENU 区域的 ACQUIRE 按钮，显示采样设置菜单。按 4 号菜单操作键，设置获取方式为平均状态，然后按 5 号菜单操作键，调整平均次数，依次由 2～128 以 2 倍数步进，直至波形的显示满足观察和测试要求，去除随机噪声的显示如图 14-10 所示。

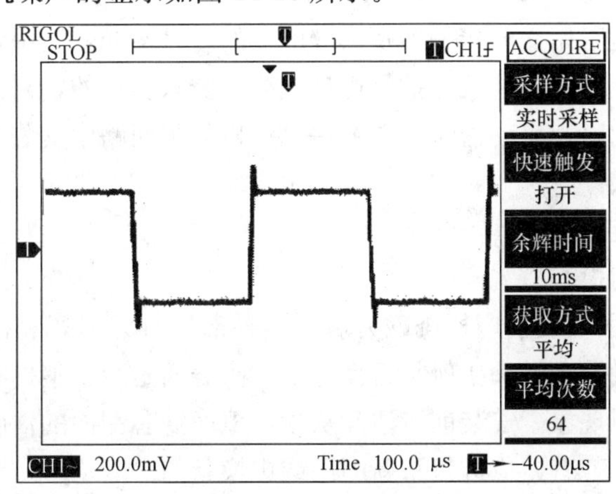

图 14-10　去除随机噪声的显示

三、操作注意事项

（1）有波形显示，但不能稳定下来，检查触发面板的信号源选择项是否与实际使用的信号通道相符。

（2）检查触发类型，一般的信号应使用边沿触发方式，视频信号应使用视频触发方式。只有应用适合的触发方式，波形才能稳定显示。

（3）尝试改变耦合为高频抑制和低频抑制显示，以滤除干扰触发的高频或低频噪声。

模块 7　水电自动装置中磁力启动器的安装

一、操作说明

磁力启动器是电动机的一种全压启动设备，是由交流接触器和热继电器组合而成的电动机控制电器，并具有失压和过载保护功能。磁力启动器一般由铁皮制成外壳，内部的接线在出厂时已连接好。交流接触器作闭合和切断电动机电源用，而热继电器作电动机的过载保护用。热继电器有一定的热惯性，不能作电动机的短路保护，因此，用磁力启动器来控制电动机正转或反转时，在电动机的主回路中还需加装熔断器作为短路保护。磁力启动器有可逆电动机运行用和不可逆电动机运行用两种。可逆磁力启动器一般具有电气及机械连锁机构，以防止误操作或机械撞击引起相间短路，同时，正、反向接触器的可逆转换时间应大于燃弧时间，以保证转换过程的可靠进行。

常用磁力启动器有 QC8、QC10、QC12 及 QC20 等系列，它们的工作原理都相同，而不同的是所用交流接触器及热继电器的型号不同，其中，失压保护是通过交流接触器来实现的，而过载保护是通过热继电器来实现的，它不具有短路保护作用，因此，在使用磁力启动器时，还要在电动机的主回路中安装熔断器或断路器。

二、操作步骤

（1）确认安装地点。

（2）安装前的检查。

1）磁力启动器安装前应检查磁力启动器各部件有无损坏和松动现象，布线是否正确。检查接触器各触头接触是否良好，触头表面是否平整、有无金属屑片或锈斑，触头有无歪扭现象。安装前应清除灰尘，擦净铁芯端面的油脂，并检查壳体有无较严重的锈蚀，若有，应进行重新喷漆或更换新的。

2）检查磁力启动器各可动部分是否灵活、有无卡阻现象，分合是否迅速可靠、有无缓慢和停顿现象。

3）有热继电器的磁力启动器，应检查热元件的额定电流是否与电动机的额定电流相匹配，并将热继电器电流调整至被保护电动机的额定电流的 1.1 倍。

4）绕组及各导电部分绝缘是否良好，用 500V 绝缘电阻表测量绝缘电阻，要求各部位间的绝缘电阻值一般在 0.5MΩ 以上，否则，应进行干燥处理。

（3）安装磁力启动器。

1）安装磁力启动器时，确定好安装固定位置。磁力启动器可安装在墙上、柱上或地面的铁架和木架上。根据现场实际情况，磁力启动器上按钮的安装高度距地面为 1.5m 左右，磁力启动器安装和接线如图 14-11 所示。

2）把磁力启动器安装在角钢支架或木架上，安装时使安装面垂直于水平面，倾斜度不应大于 5°，如果大于这个角度，容易引起故障。

3）检查并紧固所有接线螺钉及安装螺钉。

4）将外壳或底板接地螺钉与保护接地或接零线连接牢靠。

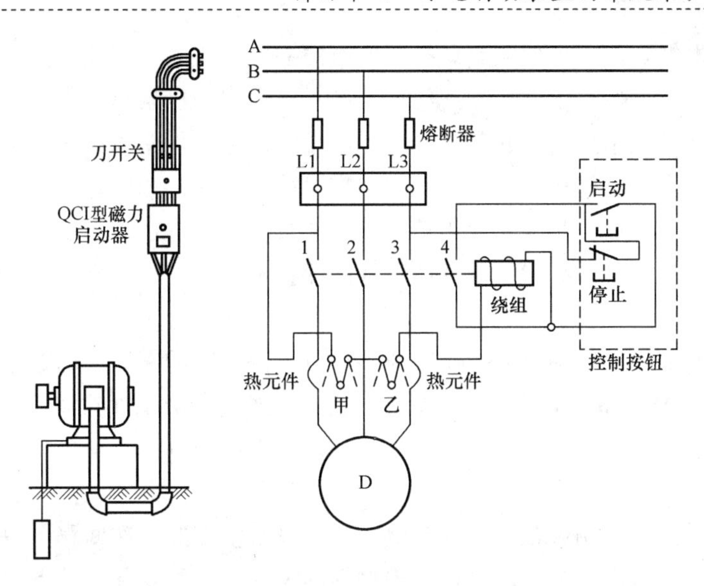

图 14-11　磁力启动器安装和接线

5）固定好后再把操作按钮安装固定好，然后进行布线。其一是布到电动机的电源线，其二是布到按钮的控制线，最后布到电源的线路。布线方式可采用钢管布线或其他布线方式。布好线后再进行接线连接工作。接线后，进出线孔要封严。

6）对于防水和防尘的外壳，盖子与基座之间衬有弹性垫圈并用锁扣压紧，对失去弹性的橡皮垫圈和已损坏的锁扣应更换或修理。

7）磁力启动器所需热继电器的热元件的额定工作电流大于磁力启动器的额定工作电流时，其整定电流的调节不得超过磁力启动器的额定工作电流。

8）磁力启动器的热继电器动作以后，必须进行手动复位。

三、操作注意事项

（1）磁力启动器安装牢固。

（2）接线应正确、牢固可靠。

（3）无机械损伤。

模块 8　水电厂二次回路控制电缆的敷设

一、操作说明

控制电缆是用来连接二次设备的，它起着传递、控制信号电流的作用，在水电厂中使用的数量很大。控制电缆由导体、绝缘层和保护层三部分组成。导体部分也就是电缆中的导线或芯线，是由高导电性的金属材料制成，按照规程规定水电厂要求采用铜芯电缆。由于二次回路所控制的电流一般都不大，因此，控制电缆的芯线截面也较小，电缆芯多由单股导线组成。控制电缆的绝缘层是用来隔离导体的，使其与其他导体及保护护套互相隔离。控制电缆绝缘层多用聚氯乙烯，也有用聚乙烯或橡皮制成的，其中橡皮耐腐蚀性较差。在可能受到油侵蚀的地方使用塑料电缆较好。控制电缆的保护层是为了保护绝缘层，使其在运输、敷设和运用中不受外力的损伤和水分浸入，在电缆绝缘层外所施加的保护覆盖层，有一定的机械强度和适应环境的能力。

目前，水电厂经常使用的控制电缆多用具有内铠装的聚氯乙烯护套，它有耐腐蚀性强，机械强度好，该种电缆也便于加工，而且价格便宜，比较适应水电厂应用。

二、操作步骤

（1）熟悉图纸，明确任务。控制电缆的敷设必须按照二次回路图中有关图纸的要求，了解需要敷设的电缆根数，每根电缆的编号、型号及起止地点。

（2）根据图纸要求，进行现场电缆走向的勘查。水电厂内地形一般都很复杂，沟道纵横交错，电缆东穿西越，还要穿管进洞，所以，对电缆敷设的现场必须查看清楚。查看时，任何电缆的穿越、转弯处都应做好标记和记录；在电缆架上还应标注电缆敷设于第几层；在穿越防火墙、孔、洞、管等处捅开堵料或堵物，以利电缆顺利穿过；短距离可直接测量出需敷设电缆的长度。

（3）准备电缆。按图纸要求，将需敷设的电缆全部运至现场，敷设长度短的可测量出长度并留一定裕度先锯出，敷设长度长的需将整个电缆盘运至现场。

（4）准备电缆卡子、电缆标示牌。在现场勘查时应估算需用电缆卡子的数量、规格，电缆标示牌的数量。电缆卡子需与支架等相配合，可用各种规格的扁铁制成，各种形状的电缆卡子如图 14-12 所示。

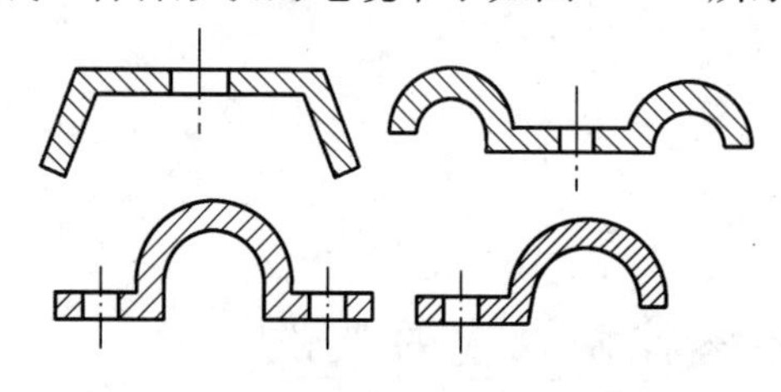

图 14-12　各种形状的电缆卡子

（5）准备电缆标示牌。在电缆标示牌上注明电缆的编号、型号及起止地点（设备）。

（6）需埋入地下或建筑物体内的应先预埋电缆保护套。

（7）敷设电缆时，应由负责人指挥。路线较长时应分段指挥，全线听从指挥统一行动。如人员不足可分段敷设，敷设中遇转弯或穿管来不及时，可将电缆甩出一定长度作为过渡，稍后再前往敷设。

（8）敷设前锯掉电缆最端部可能受潮的 1m 左右长。

(9) 敷设时电缆应从电缆盘上端引出，当敷设长度足够并留有适当裕度时应用钢锯锯断。电缆敷设时用短硬导线临时绑扎固定。

(10) 电缆敷设中应做到横看成线，纵看成行，引出方向一致，避免交叉压叠，达到整齐美观。

(11) 电缆穿管敷设时，应疏通管道，可用压缩空气吹净。管路不长时，可直接穿送电缆。当管线较长或有两个直角弯时，可先将预备下的铁线穿通管道，一端扎紧于电缆上，而后一头牵引，另一头穿送，遇有阻碍时不可用力牵拉。为了加强润滑，还可在管口及电缆上抹上滑石粉。若上述办法均失效，还可用两根铁线，分别将铁线头都弯成U形钩，并分别从两头穿入，在估计或感觉两头已交接时，两边用力铰动铁线，将两根铁线绞缠在一块后再从一边曳引出管道，然后再牵引电缆穿过管道。

(12) 在电缆两端，改变电缆方向的转角处，电缆穿越孔、洞、建筑物、沟道的进出口处挂标示牌

(13) 电缆水平敷设直线段的两端、电缆转角处的弯头的两侧、垂直敷设的所有支撑点、相隔一定距离的点、电缆终端头颈部用电缆卡子固定。

(14) 电缆穿越墙及楼板，进入沟道、建筑物、控制屏柜，穿越管道后，出入口应用防火堵料（根据情况选用适当材料）封闭。可防火、防小动物等。

(15) 敷设完毕后，整理电缆，将电缆理直，并按前述质量要求用卡子固定，补挂电缆牌，清除沟道内杂物，盖上盖板。

(16) 若电缆敷设长度超过制造长度的可设中间端子箱。

(17) 清理工作现场。

(18) 出具电缆敷设项目工作终结报告。

三、操作注意事项

(1) 控制电缆不应与电力电缆同层、同管敷设，铠装电缆也不得与其他电缆同管敷设。电缆敷设时切勿搬动电力电缆，一般情况下也不要搬动、抽拉其他电缆。

(2) 电缆的弯曲半径与外径的比值应不小于10（铠装）、6（非铠装）。

(3) 在下列地点，电缆穿入保护管内、电缆引入及引出建筑物、沟道处；电缆穿过楼板及墙壁处；从沟道引出的沿墙离地面2m高敷设的电缆；电缆穿越道路。

模块9　励磁调节器的动态性能测试

一、操作说明

励磁调节器生产厂家对励磁调节器进行的测试一种方法是开环测试，即给定输

入，测量其输出。虽然可以得到它的输入、输出特性，但是不能反映它在运行时的重要的动态调节特性；另一种方法是建立相应的动态模拟实验室，模拟实际系统的运行，并可以实现发电机机端短路并测试励磁调节器的强励特性。电力系统动态模拟（简称动模）是根据相似性原理建立起来的电力系统物理模型，由于它能复制电力系统的各种运行情况，因此，电力系统动态模拟是研究电力系统控制设备的重要工具。当模拟电力系统时，必须分别进行下列每个分系统（或每个元件）的模拟：同步发电机（包括发电机本身、励磁系统、原动机调速系统）模拟、变压器模拟、输电线路模拟、负荷模拟、系统中其他元件的模拟。然而，这样的投资是巨大的，并且实验起来不十分方便，更无法满足现场设备调试的需要。

在现场实验时，为了测量励磁调节器的动态特性，必须在现场开启发电机，使整个机组全部运行起来。而每一次实验都是对发电机或电网的一次冲击，发电机必须承受多次启停和多次冲击，才能完成实验，即使是这样，有的实验仍然不能实现，比如发电机机端三相短路实验。但实际运行中，这样的故障是有可能发生的。故障发生后机组运行情况将如何，励磁调节器的强励特性能不能发挥应有的作用，现场实验根本无法测试。

使用一种基于计算机仿真平台的测试系统（励磁调节器动态特性测试系统）来代替实际的发电机组或动态模拟实验室中的模拟发电机组进行励磁调节器的开环和闭环实验，如今被广泛地应用在水电励磁系统中，励磁调节器动态特性测试系统的功能是取代发电机，对调节器进行测试，完成励磁调节器的测试工作。

励磁调节器动态特性测试闭环系统如图 14-13 所示。

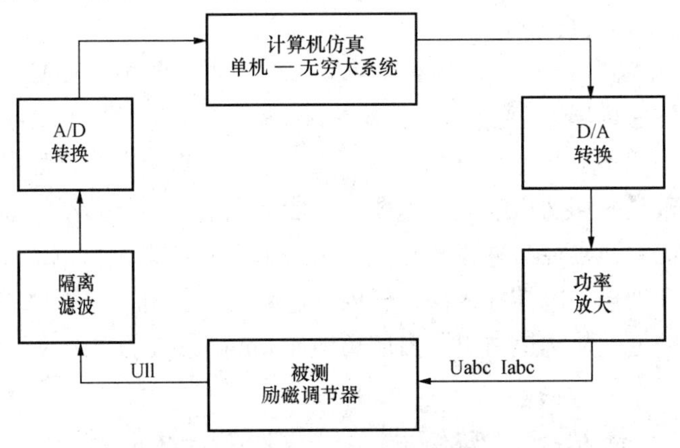

图 14-13　励磁调节器动态特性测试闭环系统

发电机组在正常运行时是受励磁调节器控制的，这种控制通过励磁调节器调节的输出来实现。为了实现取代发电机的功能，测试系统的输入就是励磁调节器输出给发电机的电信号。励磁调节器的输出对计算机而言是很强的信号，不能直接利用，因此，需要经过隔离、滤波等环节，再由模数转换电路把模拟量变为计算机可接受的数字量，输入计算机。即通过适当的接口把励磁调节器的输出变为计算机可以接受的数据。

对励磁调节器而言，发电机的输出主要是机端电量，那电压和电流。因此，测试系统的输出就是模拟发电机的机端电压和电流。在系统仿真部分中，通过计算机计算得到的实时状态是一组数字量，而且是有效值。输出部分首先通过DA转换把这组数字量转换为模拟量，而且是实时正弦波形，然后通过功率放大，把信号放大为励磁调节器可以接受的强电量。

二、操作步骤

（1）实验接线。

1）实验接线如图14-14所示。

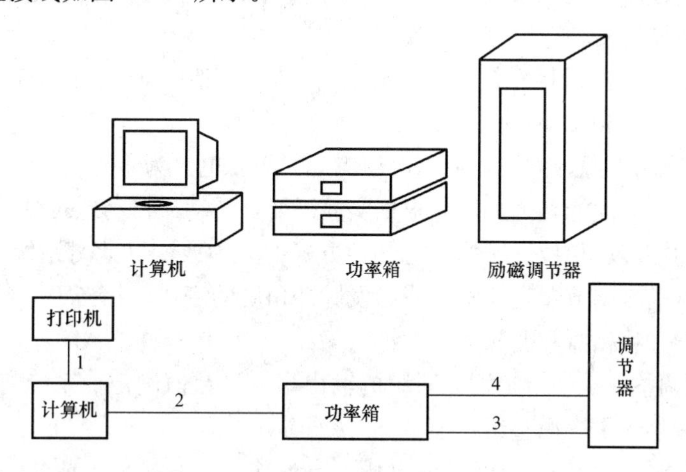

图14-14　励磁调节器的动态性能测试

1—打印电缆；2—信号线（屏蔽电缆）；3—励磁电压量测；4—电压、电流输出

当测量直流电压时，可直接取自晶闸管直流输出开关的上端。为了保证晶闸管有效导通，在直流输出侧并接一个合适的假负载（感性负载为佳），同时，接一个直流电压表监视电压变化。实验接线如图14-15所示。

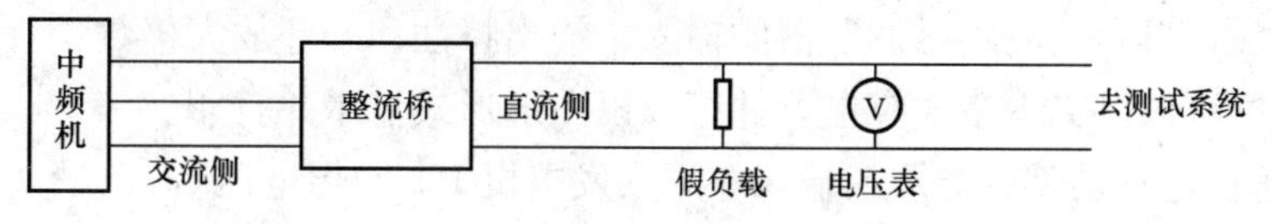

图14-15　测量直流电压实验接线

2）电压、电流接线：把调节器屏端子外侧上从发电机机端CT、PT的来线解掉，然后，把测试系统的电压、电流输出接到调节器对应端子上即可。

3）电流输出没有公共点，接线时要求A、B、C三相电流独立成环。如调节器端子或内部有公共点，请做相应处理。

（2）开机操作。

1）完成实验接线。

2）开计算机电源，并进入测试系统界面1～2s后，程序会自动弹出主选菜单，在主选菜单中，可以选择以下几项内容：

a. 静态性能测试、动态性能测试、比较计算测试、实验结果显示及打印、配置参数。

b. 选择方法：用鼠标左键单击欲选择的实验选项，此时，该选项左侧白色选择钮出现黑色圆点，表明已被选中，然后回车或用鼠标左键单击确定；或者用鼠标左键双击欲选择的实验选项直接进入。

c. 退出方法：用鼠标左键单击测试窗口的退出键并确定，此时，将退出整个测试程序，返回Windows操作系统

3）开功率箱电源，此时，输出电压应为24V，电流为1A。

（3）进行静态性能测试。可以根据实验需要，手动或自动地对测试系统输出的电压、电流的幅值、相位、频率进行各种方式的人为改变（此时系统为开环），并可以实时检测励磁调节器直流输出或触发脉冲角度的变化，相当于一台智能化的调压器、变流器、移相器和变频器。

1）手工调整。手动给定测试系统的输出，一旦数值确定，系统将维持所给定的输出不变，直到再次调整给定值。

2）斜坡调整。励磁测试系统的电压、电流输出，其幅值、相角、频率可独立按任意斜率进行斜坡上升和斜坡下降变化。

3）正弦调制。发电机机端电流l的有效值（包络线）或发电机机端电压的频率F按照给定的振荡幅度与频率自动进行周期性的正弦振荡。

4）开环特性。发电机机端电压按照给定的范围、步长和速度自动变化，在每一点自动检测励磁调节器的输出（直流电压或触发脉冲角度），计算出每一点的开环放大倍数，得到被测励磁调节器的输入，输出特性和开环放大倍数。所有的测试和计算数据可以以文本格式存盘，并可以以图形形式显示并打印。

5）通过调整励磁调节器的输入电压（发电机PT输出电压），记录其输出电压的数据，可测得励磁调节器的输入、输出特性和放大倍数。

6）通过改变PT输出电压的频率，观察频率变化时励磁调节器输出电压的变

化情况。

7）通过改变电压和电流之间的相位，可观察励磁调节器在进相运行时的调整特性。

8）通过改变电压、电流、频率和相位，可观察励磁调节器的各种限制特性的动作。

（4）进行动态性能测试。动态性能测试就是闭环测试。在实验过程中，励磁调节器的直流输出实时地被仿真测试系统检测，系统的输出则模拟发电机组在励磁调节器的作用下的动态过程。

1）切负荷。模拟发电机甩掉一定负荷（可任意给定）后的电压及转速的动态变化过程，考察励磁调节器对发电机机端电压的控制效果。

2）阶跃实验。模拟发电机在空载状态下，由励磁调节器的输出来控制发电机机端电压阶跃变化，考察空载条件下励磁调节器的控制性能，包括响应速度、超调量、振荡次数等。

3）短路实验。模拟发电机在一定负荷（可任意给定）情况下，输电线的单回线某处（可设定）发生三相对称短路瞬时故障时的动态特性，考察励磁调节器的强励特性和对系统稳定的影响。

4）零起升压。模拟发电机在额定转速无励磁初始状态下，由励磁调节器的输出来控制发电机机端电压由零升压至额定电压的动态过程，考察励磁调节器的调节性能，包括上升时间、超调量、调节时间、振荡次数等。

5）静稳测试。模拟发电机在一定初始负荷（可任意给定）情况下，有功功率持续缓慢增加直到失去稳定的动态过程。

6）长期实验。模拟发电机在一定初始负荷（可任意给定）情况下长期稳定运行的过程，实验中可任意进行增减无功和增加有功的操作。

（5）实验结果显示及打印。对刚完成的动态性能测试或比较计算测试的结果进行图形显示、打印或数据文件的存盘。

（6）在实验平台中，按“开始”后，即按照设定的条件开始实验。在实验平台中可以看到发电机机端电压曲线的动态变化过程，同时也可以观察转子角度、有功功率、无功功率、频率及励磁调节器输出的动态指示。

（7）停机操作。

1）退出测试系统程序，返回到 WINDOWS 界面。

2）停功率箱电源。

3）退出 WINDOWS。

4）关计算机电源。

(8) 试验拆线，检查所拆动过的端子或部件是否恢复，清理现场。

(9) 整理试验数据（试验时间、天气、试验主要仪器及精度、试验数据、试验人），记录并分析。

(10) 出具励磁调节器的动态性能试验报告。

三、操作注意事项

(1) 如实验中电压箱出现过载报警，请立即关闭功率箱电源，并根据报警指示检查过载相的接线是否出现短路，在确保没有短路的情况下可再次上电，此时如仍有报警，说明负载过重，可尝试使用串接电阻等方法降低负载。

(2) 实验中如发生过压，实验将自行停止，实验操作人员可以选择“结束”，返回到“实验参数设置”，再次设定切负荷的实验参数，反复实验。

(3) 如不进行任何操作，设定时间到了以后，实验将自行停止，此时，测试系统输出将维持实验的最后状态不变，实验操作人员可选择“绘图”，进行实验数据存盘，图形显示或打印，也可以选择“结束”返回到“实验参数设置”，再次设定切负荷的实验参数，反复实验。

(4) 实验中可单击鼠标右键，强行终止实验。

科 目 小 结

本科目面向水电自动装置现场维护和检修工作，按照培训目标，以自动装置维护和检修工作中的基本技能操作为主要培训内容，对用双臂电桥进行直流电阻的测量；低压二次设备盘的安装；磁力启动器的安装和调试；控制电缆配线；数字式示波器的高级参数设置；用数字式示波器进行电压参数、时间参数的测量；用数字式示波器捕捉水电自动装置及二次回路的单次信号；用数字式示波器进行脉冲上升沿频率、幅值的测量；减少信号上的随机噪声；励磁调节器的动态性能测试等常规技能操作项目进行了详细的阐述。

通过本科目的技能操作培训，使水电自动装置检修工能正确运用安全规程和维护检修规程，掌握自动装置维护检修工作中规范的维护检修工艺，标准的测量、检查步骤，正确的安装、调试方法。

练 习 题

1. 用双臂电桥测试直流电阻步骤有哪些？
2. 如何设置数字式示波器的高级参数？
3. 使用数字式示波器如何进行自动装置电压参数、时间参数的测量？
4. 使用数字式示波器怎样捕捉水电自动装置及二次回路单次信号？

5. 测量自动装置脉冲上升沿频率、幅值操作步骤有哪些？
6. 如何减少信号上的随机噪声？
7. 怎样安装磁力启动器？
8. 如何敷设水电厂二次回路控制电缆？
9. 画出励磁调节器的动态性能测试电路及试验接线，说明试验步骤？

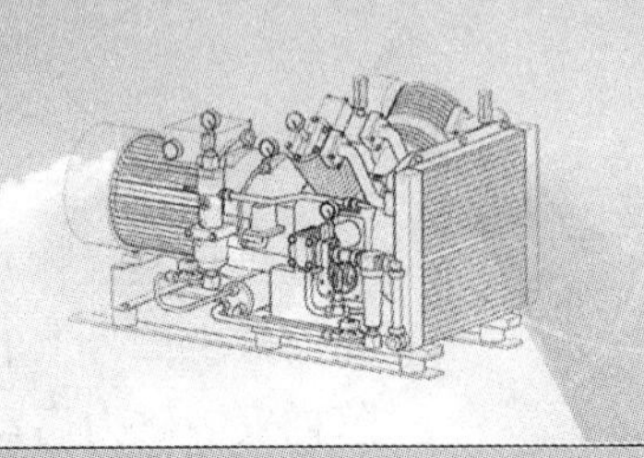

科目十五

水电励磁系统设备的维护、检修及故障处理

水电励磁系统设备的维护、检修及故障处理培训规范

科目名称	水电励磁系统设备的维护、检修及故障处理	类别	专业技能
培训方式	实践性/脱产培训	培训学时	实践性136学时/脱产培训68学时
培训目标	1. 掌握励磁系统操作、控制、保护、信号回路检查方法及步骤。 2. 掌握励磁设备维护、检修的操作技能和标准。 3. 掌握自动元件、自动单元及励磁设备的检查方法、步骤及标准。 4. 掌握励磁系统自动装置特性试验、保护试验的试验方法、步骤及标准。 5. 掌握励磁系统自动装置调试、整体系统联调的方法、步骤和标准。 6. 掌握电力系统稳定试验中自动装置的操作方法、步骤及标准。		
培训内容	模块1　励磁系统操作、控制、保护、信号回路正确性检查 模块2　通信试验 模块3　测量单元检查 模块4　稳压电源单元检查 模块5　自动励磁调节器总体静态特性试验 模块6　起励、自动升降压及逆变灭磁特性试验 模块7　空载和额定工况下的灭磁试验 模块8　发电机电压调差率的测定试验 模块9　电力系统稳定器PSS的投运试验 模块10　交流及尖峰过电压吸收装置应用测试 模块11　发电机无功负荷调整试验及甩负荷试验 模块12　大功率整流柜的检查和试验 模块13　人机界面调试 模块14　励磁调节器投运前校准试验 模块15　开机前对励磁调节器的操作 模块16　负载闭环试验 模块17　发电机短路试验		
场地、主要设施和设备、主要工器具、主要材料	1. 场地：现场设备所在地、培训室。 2. 主要设施和设备：励磁调节器、功率柜、灭磁柜、励磁变压器等。 3. 主要工器具：二次常用的电工工具一套、对线灯一只、行灯、符合试验要求的0.5级交（直）流电流（压）表、滑线变阻器、调压器及整流箱、双线示波器、频率信号发生器、移相器、二相刀开关、三相刀开关及插座板、单臂电桥、绝缘电阻表、数字万用表、指针式万用表、清洁工具包、验电笔、温度计、湿度计等。 4. 主要材料：控制电缆、绝缘软导线、绝缘硬导线、标签、尼龙扎带、抹布等。		
安全事项、防护措施	1. 检修前交代作业内容、作业范围、危险点告知、安全措施和注意事项。 2. 戴安全帽、穿工作服（防静电服）、穿绝缘鞋、高空作业需佩戴安全带。 3. 加强监护，严格执行电业安全工作规程。 4. 对于需停电检修的设备，要认真进行验电检查，确保无电及安全措施完善后才能开始检修工作。		
考核方式	笔试：120分钟 操作：120分钟 完成维护和检修任务后，针对模块技能操作评分标准进行考核。		

模块1　励磁系统操作、控制、保护、信号回路正确性检查

一、操作说明

检查各控制操作、保护、监测、信号及接口等回路的正确性，检查调节器自检功能的正确性。

（1）励磁设备的直流控制电源有DC 220V、DC 24V等电压等级，交流控制电源有AC 400V、AC 220V等电压等级，必须保证励磁设备内部的元器件的电压等级与控制电源的电压等级一致，否则将损坏元器件。

检查励磁柜内部各电源输出端有无短路现象时，还必须检查该路电源对其他电源有无短路现象，如DC 220V正、负极是否对DC 24V正、负极短路等。

（2）增、减磁操作可近控或远控进行。增、减磁操作，本质上直接改变的是调节器的给定值。自动方式下改变电压给定值，手动方式下改变电流给定值。随着给定值增大或减小，通过调节器闭环调节，发电机机端电压或励磁电流随之增大或减小。发电机空载情况下，随增、减磁操作，可观察到发电机机端电压和励磁电流明显变化；发电机负载情况下，只能进行小幅度的增、减磁操作，发电机机端电压变化不明显，但可观察到发电机无功明显变化。

（3）增、减磁操作仅对运行通道有效。一般情况下调节器自动通道设有增、减磁触点防粘连功能，增磁或减磁的有效连续时间为4s，当增磁或减磁触点连续接通超过4S后，无论近控还是远控，操作指令均失效。当增磁指令因为触点粘连功能失效后，不影响减磁指令的操作；当减磁指令因为触点粘连功能失效后，不影响增磁指令的操作起励操作。

（4）起励过程。残压起励功能投入情况下，当有起励命令时，先投入残压起励，10s内建压10%时，退出起励，如果10s建压10%不成功，则自动投入辅助起励电源起励，之后建压10%时或5s时限到自动切除辅助起励电源回路。

残压起励功能退出情况下，当有起励命令时，则立即投入辅助起励电源起励，10s内建压10%时，退出起励，如果10s建压10%不成功，则自动切除辅助起励电源回路。

在上述起励过程中，如果起励时限到而发电机机端电压没有达到10%额定，调节器会发出“起励失败”信号。

二、操作步骤

（1）确认设备编号。

（2）与外部开关量有关的回路，模拟外部开关量动作检查。与功能单元状态有

关的回路，结合单元特性试验进行，或者模拟单元状态进行检查。

（3）与运行值班员联系，确认励磁操作回路通电试验条件具备。将励磁用厂用电源投入，励磁直流操作电源开关投入，灭磁开关操作电源开关投入。

（4）电源回路检查。将励磁柜与外部交、直流厂用电源连接的控制开关和熔断器断开，外部交、直流厂用电源投入，在励磁柜的电源输入端测量输入电源电压大小和极性是否正常。

（5）用万用表电阻挡检查励磁柜内部的交、直流电源回路，包括交流电源回路、直流电源回路、DC 24V 电源回路、DC 12V 电源回路、DC 5V 电源回路，确认无短路故障。

（6）将励磁柜与外部交、直流厂用电源连接的控制开关和熔断器闭合，将外部交、直流厂用电源送入励磁系统。在励磁柜内部的电源输出端测量输出电压实测值，填入表 15-1，对照标准检查电源是否正常。

表 15-1　　励磁柜电源输出、电压

项　目	直流操作电源	DC 24V 电源	调节器电源					
		直流供电	A 通道			B 通道		
设计值		24V	+5V	+12V	-12V	+5V	+12V	-12V
实测值								

（7）灭磁开关操作检查。近方手动分、合闸，远方操作分、合闸事故和逆变失败分闸试验，灭磁开关分合动作正常。

（8）投切励磁风机试验。按手动按钮或 PLC 发开机投励磁风机令，工作风机应启动，观察各继电器、接触器动作是否正常。按手动按钮或 PLC 发停风机令，风机应停止。

（9）启励试验。由 PLC 发令，观察启励接触器是否励磁，保护电源是否投入，启励时间过长，时间继电器应励磁，10s 后启励接触器失磁，发“启励不成功”信号。

（10）逆变试验。由 PLC 发令，观察逆变继电器励磁，同时时间继电器励磁，延时 10s 左右，保护电源退出。

（11）增、减磁试验。由 PLC 发令，观察增、减磁继电器动作是否正常。

（12）起励极性检查。

1）送上起励电源并合上起励电源开关。

2）为了防止向转子回路送电，应断开灭磁开关。

3）手动按下起励接触器的主触头，测量灭磁开关上端正、负母线间电压的大

小和极性。

（13）励磁系统对外信号检查。

1）“TV 断线”、“强励动作”、“欠励动作”、“ 过压限制”、“ V/F 限制”、“过无功”、“起励失败” 等信号检查与静态或动态试验一同进行。

2）模拟输出 A 通道运行、B 通道运行、C 通道运行、A 通道备用、B 通道备用、C 通道备用、恒励磁电流调节（手动方式）、PSS 投入直流电源消失、交流电消失 A 套电源故障、B 套电源故障等信号，观察调节器智能 I/O 板上输出继电器的动作指示灯是否点亮。

3）测量对应的输出继电器触点是否接通、到远方监控系统的指示是否正确。

（14）励磁系统通信检查。

1）将励磁系统的串行通信输出口（RS-485 口）与监控系统相连，由监控系统按照双方约定的通信协议发送控制指令到励磁系统。

2）在励磁系统的串行通信输出口并联信号线，通过通信转换模块（RS-485/RS-232）转换后，接入调试电脑。

3）检查软件监测、监控系统的输出指令和励磁系统响应信号是否正常。

（15）对控制柜内的控制、操作、信号、保护回路按照逻辑图逐个进行检查，并做好记录。

（16）交接试验时，对励磁系统全部控制、操作、信号、保护回路按照逻辑图进行传动检查。对技术条件和合同规定的相关内容进行检查，判断设计图和竣工图的正确性，确认实际系统与图纸一致。

（17）大修实验时，对运行中出现的异常和障碍进行重点检查，对正常运行未涉及的回路和逻辑进行检查。

（18）出具调节器检查工作报告。

三、操作注意事项

（1）励磁系统控制、操作、保护、监测、信号试验前，有关仪表、继电器等元、器件的检验及回路绝缘必须良好。

（2）接通电源前要确认各开关等元件均处于开路状态。

（3）每个实验过程均应测量继电器、接触器线圈电阻和动作特性。

（4）接通电源后要保持警惕，对柜内的主要开关、继电器、变压器等器件进行检查，如果有异味、异响、高温应立即切断电源，进行检查。

（5）起励信号检查试验时为了防止向转子回路送电，起励电源开关应断开。验证起励回路动作正常，可以通过起励接触器的动作情况进行判断，起励接触器接通后应保持住，除非起励时限到或手动退出起励。

模块2 通 信 试 验

一、操作说明

通信试验的目的是检验励磁系统与监控系统之间的串行通信功能是否正常，借助于数字通信技术在励磁设备上实现大量数据的传递，包括模拟量、开关信号和控制信号的传递，其实用性和可靠性已经被接受，对于提高励磁系统监控水平和机组自动化水平起到了重要作用。励磁系统的通信是指励磁各个部件之间的通信，如调节器与可控整流柜之间，以及励磁系统与机组监控系统之间的通信。

通信方式可以分为点对点通信和多点之间的通信，通信媒介 RS-232（仅用于点对点通信）、RS-485、RS-422、CAN 网等。通信的配置（包括通信协议）要适合现场要求。

励磁系统与监控系统通信时采用的通信协议一般有 M0DBUS 常规协议，也可采用自定义协议。不同的系统有不同的设备和设计。

励磁系统要实现与监控系统之间的串行通信连接，最主要之处在于实现两者之间通信协议的兼容。一般有以下两种方式来实现调节器和监控系统的串行通信连接。

(1) 通过励磁系统配置的可编程控制器（PLC）直接与监控系统通信。通信协议采用专用的通信协议——“MEWTOOL-COM”标准协议，监控系统厂家按照采用此协议的格式编辑指令，发送到励磁系统内的 PLC，实现与励磁系统的串行通信连接。

(2) 通过智能化通信适配器将 PLC 与监控系统通信相连，通信适配器实现两个系统通信协议之间的转换和翻译工作。

这两种不同的连接方式，分别对应不同的试验方法。

二、操作步骤

(1) 确认设备编号。

(2) 与运行值班员联系，确认具备励磁调节器通电试验条件；将励磁用厂用电源投入，励磁直流操作电源开关投入。

(3) 对于采用 CAN 总线通信的方式可以在未通电前用万用表测量 CAN 总线电阻，电阻值应为 60Ω 左右，表示 CAN 总线连接状态良好。

(4) 调节器上电后检查调节器通信画面，应通信正确。

(5) 对应第一种连接方式。

1) 将 PLC 通信口与调试电脑相连，调试电脑运行调试软件，直接和 PLC 进

行通信，该软件通过专用的通信协议编辑指令，可以实现读取 PLC 的输入、输出状态量，设置 PLC 内部寄存器数值。

2）检测试验时对应的信号是否正确，通信控制是否正常。

3）如果发现 PLTAEST 软件无法与 PLC 连接，可以改变 PLC 程序内的系统设置，改变波特率、数据位长度等方式，实现两者之间的连接。

（6）对应第二种连接方式

1）根据有关通信协议的要求，将编制的不同类型的通信协议转换程序输入通信适配器中。

2）将通信适配器中对应的通信口分别与调节器的 PLC 模块和调试电脑相连。

3）在调试电脑中运行调试软件，该软件向通信适配器发送指令，经过通信适配器实现协议转换后，向 PLC 输入指令，实现读取 PLC 的输入、输出状态量，设置 PLC 内部寄存器数值。

4）检测试验时对应的信号是否正确，通信控制是否正常。

（7）试验拆线。检查所拆动过的端子或部件是否恢复，清理现场。

（8）整理试验数据（试验时间、天气、试验主要仪器及精度、试验数据、试验人）记录及分析。

（9）出具通信试验报告。

三、操作注意事项

在测试中，可能发生无法通信的情况，绝大多数是因为各通信程序之间串口定义、波特率、数据位长度、通信引线有误造成的，只需更改对应的设置或仔细检查通信引线即可解决。

模块 3　测量单元检查

一、操作说明

完成对进入励磁系统每个模拟量和开关量信号的采集，检查模拟量信号的测量范围、精度和测量延时是否符合要求，开关量信号动作阀值、返回值和测量延时是否符合要求。

测量一般有两种做法。一种是将外部电流互感器 TA、电压互感器 TV 二次额定值转为调节器内部的固定值或固定数，如将发电机二次电流 5A 转换为 2V 或 2000bps。另一种是按照订货要求出厂试验时完成测量值的整定，如将发电机额定二次电流 3.5A 整定为调节器测量值 2V 或 2000bps。

1. 测量信号

（1）测量范围。根据产品技术条件可以分别规定正常和异常工作范围的测量要求，如发电机的正常电压测量范围为额定值的20%～120%，励磁电压电流的下限为空载额定值的20%，上限为强励值。水轮发电机调节器频率测量范围是45～77Hz。发电机有功功率测定范围不小于额定有功功率的0～100%，无功功率测量范围不小于$-Q_n$～$+Q_n$，Q_n为额定无功功率。异常情况可以是发电机空载误强励和发电机负载短路情况，发电机电压可以达到额定值的150%～180%，励磁电压达到7～10倍的额定励磁电压，励磁电流达到3.5～5.5倍的额定励磁电流。

（2）测量信号的滤波时间常数。用作电压控制的发电机电压信号的测量时间常数一般不大于30ms。用作电力系统稳定器信号的测量时间常数要小于40ms。自并励静止励磁系统输出到控制室的励磁电压信号需要滤去高频分量。

（3）测量信号的精度和分辨率。发电机电压测量精度在标准中未作规定，但直接影响标准规定的励磁系统调压精度或电压静差率。

（4）调压精度是指在正常工作条件（温度、湿度和振动等）范围内，以及发电机许可的工况内发电机电压的偏差许可值。

（5）电压静差率指在发电机许可的运行工况内发电机电压的偏差许可值。两者的差别在于是否考虑环境影响。环境对调压精度的影响主要体现在电压测量环节的温度特性。调压精度约为电压静差率加上温度变化引起电压测量的偏差。电压静差率主要与调节器采用有差调节还是无差调节有关。一般规定调压精度为1%，当电压静差率为0.5%时，温度变化引起电压测量的偏差要求小于0.5%，当电压静差率为0时，温度变化引起电压测量的偏差要求小于1%。

一般发电机电压测量精度小于0.5%～1%，其中，发电机电压变化范围内的许可测量偏差小于0.1%～0.2 %额定值，环境变化引起测量偏差小于0.5%～1 %额定值。对不同的测量范围规定不同的测量精度是必要的。异常工作范围的测量精度容许下降，但是测量环节应当是安全的且有正确的控制逻辑。发电机电压分辨率要求不大于0.1%～0.2%。

电力系统稳定器取信号的变化量进行控制，当分辨率低时电力系统稳定器输出噪声将大为增加。当发电机进行负载阶跃试验时，发电机有功功率一般只有1%～3%的振荡幅值，要较为真实地描述该扰动，有功功率信号的分辨率要求小于0.1%，当采用发电机频率信号或机组转速信号作为电力系统稳定器信号时，信号的分辨率要求小于0.02%。

二、操作步骤

（1）确认设备编号。

（2）与运行值班员联系，确认具备励磁调节器通电试验条件；将励磁用厂用电源投入，励磁直流操作电源开关投入。

（3）环境试验。

其主要内容是检查温度、湿度、振动等对模拟量测量的影响，满足监控系统的监控信号要求，例如励磁电压、励磁电流等要满足电厂的要求。

（4）励磁调节器电压电流量的测量。

1）发电机机端电压互感器。一般为两路电压互感器信号，Y，y0-12 接线方式，三相三线制输入，第一路电压互感器信号一般对应于 A 调节器电压反馈信号，第二路电压互感器信号一般对应于 B、C 调节器电压反馈信号。主要用于微机调节器 AVR 单元的反馈电压测量、FCR 单元的过压限制输入信号及机组频率的检测。与发电机机端 TA 配合后，可以计算发电机组的有功、无功功率。

2）发电机机端电流互感器。一般为一路电流互感器信号，三相四线制输入，输入 A、B 套微机调节器，用于测量发电机定子电流信号，和发电机机端电压互感器配合后，可以计算发电机组的有功、无功功率，用于实现发电机组的过负荷限制。

3）系统 TV。一般为一路电流互感器信号，Y，y0-12 接线方式，三相三线制输入，输入 A、B 套微机调节器，用于测量电网电压信号，和发电机机端 TV 比较后，在调节器“系统电压跟踪”功能投入后，可以调节发电机组的发电机机端电压，使发电机电压和系统电压尽可能保持一致，实现自动准同期并网时减小并网冲击。

（5）模拟量检查。

1）试验设备应使用专用试验仪，如励磁仿真装置或继电保护试验装置，不使用受电源影响的不易调整三相平衡的调压器。

2）发电机电压测量（即励磁电压电压互感器和仪表电压互感器电压）接入励磁装置，在规定的范围内，校准调节器的测量值和显示值，使误差在规范的规定范围内。

3）进行电压信号阶跃试验。

a. 录制阶跃信号和测量输出的波形。数字式调节器可以采用内部录波器或经过 D/A 转换用外部录波器录制。

b. 计算测量单元时间常数。测量单元时间常数为阶跃开始到采集值达变化量 0.632 处的时间，即测量单元时间常数。实际测量的模型可能非一阶惯性环节，但是一般该延时远小于励磁系统其他小时间常数，所以可以当做一阶惯性环节处理。

4）频率测量。将频率可调整的电压作为发电机电压输入调节器，检查频率测量。频率测量一般用做计算控制角，频率测量偏差将导致计算的控制角与实际不一致，各相的控制角差偏大。1%的频率测量偏差将引起控制角偏差±3.64°。频率测量精度应符合制造厂标准，如频率在47.5～51.5Hz区间，测量精度为0.5%

5）发电机测量。加入模拟三相发电机TA电流，在制造厂规定的范围内（如0.2～5A），校准调节器的测量值和显示值，使误差在制造厂规定的±0.5%范围内。

6）发电机有功功率和无功功率、有功电流和无功电流测量。

a. 加入模拟有功功率，在制造厂规定的范围内，校准调节器的测量值和显示值，使有功功率和有功电流误差在制造厂规定的范围内，做好记录。

b. 加入模拟无功功率，在制造厂规定的范围内，校准调节器的测量值和显示值，使无功功率和无功电流误差在制造厂规定的范围内，做好记录。

c. 进行有功功率和无功功率信号阶跃试验，测定测量环节时间常数，有功功率的测量时间常数不大于40ms。

7）发电机励磁电流和励磁机励磁电流测量。信号一般有三种来源：整流桥交流侧电流互感器二次电流、励磁回路分流器上毫伏电压变送器和励磁电流隔离变送器输出。

a. 整流桥交流侧电流互感器二次电流。加入模拟三相励磁变压器电流互感器电流，在制造厂规定的范围内（如0.2～5A），校准调节器的测量值和显示值，使误差在制造厂规定的范围内，做好记录。

注意：由于功率整流装置的负载是大电感，所以在交流侧，即励磁变压器二次侧电流接近方波，检测时采用方波信号不如正弦波信号方便。正弦信号测量结果比方波信号结果大1.11倍。

b. 分流器测量。采用分流器测量时，调节器内部需要有带强电隔离的毫伏电压变送器，测量精度与变送器的精度有关，加入模拟分流器信号，在制造厂规定的范围内，如1～100mV。当大电流上限达不到$2I_{fn}$，在获得该变送器制造厂的全范围测量报告条件下，可以适当减少最大试验电流值。一、二次间的交流耐压试验电压与励磁主回路一致。进行电流信号阶跃试验，测量信号滤波时间常数。

c. 隔离变送器（霍尔开关）测量。测量精度与隔离变送器有关，结合大电流试验，校准调节器的测量值和显示值，使误差在规定的范围内。

8）发电机励磁电压和励磁机励磁电压测量。采用分压器经过隔离装置测量，试验时在规定的范围内缴入直流电压信号，校准调节器的测量值和显示值，使误差在制造厂规定的±1%范围内，一、二次间的交流耐压试验电压与相应的励磁主回路一致。进行电压信号阶越试验，测量信号滤波时间常数。

（6）输入开关量检查。

1）外接可调直流电压，测量各路开关量输入口的翻转电平，应当符合设计要求或接近1/2工作电压。

2）用通信线与PC机相连，打开PC机，进入励磁调节器，测试用户调试程序，将调试画面切至输入开关量检测画面，手动改变输入开关量状态，注意进行检查。

（7）出具测量单元检查工作报告。

三、操作注意事项

（1）做好防止向电压互感器一次侧倒送电的措施，断开调节器端子排外侧电压互感器二次侧连接线，校验工作至少应有两人参加，由一人操作、读表，一人监护和记录。

（2）所有元件、仪器、仪表应放在绝缘垫上。

（3）试验接线完毕后，必须经两人都检查正确无误后，方可通电进行试验。

（4）所用仪表一般不应低于0.5级。

（5）所有使用接线应牢固可靠。

（6）合上电源，应先查看调压器、变阻器在适当的位置，严防大电流冲击，防止短路。

模块4　稳压电源单元检查

一、操作说明

励磁调节器的主机稳压电源及脉冲电源、控制操作系统电源均为双路电源供电。

检查各稳压电源的稳压特性。电源电压变化时（负载不变）的输出电压稳定度，要求输出变化的绝对值不大于1%。负载变化时（电源电压分别为最大和最小工作电压时）的输出电压稳定度，要求不大于2%。用示波器检查输出电压纹波在额定电源电压和额定负载时不大于3%。对于逆变器提供的稳压电源，用示波器检查输出电压不应有毛刺。检验稳压电压的过流和过压保护整定值应符合要求。对于由几个并联供电的稳压电源，应检验其相互闭锁及各组稳压电源供电的程序是否符合设计要求。

二、操作步骤

（1）确认设备编号。

（2）将调节器的插件板退出，厂用电电缆线解开，自用电电缆线解开，直流供电电源引线断开。

（3）稳压电源检测的试验接线。

1）用交流电源检测稳压电源的试验接线，如图 15-1 所示。

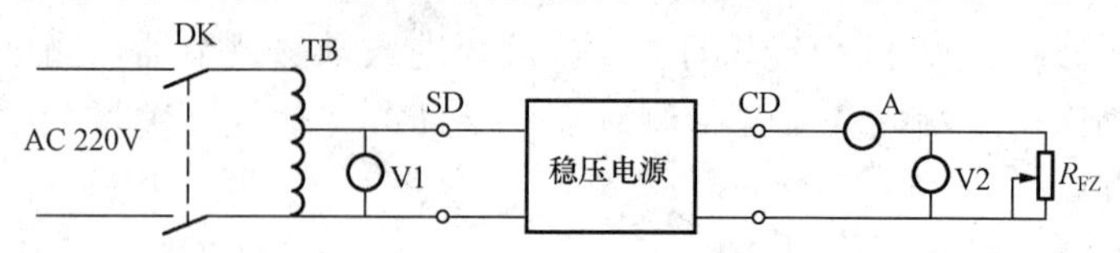

图 15-1　稳压电源试验接线

DK—电源隔离开关；TB——调压变压器；V1—输入电压测量表 0.5 级；V2——输出电压测量表 0.5 级；A—输出电流测量表 0.5 级；R_{FZ}——负载电阻（可调）；SD—稳压源输入电源端子；CD——稳压源输出电压端子

2）用直流电源检测稳压电源的试验接线，如图 15-2 所示。

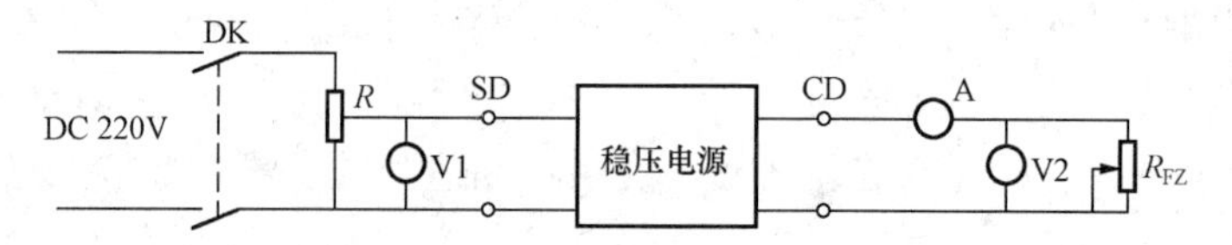

图 15-2　稳压电源试验接线

R—直流分压电阻

（4）输出电压稳定度检测。

1）用交流或直流供电方式从输入端输入 70%～130%额定电压。分别在空载和额定负载情况下测量输出直流电压。

2）录制稳压电源的输出特性曲线：$U_{sc}=f\ (U_{sr})$。

3）计算输出电压稳定度 S，即

$$S(\%)=\left|\frac{\text{输出电压实测值}-\text{输出电压额定值}}{\text{输出电压额定值}}\right|\times 100\%$$

电压稳定度 S 合格值应不大于 1%。

（5）稳压电源负载特性及负载输出电压稳定度检测。

1）在输入端输入交流或直流电源的最大和最小工作电压，并维持不变的情况下改变负载电流从最小值至额定值的变化。

2）录制负载特性 $U_{sc}=f\ (I_{fz})$。

3）并计算输出电压稳定度 S，电压稳定度 S 合格值应不大于 2% 。

（6）检测输出电压纹波。

1）用示波器检测在输入、输出及负载均为额定值的情况下直流电压输出波形的峰峰值，其值应不大于3%，不应有毛刺出现。

2）稳压电源输出电压纹波系数的检测，可在交流或直流额定输入电压状况下直接用示波器检测稳压电源的输出电压波形并计算纹波系数（纹波系数要求≤2%）。

（7）出具稳压电源单元检查工作报告。

三、操作注意事项

（1）检查试验接线的正确性，试验要求两人以上进行。并做好监护，将外部有关的电源引线全部拆除并做好记录，试验完毕按照记录恢复接线。

（2）校验工作至少应有两人参加，由一人操作、读表，一人监护和记录。

（3）所有元件、仪器、仪表应放在绝缘垫上。

（4）试验接线完毕后，必须经两人都检查正确无误后方可通电进行试验。

（5）所有使用接线应牢固可靠。

（6）合上电源，应先查看调压器、变阻器在适当的位置，严防大电流冲击，防止短路。

模块5　自动励磁调节器总体静态特性试验

一、操作说明

自动励磁调节器总体静态特性试验的目的是检查脉冲波形、调节器及三相全控整流桥小电流条件下输入、输出特性是否满足设计要求，并检查励磁装置调节部分的正确性，为励磁控制系统闭环试验做准备。初步整定调节器相应参数，模拟调节器及外部故障信号输入，调节器应能切换到备用通道正常运行状态。

试验类别（试验项目可以根据实际设备进行调整）如下。

1. 型式试验和出厂试验

对所有部件和组合进行检查，包括调节器调节功能的开环检查、调节器带晶闸管整流器的开环功能、小电流试验和大电流试验。

2. 交接试验

对重要部件和组合进行检查，输入调节器各输入信号，检查电压互感器二次电压。电压给定值和自动通道输出关系的正确性；检查手动测量信号、手动给定值和手动通道输出关系的正确性。

3. 大修实验

对调节器输入、输出信号进行检查，对运行中出现的疑点进行检查，对运行中未出现的功能进行检查。

二、操作步骤

（一）出厂试验

1. 不带功率部分的开环实验

输入调节器各信号，检查自动和手动方式下输入量、给定量和输出量的关系。进行自动方式检查时，在有、无积分两种情况下进行，获得各静态放大倍数，应符合设计要求。

2. 小电流开环试验

（1）用一可调三相电压作为功率单元的阳极电压，以产生1A以上的负载电流，选择合适的电阻器作为整流输出的负载，同时，输入调节装置同步电压要求的同步电压信号。

（2）调节器设置为定控制角方式，进行手动增、减磁操作。

（3）用示波器观察负载上的电压波形，要求每个周波内有6个波头，各波头对称一致，增、减磁时波形变化平滑，无跳变。

（4）测量控制电压、控制角和整流电压，检查控制电压与控制角的关系，检查控制角的不对称度（一般小于3度）。

（5）将触发脉冲输出到整流柜，测量各个触发脉冲的波形符合要求。

（6）进行调节器切换时的脉冲封闭检查，脉冲封闭的间隔不大于40ms。

（7）不带功率部分的开环调试在自动和手动方式下检查，也可在小电流开环试验时进行。

3. 高压小电流试验

（1）以功率单元额定交流电压的1.3倍作为试验阳极电压，输入满足调节装置同步电压要求的同步电压信号，以产生0.5～1A的负载电流，选择合适的电阻器作为功率部分负载。

（2）调节器设置为定控制角方式，手动调节使功率单元输出电压达额定励磁电压的2倍。

（3）观察输出波形，检查功率整流装置各元件有无异常。

4. 低压大电流开环试验

（1）整流桥交流侧连接至大电流试验变压器，该变压器的二次电压在可控桥全导通时输出电流应不大于整流装置额定电流的1.5倍，整流测可用铜排短接。同时投入整流柜冷却装置。

（2）调节器设置为定控制角方式，手动调节，使整流装置输出电流达该装置的额定励磁电流。

（3）观察输出波形，应符合要求。

（4）该状态下可以进行功率柜的均流和温升试验等。

5. 高压大电流试验

（1）检查功率整流柜整流元件、换相阻抗和过压吸收元件的发热情况。

（2）检查同步信号受换相影响造成实际触发脉冲相位与调节器计算的控制角的偏差。

（二）现场试验

（1）励磁调节装置各部分安装检查正确。

（2）试验接线。

1）从发电机机端励磁电压互感器低压侧引线到调节器柜内的相应接线端子，调节器柜内端子的励磁电压互感器与仪表电压互感器要并列运行。

2）做好防止向电压互感器一次侧倒送电的措施，断开调节器端子排外侧电压互感器二次侧连接线。

3）机组整流变压器二次侧引线到整流柜内的整流桥阳极开关。

4）断开机组出口隔离开关，合上发电机机端出口断路器（用倒送电的办法），让励磁电压互感器带电，或者利用其他电源让互感器二次侧端子带电。

5）用临时电阻器代替转子接入整流桥输出侧，作调试负载。

6）在完成单板和单元试验、现场接线检查和绝缘耐压试验后进行后续工作。

（3）连接计算机与调节器的数据通信接口，并检查调试程序应完好。

（4）输入模拟电压互感器和电流互感器以及调节器应有的测量反馈信号，进行柜内测量及同步变压器检查。

（5）检查各测量值的测量误差在要求的范围内。

（6）模拟各输入、输出的开关量，检查开关量信号的接收和输出情况，检查逻辑动作与设计一致。

（7）输入模拟信号，检查励磁限制和保护功能。

（8）通道自动切换试验。模拟电压互感器断线、丢脉冲、电源故障，调节器故障、调节器应能自动切换到备用通道。

（9）输入同步信号，进行移相控制，检查触发脉冲特性，检查少脉冲检测功能。

（10）检查各种控制方式下励磁调节正确性。自动方式下不改变给定值，控制电压信号应能随电压互感器电压增加而下降，调节器输出减少，控制角增加；保持电压互感器电压值不变，给定值增加，调节器输出增加，控制角减少；手动方式下，由于反馈为励磁电流，其控制电压信号不随电压互感器电压的变化而变化，而励磁电流变化；调节器输出减少，控制角增大；给定值增加，调节器输出增加，控制角减少。

（11）无论在自动还是手动运行方式下，用示波器观察转子电压波形，励磁电压六相波头应无明显差别。移相范围内控制角无突变和不连续现象，测量最大、最小控制角。

（12）整流桥带轻负载。对于自、并励静止励磁系统，将50Hz电源接入晶闸管整流桥；对于励磁机励磁系统需要将副励磁机电压或试验用中频机电压送入晶闸管整流桥的交流侧；同步信号与主电压相位关系正确；检查移相情况，观察整流输出波形，检查触发对称情况。

（13）对于励磁机系统，对整流桥带与励磁机励磁绕组电阻阻值相同的试验电阻或者带励磁机励磁绕组进行大电流试验，检查强励数值能否达到，检查换相引起的交流侧电压畸变对同步和移相范围的影响，检查调节器输出表计的准确度。

（14）进行模拟参数确认试验，测量并校核励磁调节器模型参数。

（15）试验拆线。检查所拆动过的端子或部件是否恢复，清理现场。

（16）根据试验数据（试验时间、天气、试验主要仪器及精度、试验数据、试验人等）、试验记录进行分析。

（17）出具自动励磁调节器总体静态特性试验报告。

三、操作注意事项

（1）准备好必要的消防设备，做好防止向电压互感器一次侧倒送电的措施，断开调节器端子排外侧电压互感器二次侧连接线。

（2）试验过程中注意观察试验设备和被试设备是否正常，防止过热引起设备损坏，若发生异常，应立即停止试验，并迅速拉开相关试验电源。

（3）检查试验接线的正确性，试验要求两人以上进行，并做好防止触电的各种安全措施，接线检查正确后方可通电试验；将外部有关的电源引线全部拆除并做好记录，试验完毕按照记录恢复接线。

模块6　起励、自动升降压及逆变灭磁特性试验

一、操作说明

起励、自动升降压及逆变灭磁特性试验的目的是测试检修后的励磁系统励磁调节器零起升压、自动升压、软起励特性及检验励磁调节器升降压及逆变灭磁性能。测试时发电机为空载额定转速，然后，对励磁系统进行手动升压、手动降压、自动升压、自动降压、起励、逆变灭磁特性的录波。录取起励时的发电机电压超调量、

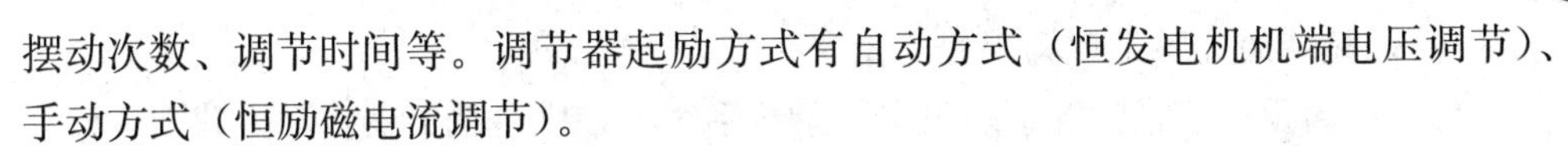

摆动次数、调节时间等。调节器起励方式有自动方式（恒发电机机端电压调节）、手动方式（恒励磁电流调节）。

1. 自动方式（恒发电机机端电压调节）

自动电压调节器 AVR 用于实现自动方式调节，维持发电机机端电压恒定，其反馈量为发电机机端电压。

2. 手动方式（恒励磁电流调节）

励磁电流调节器 FCR 用于实现手动方式调节，维持励磁电流恒定，以励磁电流作反馈量。

二、操作步骤

（1）零起升压。

1）首先起励电源退出，发电机灭磁开关未合闸，其余操作已完成（如功率柜交、直流隔离开关已合，风机投入，电压互感器隔离开关已投入等）。

2）机组开机，转速在 0.95～1.05 倍额定转速范围内。

3）进入调节器人机画面（HMI），将调节器的起励方式设定为“零起升压模式”。

4）检查 A/B 套调节器处于等待状态、微机工作正常。

5）检查励磁调节器电压给定值 U_r 在最低值（如 10%U_r）。

6）合脉放电源开关，按调节器面板上的起励按钮进行起励操作，通过残压发电机机端电压应自动上升到规定值。

7）如果残压过低，不足以满足建压条件，可以将起励电源投入，然后进行增磁操作。

8）将发电机机端电压逐渐上升至额定。要求发电机机端电压上升过程应平稳、无波动。

9）在发电机电压为 0.2、0.4、0.6、0.8、1.0、1.2 倍额定电压时，检查 A、B 柜电压互感器回路正常，电压相序正确，电压采样 U_F、U'值正确。

10）检查手动、自动电压调节范围。

11）发电机电压至额定值后、检查各部分工作正常，标示空载额定位置，检查、核对控制台指示与盘上指示和显示值对应情况。

12）对试验过程的相关数据进行记录，录波器录波。

（2）自动升压。

1）调整励磁调节器电压给定值至额定值。

2）对励磁调节器进行开机起励操作，发电机机端电压应快速上升至额定值。

3）对试验过程的相关数据进行录波。

4）试验结果应满足现场规程的要求。

（3）软起励。正常情况下，发电机励磁系统是在励磁调节器自动方式下起励建压的。软起励功能是为了防止在发电机起机建压过程中发电机机端电压超调。

1）使用调试软件设定电压预置值，一般设定为发电机机端电压的空载额定值。

2）励磁调节器接收到开机令后，首先置自动方式的电压给定值为设定初始值（一般为30%额定值）。

3）起励升压后，当发电机机端电压大于设定初始值（30%额定值）后，调节器再以一个可调整的速度逐步增加电压给定值，使发电机电压逐渐上升到预置值。

4）在白山电厂1号机组（300MW）运行现场录制的软起励过程波形如图15-3所示。

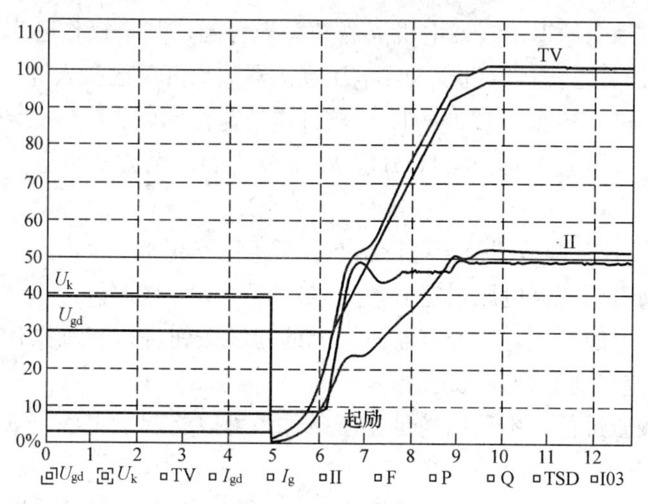

图15-3　软起励过程波形

（4）升降压及逆变灭磁特性试验。

1）试验方法通过增磁、减磁操作增加或减少发电机机端电压，发电机机端电压变化应平稳。

2）当发电机机端电压升至额定值后，通过励磁调节器发出手动逆变令及通过远方发出停机令，进行逆变灭磁操作，励磁系统应可靠灭磁，无逆变颠覆现象。

3）对逆变灭磁试验进行录波。

（5）试验拆线，检查所拆动过的端子或部件是否恢复，清理现场。

（6）根据试验数据（试验时间、天气、试验主要仪器及精度、试验数据、试验人等）、试验记录进行分析。

（7）出具起励、自动升降压及逆变灭磁特性试验报告。

三、操作注意事项

（1）示波器的工作电源用隔离变隔离。

（2）示波器的测试探头的测试极棒用耐高压的绝缘棒绑好。

（3）分压装置用绝缘的相色带吊着悬空，保持安全距离。

（4）示波器调好后，两人分别拿绝缘测试极棒接触阳极开关处不同相的导电部分，一人根据情况，调节示波器，并操作记忆示波器，存储阳极波形。

（5）试验过程中，注意观察试验设备和被试设备是否正常，防止过热引起设备损坏。

（6）试验必须两人以上进行，接线检查正确后，方可通电试验，并防止触电。

（7）恢复接线时要按照记录进行。

（8）试验过程中设专人在灭磁开关操作把手处，若有异常情况，应立即切开灭磁开关，防止事故扩大

模块7　空载和额定工况下的灭磁试验

一、操作说明

通过发电机空载和额定工况下的灭磁试验，可以检查发电机励磁系统脉冲装置，包括移相逆变、灭磁开关（包括磁场断路器）、灭磁电阻等，在发电机空载和负载工况下的脉冲作用。

灭磁装置静态试验完毕，如正常停机逆变灭磁逻辑、事故停机跳灭磁开关和其他设计的逻辑、现地和远方灭磁等，按照逻辑逐条检查；对于冗余磁场断路器方式的灭磁系统，进行单磁场断路器动作和双套逻辑控制情况检查；对于磁场交流电源断路器灭磁系统，在各种灭磁要求下，检查“封脉冲”、“分断路器”两种动作均按控制逻辑可靠发生。

测定灭磁时间常数，灭磁时间常数为发电机电压下降到0.368倍初始值的时间，转子绕组电流灭磁时间为转子绕组电流从初始值下降到10%初始值的时间。

二、操作步骤

（1）确认设备编号。

（2）在停机并做好安全措施后，按照图15-4进行试验接线。

（3）所有试验设备和仪器调试完毕，处待试状态。

（4）机组开机，发电机在额定转速下运行，机组为额定发电机机端电压。

（5）记录试验前发电机U_g、I_g、U_f、I_f、f、R_{ef}、α、U_y参数。

（6）接到试验命令后，启动试验仪器，手动跳开磁场断路器，录制发电机断路

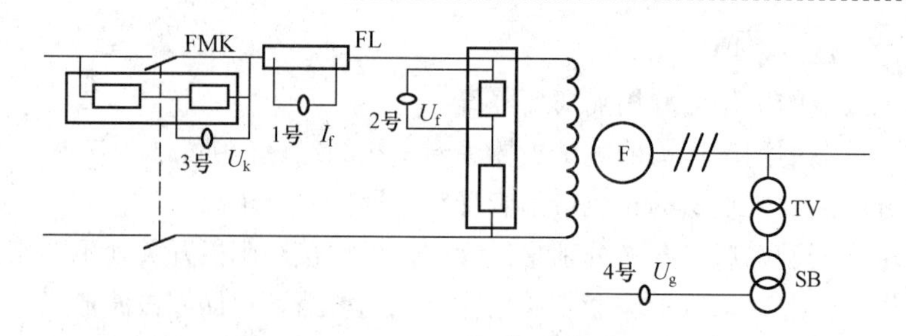

图 15-4 发电机灭磁试验接线图

灭磁过渡过程，包括发电机电压、励磁电压、励磁电流。

(7) 发电机空载额定电压下的灭磁试验。

1) 单逆变灭磁，每个通道进行一次。

2) 单分灭磁开关灭磁，进行一次。

3) 远方正常停机操作灭磁，每个通道进行一次。

4) 继电保护动作灭磁，进行一次。

5) 对于双重磁场断路器灭磁系统，除了进行独立灭磁单元的灭磁性能试验外，还要进行通道联动性能、一通道拒动后启动另一通道灭磁的功能。

(8) 发电机额定负载条件下灭磁试验。

1) 试验应在发电机调速、调压、发电机保护正常投运和较小负荷的甩负荷试验已完成的条件下，与发电机甩负荷试验合并实施。

2) 调节器按正常方式设置。

3) 继电保护动作时先切断发电机出口开关，解列甩负荷，然后，自动分灭磁开关，进行灭磁。

(9) 发电机空载强励灭磁试验。

1) 按照发电机空载特性曲线获得在发电机规定的强励电压或电流下的发电机电压数据，如果发电机电压达到 130%额定电压而转子电流未达到强励电流值，可以降低发电机转速，但是发电机转速应控制在许可的范围内。

2) 确认试验时和发电机机端相连接的所有电气设备具有承受 130%额定电压的能力。

3) 静态模拟对调节器的控制，确认电压给定值可以大于 130%额定值，确认在 130%额定电压下调节电压给定值的控制角可以在整个移相工作范围内。

4) 已完成发电机空载额定灭磁试验，未发现逆变灭磁和开关灭磁存在问题。

5) 分灭磁开关（磁场断路器），同时略加延时进行逆变，电压给定值置零。

(10) 需要时，可以增加灭磁开关断口电压，发电机转子绕组电流电压、调节器输出，整流桥触发脉冲、启动灭磁的命令信号、跨接器动作信号及其他需要的信号等，以便详细分析。

1）测定转子绕组承受的灭磁过电压，检查灭磁开关灭弧栅和触头，不应有明显的灼痕，并应清除灼痕；灭磁电阻不应有损坏、变形和灼痕。

2）当采用跨接器或非线性电阻灭磁时，测量灭磁时跨接器动作电压值或非线性电阻两端的电压应符合设计要求。

3）转子过电压保护不应当动作。

（11）试验拆线。检查所拆动过的端子或部件是否恢复，清理现场。

（12）根据试验数据（试验时间、天气、试验主要仪器及精度、试验数据、试验人等）、试验记录进行分析。

（13）出具空载和额定工况下的灭磁试验报告。

三、操作注意事项

（1）防止触电。

（2）根据励磁系统具体设计的不同，在动态或静态下检查其特殊功能。比如对逆变保护功能的检查，用外部电源模拟电压互感器电压升高至额定值，然后投入逆变灭磁控制信号，模拟逆变不成功，经5s后由逆变保护跳灭磁开关，记录延迟时间及动作结果。

（3）现场准备好灭火设备。

模块8　发电机电压调差率的测定试验

一、操作说明

发电机电压调差率的测定试验的目的是检查调差极性是否符合设计或电网的要求，测量励磁调节器发电机电压调差率整定的正确性。

二、操作步骤

（1）确认设备编号。

（2）发电机并网运行，功率因数为零的情况下，将自动励磁调节器调差单元投入。

（3）自动励磁调节器投入“自动”位置，电压给定值固定。

（4）解除电压给定值回空功能。

（5）确认调差极性是否符合设计或电网的要求。

（6）发电机机端电流、电压测量方法一。

1）通过改变电厂内相邻机组的无功功率或电厂母线电压，使得试验发电机无

功功率达到一定数值（越大越好）。

2）记录该点的发电机机端电流 I_{c1} 和该点的发电机机端电压 U_{G1}。

3）跳发电机出口断路器。

4）记录发电机机端电流 I_{oG} 和发电机机端电压 U_{oG}。

5）计算发电机电压调差率。

（7）发电机机端电流、电压测量方法二。

1）通过增加励磁，将发电机无功带到额定。

2）记录该点的发电机机端电流 I_{c1} 和该点的发电机机端电压 U_{G1}。

3）跳发电机出口断路器。

4）记录发电机机端电流 I_{oG} 和发电机机端电压 U_{oG}。

5）将两点电流、电压值代入调差率公式，进行计算。

（8）调差率的设置调整范围应符合 DL/T 1033.8—2006《电力行业词汇　第 8 部分：供电和用电》有关规定。

（9）试验拆线。检查所拆动过的端子或部件是否恢复，清理现场。

（10）根据试验数据（试验时间、天气、试验主要仪器及精度、试验数据、试验人等）、试验记录进行分析。

（11）出具电压调差率测定的工作报告。

三、操作注意事项

（1）观察相邻运行机组的励磁电流，保证母线电压在合格范围内。

（2）现场作业文明生产要求。

1）现场使用材料、仪器仪表、工具摆放整齐、有序。

2）工作现场保持清洁，做到工完场清。

模块 9　电力系统稳定器 PSS 的投运试验

一、操作说明

电力系统稳定器 PSS 的投运试验的目的是整定 PSS 的相频特性和幅频特性，测试 PSS 对有功低频振荡抑制的有效性，考核 PSS 对抑制低频振荡的作用。

PSS 整定试验标准如下：

DL/T 650—1998《大型汽轮机自并励静止励磁系统技术条件》；

DL/T 843—2010《大型汽轮机交流励磁机励磁系统技术条件》。

将发电机有功功率升至接近额定负载，功率因数接近 1.0 的工况下运行，励磁系统及调节器工作正常。

首先，做PSS不投入情况下的励磁控制系统相频和幅频特性的测试，获得励磁系统在0.1～2Hz范围内的频率特性。

根据励磁控制系统的相频特性、可能发生的振荡频率（试验和仿真结果），整定PSS环节相频特性，也即整定PSS超前和滞后时间及回路增益。

然后，投入PSS，检验其抑制有功低频振荡的效果。可以用不同的方法来检验PSS的抑制有功低频振荡的效果，常用的方法有发电机负载阶跃响应法、系统阻抗突变和正弦扰动强迫振荡法三种，较常用的是发电机负载阶跃响应法。

进行PSS试验时，要求被试机组尽可能带满负荷运行，功率因数尽量接近1，励磁系统运行状况正常，被试机组调速系统性能正常，与试验机组有关的继电保护投入运行。试验仪器有波形记录仪、频谱分析仪、动态信号分析仪、低延迟时间交流电压变送器等。

励磁调节器AVR的数学模型如图15-5所示。

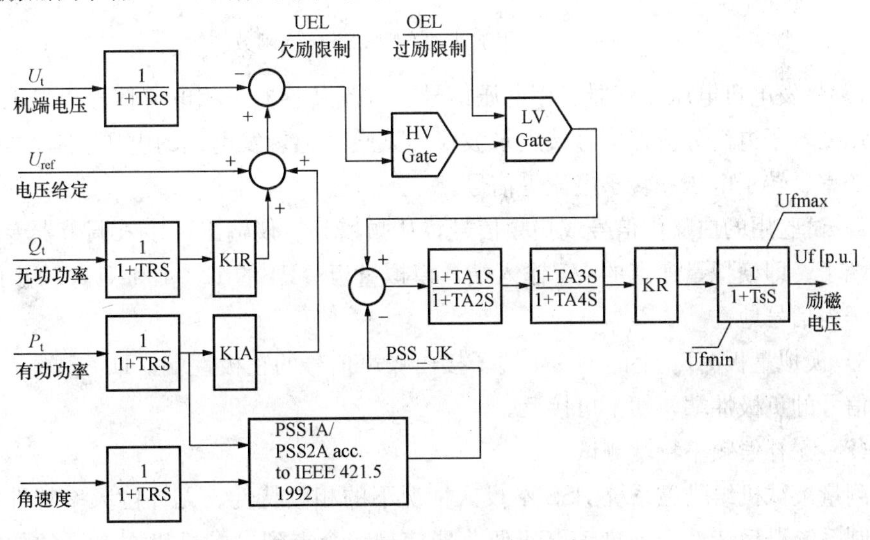

图15-5　励磁调节器AVR的数学模型

TR—测量环节的时间常数，约为0.01s；TS—整流桥的时间常数，约为0.004s；

KR、TA1～TA4—可在现场调试时用专用的调试软件进行修改

电力系统稳定器PSS单元采用加速功率型PSS，其传递函数如图15-6所示。

下面以白山电厂1号机组EXC9000型调节器为例说明电力系统稳定器PSS的投运试验过程。

二、操作步骤

(1) 试验接线。

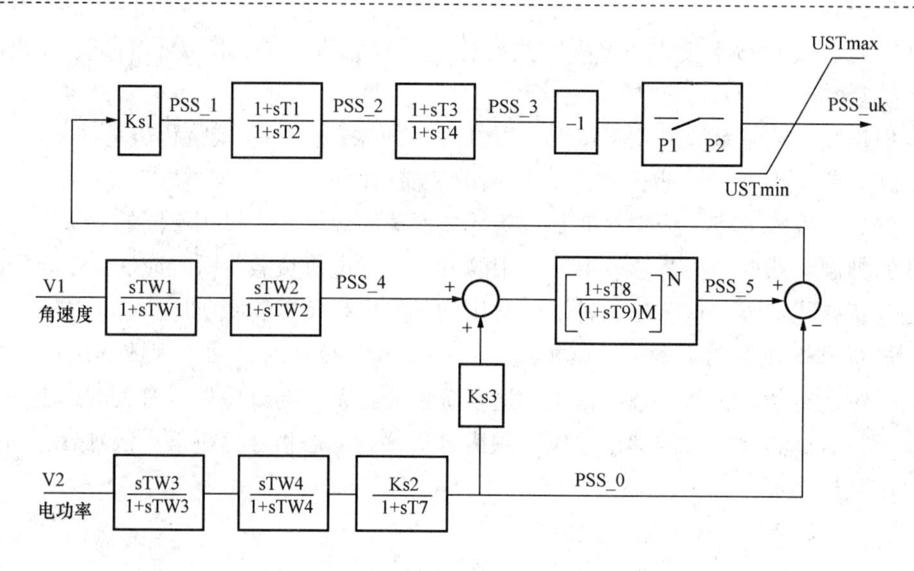

图 15-6　采用加速功率型 PSS 传递函数

1）将发电机电压互感器三相电压信号、电流互感器三相电流信号、发电机转子电压及转子电流分流器信号接入录波仪，试验时记录发电机的电压、有功功率、无功功率、转子电压和转子电流等信号。

2）试验用的白噪声信号或扫频信号，从频谱分析仪输出，接入调节器专设的试验端子，即模拟量通道的 V1 输入端，模拟量板 AP4 的 I1：4 和 I1：7 端子（7 号端子为信号地）。

3）模拟量板 AP4 上的 I1：4 端子接白噪声信号的正极性端，I1：7 端子接白噪声信号的负极性端，切不可接反。

（2）无补偿频率特性测试。

测量被试机组励磁系统 PSS 不投入情况下的相频特性。无补偿频率特性即励磁控制系统滞后特性，为自动电压调节器信号综合点到发电机机端电压的相频特性。在自动电压调节器信号综合点加不同频率的小干扰信号（白噪声），用分析仪测量发电机机端电压，得到励磁控制系统 PSS 不投入情况下的相频特性。

1）发电机并网，带 90%～100%额定有功功率，无功功率小于 10%Q_n，使用 A/B 通道自动方式运行，退出 PSS，退出“通道跟踪”功能。

2）白噪声信号（白噪声信号的幅值一般不要超过 0.3V，以确保机组安全）从模拟量通道 V1 输入，并接频谱仪的 CH1 通道，频谱仪的 CH2 通道通过专用变送器从电压互感器取样或接调节器开关量板的 UG2 信号，即 AP3 的 X5：15 端子。

3）通过调试软件观察 A/B 通道的波形监测画面，监测频谱仪输出的白噪声信

号，观察其输入励磁调节器后幅值是否正常，有无跳变或失真现象。

4）确认白噪声信号输入正常后，将该信号幅值置于0，通过调试软件向运行通道发“无补偿测试投”命令，将白噪声信号输入到AVR输入信号的叠加点上。观察机组电压、有功、无功功率是否运行稳定。

5）发“无补偿测试”命令前，先退出“通道跟踪”功能。若“无补偿测试投”后，机组立即运行不稳定，说明程序或者白噪声信号输入有问题，应立即进行通道切换。

6）从零逐步增加白噪声信号的电平至发电机有功、无功功率及发电机机端电压有明显变化，用频谱分析仪测量发电机电压对于白噪声信号输入叠加点的频率响应特性，即励磁系统滞后特性。

7）测量完毕后，先逐步把白噪声信号降至0，然后，通过调试软件向运行通道发“无补偿测试退”命令。

（3）有补偿频率特性测试。

1）发电机并网，带90%～100%额定有功功率，无功功率小于10%Q_n，使用A/B通道自动方式运行，退出PSS，退出“通道跟踪”功能。将运行通道的PSS环节的参数T8、T9设为0，非运行通道的PSS环节的参数KS1设为0。

2）白噪声信号（白噪声信号的幅值一般不要超过0.8V，以确保机组安全）从模拟量通道V1输入，并接频谱仪的CH1通道，频谱仪的CH2通道通过专用变送器从电压互感器取样或接调节器开关量板的UG2信号，即AP3的X5∶15端子。

3）通过调试软件观察A/B通道的波形监测画面，监测频谱仪输出的白噪声信号，观察其输入调节器后幅值是否正常，有无跳变或失真现象。

4）确认白噪声信号输入正常后，将该信号幅值置于零，通过调试软件向运行通道发“有补偿测试投”命令（发“有补偿测试”命令前，要先退出PSS），将白噪声信号输入到PSS环节的ΔP信号输入端。

5）从零逐步增加白噪声信号的电平，用调试软件观察PSS环节的末级输出信号是否正常。确认上述PSS环节正常后，将白噪声信号幅值置于0，通过显示屏操作，投入PSS，观察机组电压、有功功率、无功功率是否运行稳定。

6）若投入PSS后，机组立即运行不稳定，说明程序或者白噪声信号输入有问题，应立即退出PSS或进行通道切换。

7）从零逐步增加白噪声信号的电平至发电机有功、无功功率及发电机机端电压有明显变化，用频谱分析仪测量发电机电压对于白噪声信号输入叠加点的频率响应特性，即励磁系统有补偿频率响应特性。

8）测量完毕后，先逐步把白噪声信号降至0，然后，先退出PSS，再通过调

试软件向运行通道发“有补偿测试退”命令。

9）由于各试验单位的频谱仪性能的差异，在进行有补偿频率响应特性测试时，有时需要将发电机电压输入到频谱分析仪的信号线互换一下，以便使有补偿特性测试和无补偿特性测试的频率特性波形保持一致，便于记录分析。

（4）发电机负载阶跃试验。

1）进行小阶跃量无PSS的阶跃试验。如有功功率波动不明显，应加大阶跃量再进行试验，阶跃量一般不超过额定电压的4%。

2）进行同阶跃量下有PSS的阶跃试验。

3）当振荡频率不符合要求时，应调整PSS相位补偿参数；当阻尼比不符合要求时，应增大增益，再次进行有PSS的阶跃试验，直至满足要求。

4）试验合格后，将最终的PSS参数写入另一套调节器。然后，切换到另一套调节器运行，重复进行本项试验。

（5）整定PSS环节参数。根据上面测量的结果和线路上有功功率低频振荡时的振荡频率，要求在线路发生有功功率低频振荡时，PSS输出的力矩量对应z在w轴，在超前10°至滞后45°以内，并使发电机本机有功功率振荡时PSS输出的力矩对应在w轴，在超前10°至滞后30°之间。

（6）校核被试机组励磁系统的相位校正特性。励磁控制系统PSS投入后的频率特性由无补偿频率特性、PSS单元相频特性和PSS信号测量环节相频特性相加得到，其应有较宽的频带。

（7）测试PSS临界增益。

1）将发电机有功功率调整在某稳定值。

2）投入PSS和切除PSS，观察机组各有关量应无扰动。

3）投入PSS，将PSS增益从零逐渐增加，测试发电机励磁电压，直到出现轻微持续的振荡为止，此时的增益即为PSS的临界增益。

4）一般取临界增益的1/5～1/3作为PSS的最终运行增益。

（8）测试PSS对有功低频振荡的抑制效果。

用发电机负载阶跃响应法测试方法如下。

1）通过人为的发电机机端电压不大于5%的额定值阶跃扰动，迫使机组的有功功率振荡。

2）录取投入PSS和没有投入PSS两种情况下的有功功率、发电机机端电压等量的变化波形。

3）通过计算有功功率波形的衰减阻尼比及波形的振荡频率比较，可以看出PSS抑制有功低频振荡的效果。

另外，也可以使用系统阻抗突变法和强迫振荡响应法测试。

(9) 检查 PSS 是否存在“反调”现象。

1) 电力系统稳定器 PSS 投入。

2) 按机组增、减有功功率最快的速度调节机组出力，使之变化额定有功功率的 10%。

3) 测试、录取调节中有功功率和无功功率的变化波形，PSS 应无明显的反调现象。一般可接受不超过 30%的额定无功功率的波动。

(10) 试验拆线。检查所拆动过的端子或部件是否恢复，清理现场。

(11) 根据试验数据（试验时间、天气、试验主要仪器及精度、试验数据、试验人等)、试验记录进行分析。

(12) 出具电力系统稳定器 PSS 投运的试验报告。

三、操作注意事项

(1) 无补偿特性测试时，白噪声信号的幅值一般不要超过 0.3V。

(2) 有补偿频率特性测试时，白噪声信号的幅值一般不要超过 0.8V，以确保机组安全。

模块 10　交流及尖峰过电压吸收装置应用测试

一、操作说明

尖峰过电压吸收装置组成，采用压敏电阻（浪涌吸收器）与 RC 阻容保护相配合，接线方式为三角形接法。如图 15-7 所示。

在励磁系统采用静止式晶闸管自并励励磁设备中，由于晶闸管在换相时交、直流侧会出现换相尖峰过电压，这种过电压峰值高并具有三个特点，一是周期性很强，每个周期产生六个换相缺口，其中，有两个是本相晶闸管换相产生，另外四个是其他相晶闸管产生；二是一致性也很强，换相过电压尖峰毛刺都是在晶闸管换相关断瞬间产生，这是由于晶闸管反向恢复电荷不能突变的原因；三是尽管每个尖峰毛刺能量不是很大，但每个周期产生 6 个尖峰，连续运行总能量很大。这样容易引起励磁变、功率柜和转子系统绝缘的软击穿，引发误强励和失磁故障，而这种故障一般情况下很难找到故障点，使发电机组安全运行受到威胁。所以，对于大型发电机组来说，其换向尖峰过电压的问题也越来越引起人们的关注。

励磁系统大功率晶闸管整流桥交流侧选用高能氧化锌压敏电阻，此压敏电阻的接线方式采用三角形接法，同时，在励磁变副边并联阻容吸收器，采用集中式的阻容过压保护。

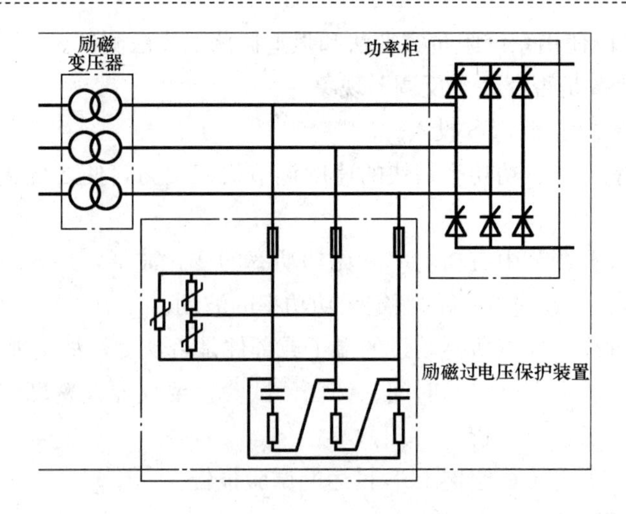

图 15-7　交流及尖峰过电压吸收装置接线图

通过工程实践，目前，励磁阳极过电压保护比较常用的主要有两种，即阳极电源回路装设高能氧化锌压敏电阻和阳极电源回路装设阻容吸收器。

1. 高能氧化锌压敏电阻保护

在阳极回路装设高能氧化锌压敏电阻，利用高能氧化锌压敏电阻的非线性特性，限制交流侧尖峰过电压幅值。高能氧化锌压敏电阻保护接线图如图 15-8 所示。

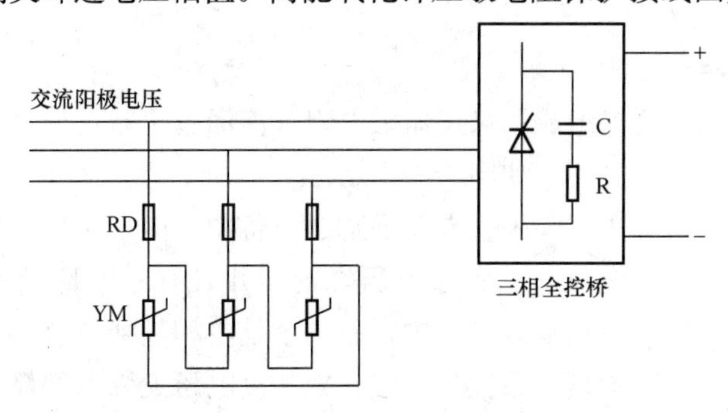

图 15-8　高能氧化锌压敏电阻保护接线图

RD 是熔断器，YM 是压敏电阻，可以采用三角形接线，也可采用星形接线。高能氧化锌压敏电阻电压的选择，一般取阳极电压峰值的 1.5～2.0 倍，白山电厂机组励磁阳极额定电压为 1000V，这样压敏电压动作值应选为 2200～3000V，为防止压敏电阻击穿短路，在回路中还应串联快速熔断器 RD。

按照这种方式整定的过电压保护，可以保护励磁变压器及晶闸管不至于因电压过高造成绝缘损坏。高能氧化锌压敏电阻过电压保护，无法吸收晶闸管换相过电压的尖峰毛刺，不能降低过电压的前沿陡度，必须采用组容吸收装置加以限制。

2. 阻容吸收器保护

在晶闸管整流桥交流侧装设阻容吸收器，利用电容稳压和充电特性，吸收励磁阳极过电压尖峰毛刺，达到保护目的。

在图 15-9 中，由三组 R1、C1 组成普通型阻容保护，不仅能有效吸收阳极过电压尖峰毛刺，而且还能降低这些过电压尖峰毛刺的前沿陡度。阻容保护接线方式，依据电容电压水平来选择三角形接线或星形接线。

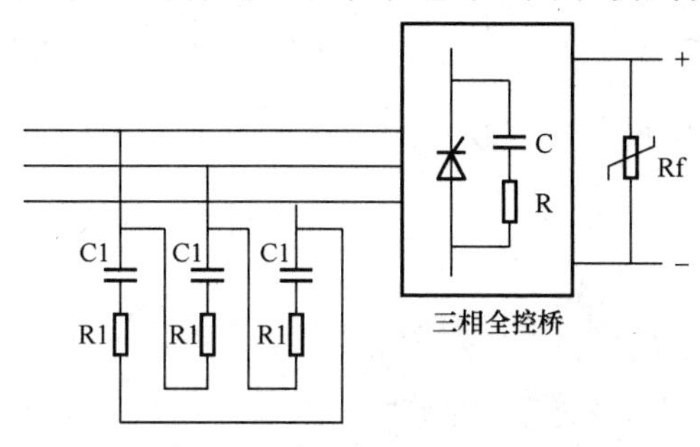

图 15-9　阻容过电压保护原理图

此种阻容保护器件少，电阻发热量小。一方面，通过高能氧化锌压敏电阻降低过电压的幅值；另一方面，由阻容保护降低过电压的陡度。

采用高能氧化锌压敏电阻及阻容保护相配合，可以保护励磁变及晶闸管不至于因电压过高造成绝缘损坏，同时，利用电容稳压和充电特性，吸收励磁阳极过电压尖峰毛刺，避免设备绝缘因尖峰电压遭受软击穿。

二、操作步骤（以白山发电厂 4F 机为例说明）

(1) 在停机状态下，按照如图 15-10 所示进行接线。

(2) 发电机组开机，发电机转速至额定并保持稳定。

(3) 发电机起励并维持发电机机端电压额定。

(4) 利用示波器测量励磁变阳极电压的电压波形，如图 15-11 所示，并计算阳极电压有效值和尖峰值。

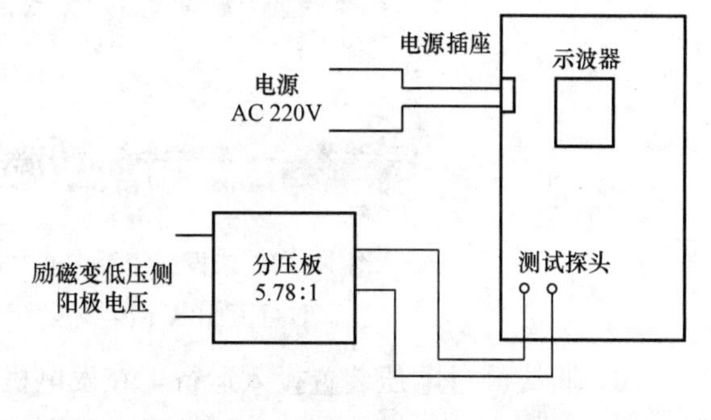

图 15-10　交流及尖峰过电压吸收装置测试接线

阳极电压有效值为

$$159.8\times5.78=923.6(\mathrm{V})$$

阳极电压尖峰值为

$$U_{\Delta}=0.8\times200\times5.78=924.8(\mathrm{V})$$

(5) 利用示波器录取未投交流及尖峰过电压吸收装置时直流侧电压波形如图 15-12 所示（空载额定），并计算直流电压尖峰值。

直流侧电压尖峰值为

$$U_{\Delta}=9\times(500\div5)=900\text{(V)（未用分压电阻）}$$

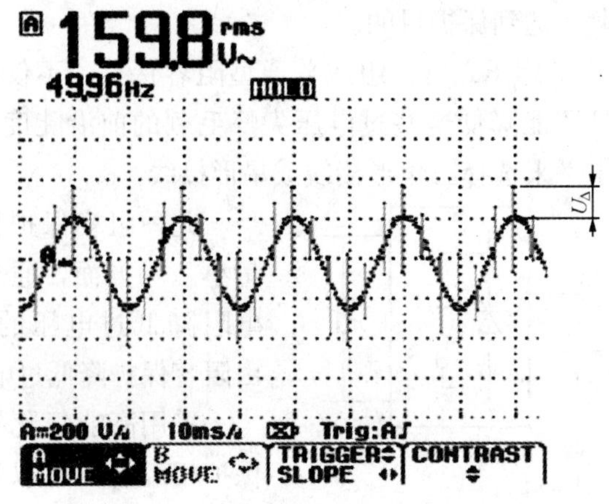

图 15-11　未投交流及尖峰过电压吸收装置时交流侧电压波形（空载、额定）

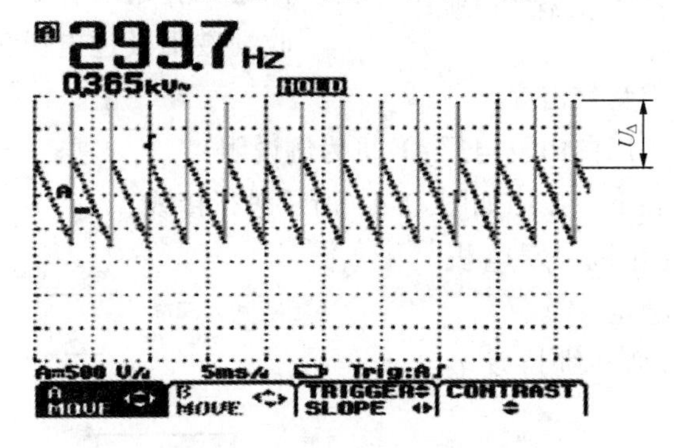

图 15-12　未投交流及尖峰过电压吸收装置时直流侧电压波形（空载、额定）

（6）将尖峰过电压装置投入运行，在发电机组额定空载运行工况下，利用示波器测量励磁变压器阳极电压的电压波形，如图 15-13 所示，并计算阳极电压有效值和尖峰值。

阳极电压尖峰值为

$$U_{\Delta}=0.4\times100\times5.78=231.2\text{(V)}$$

投入交流及尖峰过电压吸收装置后交流侧尖峰下降为

$$(924.8\text{V}-231.2\text{V})\div924.8\text{V}\times100\%=75\%$$

（7）利用示波器录取未投交流及尖峰过电压吸收装置时直流侧电压波形（空载、额定），如图 15-14 所示，并计算直流电压尖峰值。

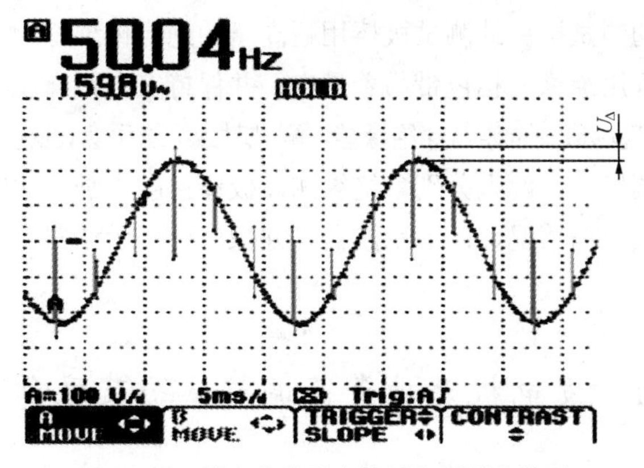

图 15-13　投入交流及尖峰过电压吸收装置后交流侧电压波形（空载、额定）

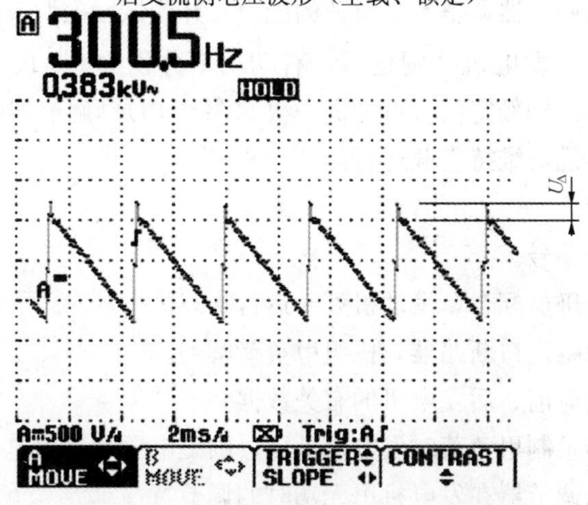

图 15-14　投入交流及尖峰过电压吸收装置后直流侧电压波形（空载、额定）

直流电压尖峰值为

$$U_\Delta = 2\times(500\div5) = 200(\text{V})$$（未用分压电阻）

投入交流及尖峰过电压吸收装置后直流侧尖峰下降为

$$(900\text{V}-200\text{V})\div900\text{V}\times100\%=78\%$$

（8）试验拆线。检查所拆动过的端子或部件是否恢复，清理现场。

（9）根据试验数据（试验时间、天气、试验主要仪器及精度、试验数据、试验人等）、试验记录进行分析。

（10）出具尖峰过电压吸收装置的试验报告。

三、操作注意事项

（1）相色示波器的工作电源用隔离变压器隔离。

(2) 示波器的测试探头的测试极棒用耐高压的绝缘棒绑好。

(3) 分压装置用绝缘的相色带吊着悬空，并保持安全距离。

(4) 进入作业现场戴安全帽，穿绝缘鞋，测试时戴绝缘手套，必要时站在绝缘垫上。

(5) 示波器调好后，两人分别拿绝缘测试极棒接触主励开关或灭磁开关正负极的导电部分，一人根据情况，调节示波器，并操作记忆示波器，将转子电压波形存储下来。

模块11　发电机无功负荷调整试验及甩负荷试验

一、操作说明

检测通过励磁调节器调整无功负荷的能力，并测试励磁调节器在发电机甩无功负荷时的调节特性。发电机并网运行，有功功率分别为 0% P_n、10% P_n 情况下，调整发电机无功负荷到额定值（可加做一次 50%无功）。调节器给定值固定，机组解列后灭磁开关不跳，维持空载运行。

二、操作步骤

(1) 确认设备编号。

(2) 与运行值班员配合，发动机处于运行状态。

(3) 通过手动跳出口断路器，机组甩负荷解列。

(4) 记录甩负荷前、后发电机的有关数据。

(5) 用示波器录制甩负荷时发电机电压、励磁电压和励磁电流波形。

(6) 观测励磁调节器在发电机甩无功时的调节特性。

(7) 通过甩负荷试验，确定调节器能否满足发电机甩无功时，将发电机机端电压及时回到空载位置，以及调节器调节性能能否满足以下规程的相关要求，若不能满足，则调整调节器有关参数。

1) GB/T 7409.3—2007《同步电机励磁系统大、中型同步发电机励磁系统技术要求》。

2) DL/T 489—2006《大中型水轮发电机静止整流励磁系统及装置试验规程》。

3) DL/T 843—2010《大型汽轮发电机交流励磁机励磁系统技术条件》。

(8) 试验拆线。检查所拆动过的端子或部件是否恢复，清理现场。

(9) 根据试验数据（试验时间、天气、试验主要仪器及精度、试验数据、试验人等）、试验记录进行分析。

(10) 出具发电机无功负荷调整试验及甩负荷试验报告。

三、操作注意事项

（1）示波器的工作电源用隔离变压器隔离。

（2）示波器的测试探头的测试极棒用耐高压的绝缘棒绑好。

（3）分压装置用绝缘的相色带吊着悬空，并保持安全距离。

（4）示波器调好后，两人分别拿绝缘测试极棒接触阳极开关处不同相的导电部分，一人根据情况，调节示波器，并操作记忆示波器，将阳极波形存储下来。

模块 12　大功率整流柜的检查和试验

一、操作说明

利用电力半导体器件可以进行电能的变换，其中，整流电路可将交流电转变成直流电，供给直流负载，逆变电路又可将直流电转换成交流电供给交流负载。晶闸管装置即可工作于整流状态，也可工作于逆变状态，我们称作为变流或换流装置。同步发电机的半导体励磁是半导体变流技术在电力工业方面的一项重要应用。

将从发电机机端或交流励磁机端获得的交流电压变换为直流电压，满足发电机转子励磁绕组或励磁机磁场绕组的励磁需要，这是同步发电机半导体励磁系统中整流电路的主要任务。对于接在发电机转子励磁回路中的三相全控桥式整流电路，除了将交流变换成直流的正常任务之外，在需要迅速减磁时，还可以将储存在转子磁场中的能量，经全控桥迅速反馈给交流电源，进行逆变灭磁。此外，在励磁调节器的测量单元中使用的多相（三相、六相或十二相）整流电路，则主要是将测量到的交流信号转换为直流信号。

检修前需做好下列安全措施：

（1）各整流屏阳极开关及直流开关在切位。

（2）风机交流 380V 电源切。

（3）调节器脉冲电源开关切除。

（4）大功率柜交、直流工作电源开关切。

二、操作步骤

（1）清扫。启动抽风机，吹风机对着晶闸管散热器，顺着风道方向吹。能够将吹起的灰尘排到厂房外是最好的办法。对于散热器内的灰垢，大修时，可以考虑用管道毛刷清洁。

（2）检查。

1）检修时，将连接晶闸管的大线打开，清扫完之后，进行彻底的全面检查，检查晶闸管、阻容保护及所连接的器件有无损坏或断线，如有，应立即更换晶闸管

元件，检查完认为无问题后，方可通电做试验。

2）主回路检查。

a. 检查励磁变压器二次侧到晶闸管阳极的电缆线是否有破损或接触不好的地方，如果发现有破损的地方，应立即进行处理。

b. 检查与主回路所连接的隔离开关、阳极开关、母线排接是否可靠、动作是否灵活、接触部件有无异常等。

3）绝缘检查。测定主回路及控制回路与大地之间的绝缘电阻，主回路用1000V绝级电阻表，测量的绝缘电阻值在5MΩ以上；控制回路用500V绝缘电阻表，测量的绝缘电阻值在2MΩ以上，即为合格。

4）耐压试验。

a. 安全措施。通知有关班组，组织专人监护，不许他人靠近试验设备，确定本回路无人后，方可进行。

b. 耐压之前应将晶闸管控制极用熔丝短路，以免损坏晶闸管。

c. 耐压试验符合整流屏检视大纲的要求，即交流耐压为2500V、1min（根据转子耐压水平而定）。

（3）晶闸管静止励磁开环特性试验。

1）励磁系统小电流试验是指在整流柜的阳极输入侧外加厂用电交流380V，直流输出接电阻负载，调整控制角，通过观察负载电压波形变化，综合检查励磁控制器测量、脉冲等回路和整流柜元件的一种试验方式。调压器SYB可以用继电保护仪代替，示波器也可以用记录仪代替。

2）试验内容。

a. 观察脉冲及触发相位的正确性。

b. 检测使晶闸管开通并维持住的最低阳极电压。

c. 当升高阳极电压时，记录产生正常脉冲的临界电压值。

d. 改变给定电压值，观察整流、逆变、整流的工作情况，这里因带电阻性负载，所以逆变不明显，只能说明现象。

e. 模拟整流屏故障。将一整流屏脉冲丢失，观察其电流转移情况。

f. 在200A负载上，稳定运行2h观察晶闸管的升温情况。

在更换了晶闸管后，该项试验必须要做（此条系指单块整流屏试验）。

g. 加1.3倍阳极电压，检查各整流屏是否有击穿、放电现象。

3）操作步骤。

a. 低电压小电流试验。

b. 低电压大电流试验。

c. 高电压小电流试验。

d. 高电压试验。

e. 均流特性试验。

试验时，在功率柜整流器的输出端（即整流桥的交流侧）施加一个较低的电压，输出短接一低阻抗负载，输入的电压要能保证在该负载下能输出需要的额定励磁电流，且输出波形与实际运行时的波形基本一致。在输出为发电机额定励磁电流工况下，至少运行 20min 后进行测定。采样方法同上述 2）方法一样

（4）温升试验。

1）试验时，首先记录环境温度，然后让励磁系统输出额定励磁电流，（若励磁电流太大，也可平均到单个功率柜，进行独立测试，如额定励磁电流为 1500A，配备 3 个功率柜，即可使每个功率柜输出 500A 电流，进行独立测试），功率柜风机处于正常运行状态，每 10min 对功率柜进行一次测试。测试时，使用红外线测温仪对温度进行探测，主要的采样点为散热器的表面；同时，应将相关数据仔细记录下来，以便进行比较。测试时间一般为 30～60min，直到温度处于稳定状态，温度处于稳定状态的判断依据为前、后两个采样点数据的温差不大于 1℃。

2）将功率柜的输出降为零，继续测试，直到功率柜内散热器与环境的温差不超过 10℃，记录对应的时间。

3）一般情况下，在整个励磁装置所处通风良好、功率柜风机正常运行的情况下，功率柜内散热器表面的温度不应超过环境温度 30℃；否则，即为通风效果不理想。

（5）智能化均流试验。

采用控制每个晶闸管触发脉冲相位的方法，实现各个功率柜或各个并联元件电流均衡，称智能化均流。试验方法如下：

1）调整各支路电流实际值与测量值，使其达到一致。

2）将所有并联的功率柜均投入运行，观察并记录各自的输出电流，计算均流系数。

3）若有 N 个功率柜并联时，任意分段某个功率柜的脉冲投切开关，将该功率柜退出运行，观察并记录其余并联运行功率柜的输出电流，计算均流系数。

4）将退出的功率柜复归，重新观测并记录其余并联运行功率柜的输出电流，计算均流系数。

（6）风冷系统检查。此项目除正常运行出故障需检修外，一般随机组大修进行。风机控制回路查线、查线结果应正确无误，并与图纸校验。将检修机组的风机拆下，进行检查，特别要注意更换风机轴承润滑油。对投风机的磁力启动器及辅助触点进行清扫检查，做到动作灵活、可靠。通电试验时，应注意风机振动声音有无

异音，如响声与平常不同时，可以认为某相不平衡或者是其他方面的问题，应立即查出原因，采取相应措施。风机运转正常后，特别要注意风机转向应按顺时针转，另外，风机入口空气温度不得超过40°，尤其是在夏季更应注意，尽量使热空气散到室外，防止暖气从出口循环到入口，并要防止有害气体和尘埃等进入整流屏。

(7) 整流元件（或风道）的测温原件检查及报警信号传递情况检查。

(8) 整流柜门开闭的电气闭锁检查。

(9) 自动均流、缺触发脉冲报警和其他功能的检查。自动均流功能失效或退出一个功率柜，均流系数应能满足标准要求；具有在线投退功率柜功能的，在投退一个功率柜时，不应造成励磁电流的扰动及功率柜间电流振荡。

(10) 试验拆线。检查所拆动过的端子或部件是否恢复，清理现场。

(11) 根据试验数据（试验时间、天气、试验主要仪器及精度、试验数据、试验人等）、试验记录进行分析。

(12) 出具励磁功率柜检查的工作报告和励磁功率柜试验报告。

三、操作注意事项

(1) 检修作业需要两人以上配合。

(2) 使用示波器要注意以下几点：

1) 示波器的工作电源用隔离变压器隔离。

2) 示波器的测试探头的测试极棒用耐高压的绝缘棒绑好。

3) 分压装置用绝缘的相色带吊着悬空，并保持安全距离。

4) 示波器调好后，两人分别拿绝缘测试极棒接触阳极开关处不同相的导电部分，一人根据情况调节示波器，并操作记忆示波器，将阳极波形存储下来。

(3) 试验接线完毕后，必须经两人都检查正确无误后，方可通电，进行试验。

(4) 所用仪表一般不应低于0.5级。

(5) 所有使用接线应牢固可靠。

(6) 上电源时，应先查看调压器、变阻器在适当的位置，严防大电流冲击，防止短路。

模块13　人机界面调试

一、操作说明

人机界面（Human Machine Interface，HMI）的作用是提供用户与励磁系统间的一个操作接口，具有以下特性：

(1) 便于运行人员巡检。人机界面具备机组运行参数显示、运行状况显示功

能，并有故障报警指示。

(2) 便于操作。操作元件或操作画面有相应的文字说明，且有防误操作措施。

(3) 人机界面具有相对独立性，当它出现故障或失效时，不会影响到励磁系统正常工作，也不会影响到励磁系统的基本操作。

选用带全屏触摸功能的显示器（proface 触摸屏）作为人机界面。其优点是功能齐全，不仅用于运行操作，也可用于试验和维护，画面丰富，视觉效果良好，操作简便；同时，具有数字量、模拟量、通信状态和系统运行状态显示，设备运行状况一目了然，运行人员可在短短的几分钟时间内学会所有的相关操作。

二、操作步骤（以 EXC 9000 型调节器为例说明人机界面的系统设置和各个画面的调试）

（一）调节器 HMI 的系统设置

(1) 设置通信模式为 RS-232。

(2) 数据位数为 8 位。

(3) 校验位为偶数校验、合计校验。

(4) 停止位为 1 位。

(5) 波特率为 19 200bps。

（二）备份设置

(1) 备份起始地址为 202。

(2) 备份寄存器长度为 10。

(3) 备份内容如表 15-2 所示。

表 15-2　　备　份　内　容

寄存器地址	名　　称
202	A套调差率
203	B套调差率
204	功率柜数量
205	测温元件数量
206	风机数量
207	额定励磁电流（A）
208、209	发电机额定视在容量（kVA）
210、211	额定发电机机端电压（V）

(4) 备份内容是不受掉电影响的。

（三）待机时间设置

为了保护 HMI 的显示屏幕，设置了屏幕保护功能，当在设定的时间内对 HMI 没有操作时，将自动暂时消去屏幕显示，待机时间默认为 2min。

（四）调节器 HMI 主画面运行

调节器 HMI 主画面如图 15-15 所示。

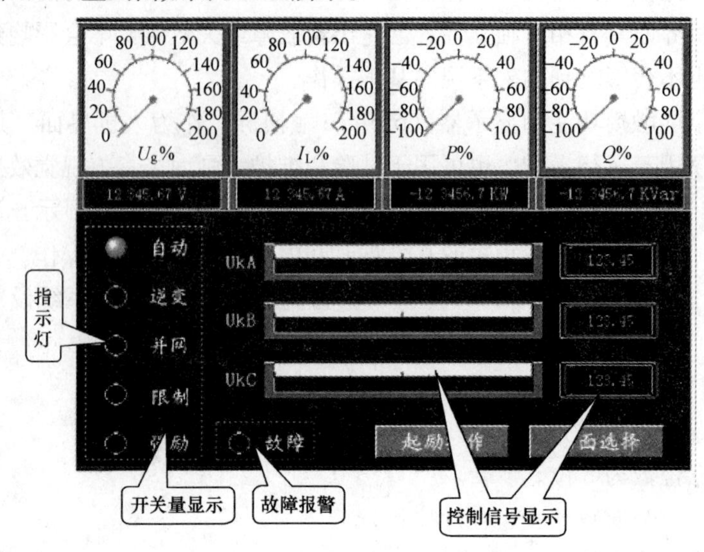

图 15-15 调节器 HMI 主画面

1. 模拟量显示

(1) 发电机机端电压 U_g、励磁电流 I_L、发电机有功负荷 P、发电机无功负荷 Q 分别以百分数和真实值的形式显示。

其中，发电机机端电压 U_g 的基准值是额定发电机机端电压值（V）；励磁电流 I_L 的基准值是额定励磁电流值（A）；发电机有功负荷 P 和无功负荷 Q 基准值是额定视在容量（kVA）。

(2) A 通道控制信号为 UKA，B 通道控制信号为 UKB，C 通道控制信号为 UKC。

2. 开关量显示

显示励磁系统中的部分开关量信息（其他的开关量状态在"开关量显示"画面中具休给出）有自动/手动运行方式、停机逆变、并网、限制、强励。每个开关量都有一个状态指示灯，指示灯被点亮，则表明相应的功能投入。

"自动"的指示灯在点亮时，表示调节器处于自动运行方式，否则，处于手动运行方式。

当励磁系统中的"励磁电流限制器"、"欠励限制"、"V/F 限制"、"定子电流限制器"中任意一个限制动作时，"限制"的指示灯被点亮。

点击开关量显示区域（开关量虚线框表示区域），便可以进入开关量显示画面，

如图 15-16 所示。

3. 故障报警

当励磁系统发生任何故障时，都会有红色闪烁指示灯报警，点击故障报警区域（故障虚线框表示区域），便可以进入当前故障显示画面，如图 14-17 所示。

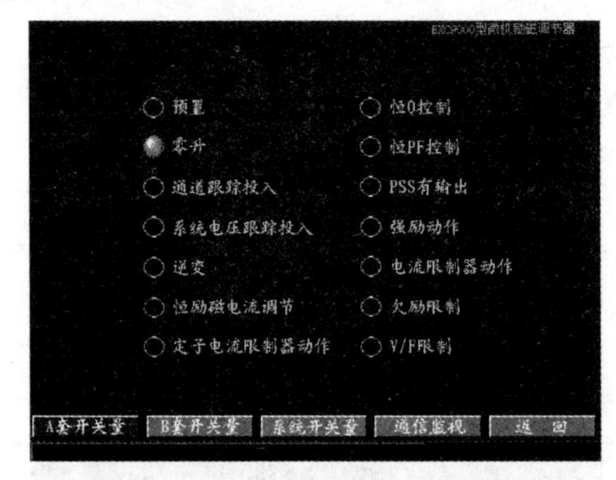

图 15-16　开关量显示画面

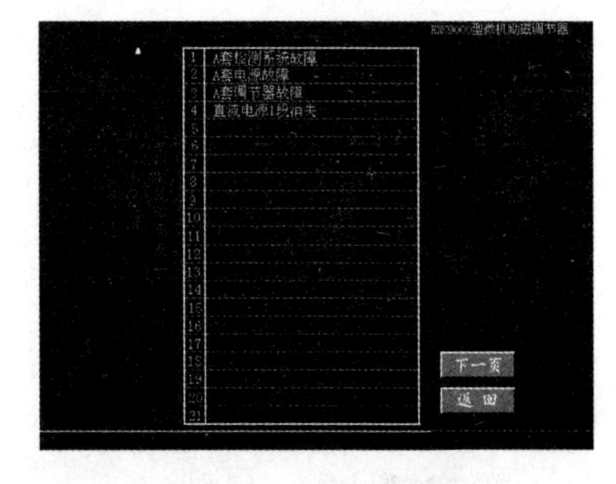

图 15-17　故障显示画面

当前故障报警以列表形式给出，按发生的时间顺序排列，先发生的排在后，后发生的排在前。

故障复归后，可以在历史故障画面中（参见故障追忆画面）查询。

4. 多功能选择画面

在主画面中点击按【画面选择】钮后，可进入多功能选择画面，如图 15-18 所示。

进入该画面后，可以看到很多画面选择菜单，每个菜单对应不同的功能画面。

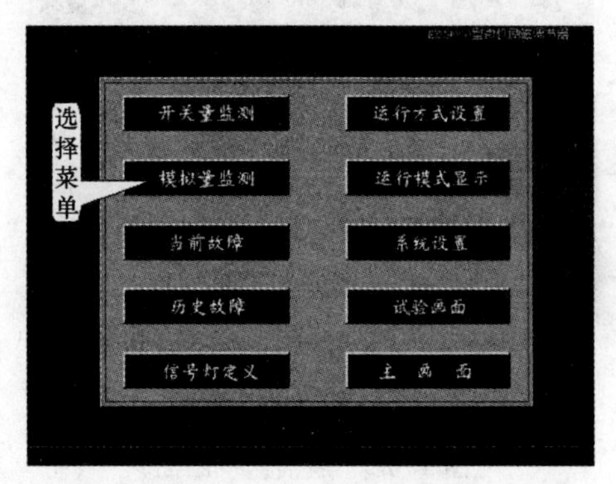

图 15-18　多功能选择画面

5. 开关量监测画面

在多功能选择画面中选择菜单，就可以进入各个开关量显示画面，如图 15-19 所示。其中，画面底部为选择菜单，当前选择的菜单为红色，其余为绿色；画面中间部分为在当前菜单下显示的内容，当前菜单为 A 套开关量，则画面中显示的是所有 A 套开关量信息。

(1) A/B 套开关量显示画面。在开关量监测画面中，选择【A 套开关量】或【B 套开关量】菜单，则进入 A/B 套开关量显示画面。绿色指示灯点亮，表示 A/B 套调节器相应的功能投入或动作。

(2) 系统开关量画面。在开关量监测画面中，选择菜单，则进入系统开关量显示画面，如图 15-20 所示。

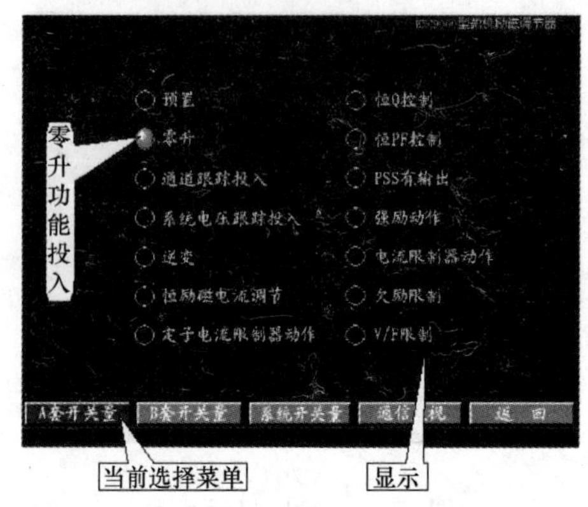

图 15-19　开关量显示画面

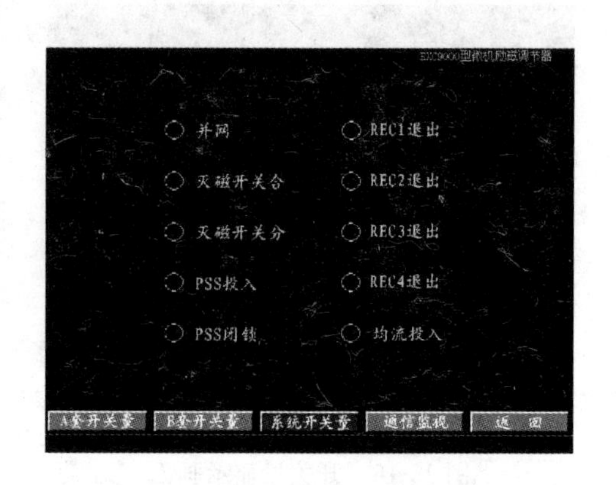

图 15-20　系统开关量画面

系统开关量画面主要显示除 A/B 套调节器开关量以外的所有开关量信息，包括功率柜和灭磁柜的状态信息。

(3) 励磁系统通信监视画面。在开关量监测画面中，选择【通信监视】菜单，则进入通信监视画面，如图 15-21 所示。

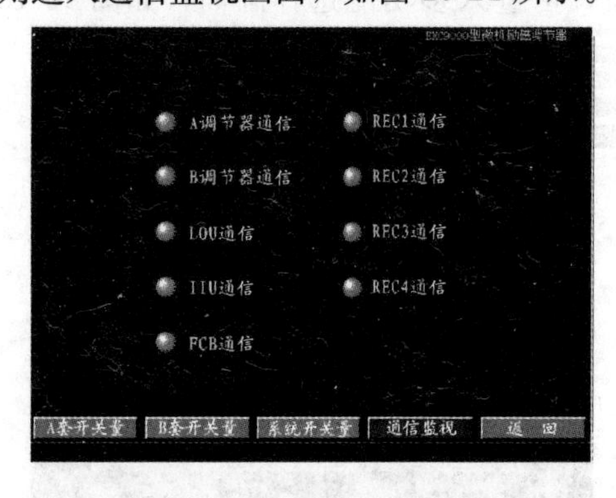

图 15-21　通信监视画面

通信画面显示了整个智能化励磁系统中的各个站之间的通信状态。各站前的绿色通信指示灯在正常状态下为闪烁，表示本站与系统各个站之间有数据交换；如果出现通信故障，则通信状态指示灯不再闪烁。

注意：此通信画面仅指示励磁系统内部（调节器，功率柜，灭磁柜）通信。

(4) 模拟量监测画面。在多功能选择画面中选择【模拟量监测】菜单，便可以进入 A/B 套模拟量显示画面，如图 15-22 所示。

此画面左边为模拟量名称及当前百分数显示，右边为模拟量实时曲线。不同的模拟量使用不同颜色加以区分，左边百分数数据显示所用的颜色就是实时曲线上对应的模拟量使用的颜色。在屏幕下方，可以选择监测 A 通道或 B 通道的模拟量数据。

（5）当前故障报警画面。在多功能选择画面中，选择【当前故障】菜单，便可以进入当前故障显示画面，如图 15-23 所示。

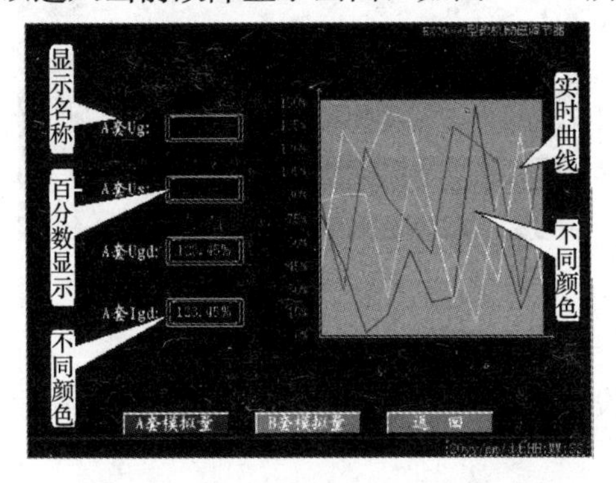

图 15-22　A/B 套模拟量显示画面

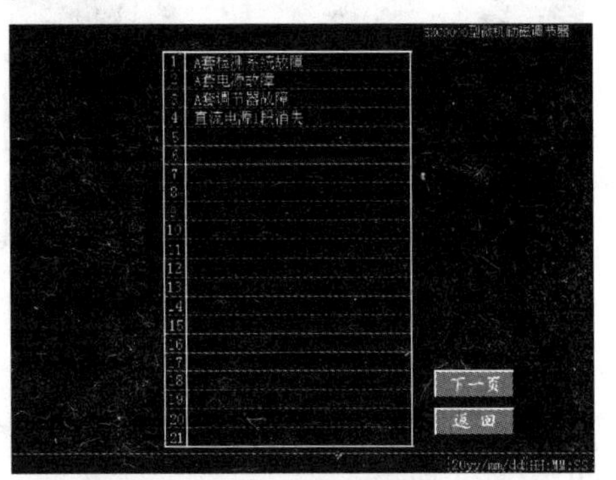

图 15-23　当前故障显示画面

当励磁系统出现任何故障时，屏幕上会显示红色闪烁报警信息；在当前故障画面里按时间的先后顺序自动记录当前发生的 100 种故障或状态；当前故障记录可通过翻页按钮来实现翻屏显示。

（6）故障追忆画面。在多功能选择画面中，选择【历史故障】菜单，便可以进入历史故障显示画面，如图 15-24 所示。

如果故障以红色跳跃形态显示，说明该故障为当前故障；如果以蓝色静止形态显示，则说明该故障为历史故障。

励磁系统将最近出现的 500 个故障按 FIFO（先进先出）原则，对故障内容、发生时间及恢复时间作了详细记录，其记录内容不受掉电影响。

（7）信号灯定义画面。该画面给出了调节器机笼中 I/O 板上指示灯的定义，信号灯定义画面如图 15-25 所示。

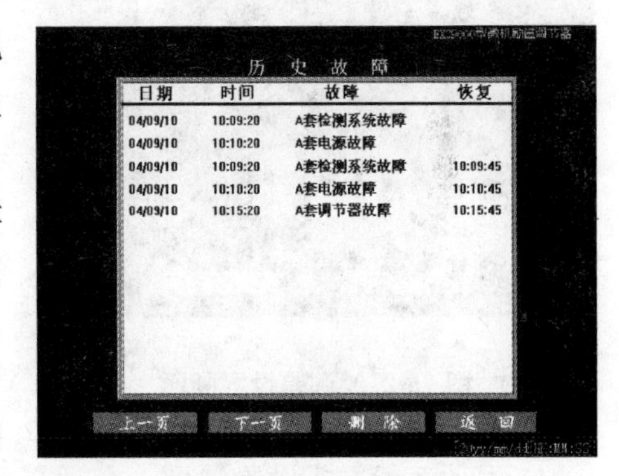

图 15-24　历史故障显示画面

（8）运行方式设置画面。

1）运行设置画面如图 15-26 所示。在智能触摸屏上，提供了励磁系统的绝大部分功能设置，这些功能的投切都可以直接在相应的按钮上操作。功能投入后相应的按钮变成红色，同时，按钮上文字显示也会改变。

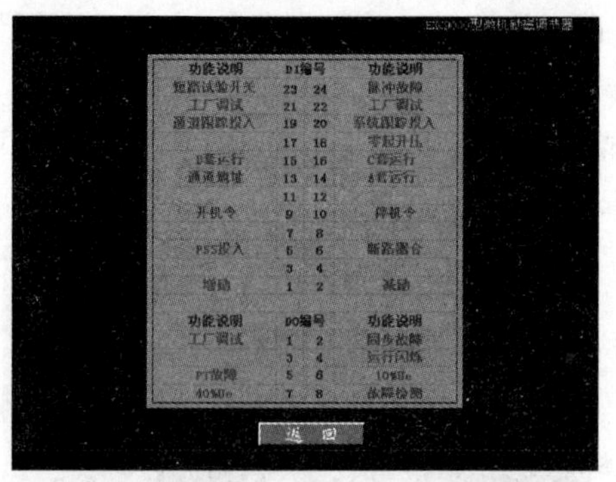

图 15-25 信号灯定义画面

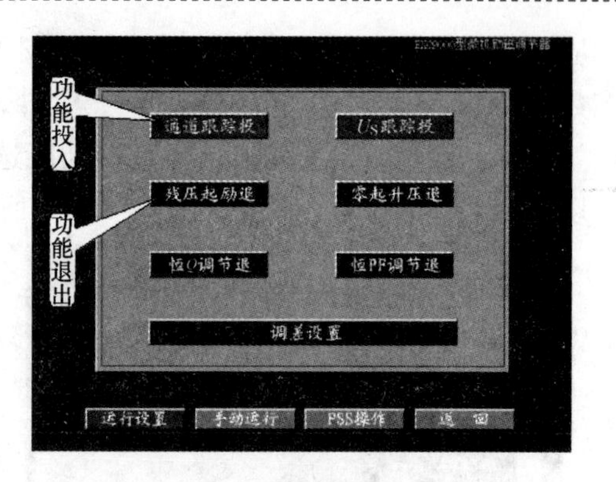

图 15-26 运行设置画面

2）在运行方式设置画面选择【调差设置】菜单，便可以进入调差设置画面，如图 15-27 所示。

调差率设置共有 31 挡（－15～0～＋15）。点击调差率设定值的数字显示框，会弹出一个数字输入框（如图 15-28 所示），点击数字输入框上的数字，则可设置调差率。设置好调差率后，点击按钮；然后，查看调差率返回值是否与设定值相同。

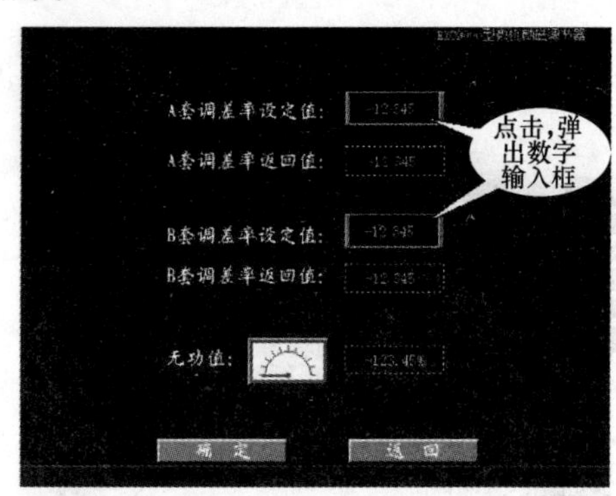

图 15-27 调差设置画面

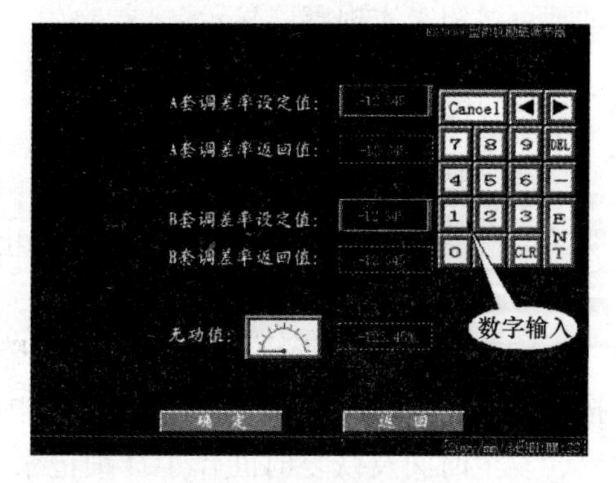

图 15-28 调差率设定值的数字显示框

3）手动运行方式设置画面。在运行方式设置画面选择【手动运行】菜单，便可以进入手动运行设置画面，如图 15-29 所示。在此画面中，可以设置 A/B 通道在手动运行方式或自动运行方式。系统上电后，默认为自动运行方式。

4）PSS 投切操作画面。投切 PSS 功能的操作步骤如下：

a. 在运行方式设置画面选择【PSS 操作】按钮，会弹出一个请输入密码对话框，如图 15-30 所示。

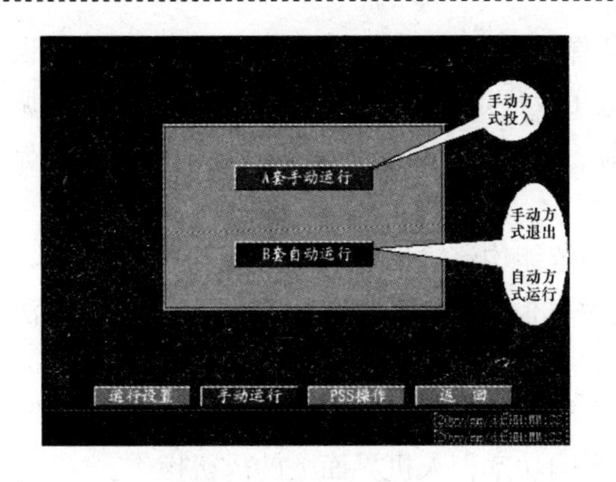

图 15-29 手动运行设置画面

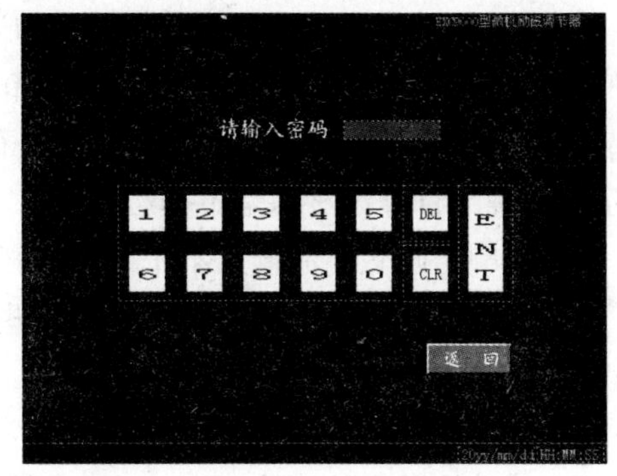

图 15-30 PSS 投切操作画面

b. 在请输入密码对话框里输入密码（默认密码为 9000）后，点击 ENT 键。

c. 如果密码正确，则进入 PSS 投切操作画面。在操作画面中，点击 PSS 退出或 PSS 投入按钮，则 PSS 功能投入或退出。

d. 如果密码错误，则会出现密码错误对话框。这时用户只能按 OK 按钮，返回上级菜单，重新输入密码。

（9）运行模式显示画面。

在多功能选择画面中选择【运行模式显示】菜单，便可以进入运行模式显示画面，如图 15-31 所示。该画面显示了 A/B 套调节器的当前运行模式。一般，在试验状态下会用到这些模式。

（10）系统设置画面。在多功能选择画面中选择【系统设置】菜单，在正确输入密码后（默认是 9000），便可以进入系统设置画面，如图 15-32 所示。

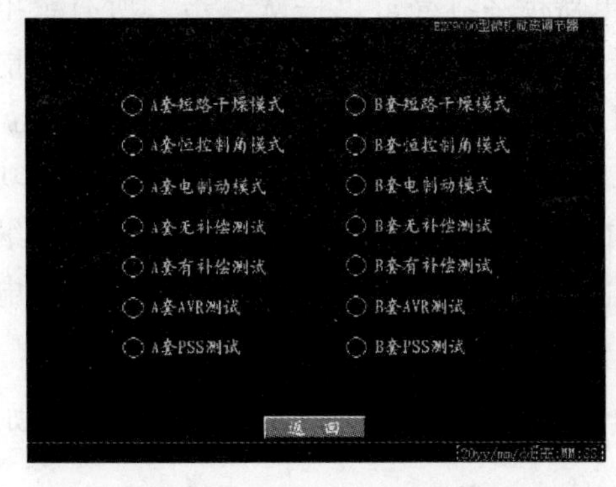

图 15-31 运行模式显示画面

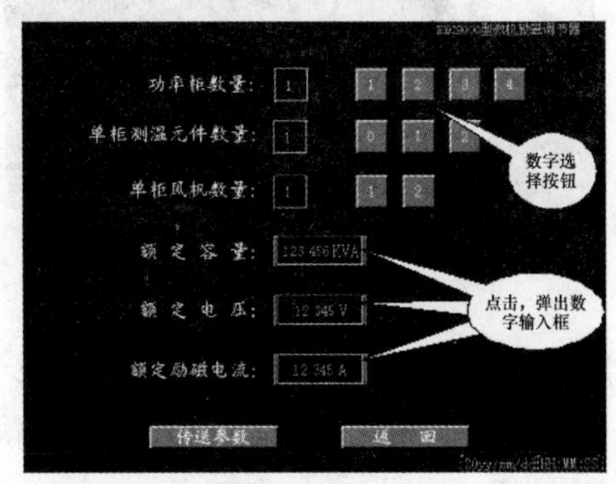

图 15-32 系统设置画面

在系统设置画面中需要进行正确的选择和输入，否则，会出现显示及其他错误信息，例如额定容量、额定发电机机端电压及额定励磁电流输入错误后，会导致调节器人机界面的当前有功负荷、无功负荷、发电机机端电压及励磁电流的实际值显示不正确（百分数显示是不受影响的）。

1）额定励磁电流输入不正确，会影响智能均流输出的结果。

2）功率柜数量设置不正确，则某些功率柜的状态信息在调节器人机界面无法正确显示。

3）测温元件数量输入不正确，则会影响功率柜人机界面上的温度显示。

4）单柜风机数量输入不正确，则会影响功率柜人机界面上的风机操作。

注：1. 所有这些设置是不受调电影响的。

2. 以上这些设置是不影响系统正常运行的。

3. 重新更新程序后，系统会将所有寄存器清 0，所以，必须重新设置这些变量。

（11）试验画面。在多功能选择画面中选择【试验画面】菜单，在正确输入密码后（默认是 9000），便可以进入试验画面。

1）时间和日期校准画面。在试验画面中选择【时间校准】菜单，便可以进入时间和日期校准画面，点击相应的按键，就可以输入当前时间。

2）继电器测试画面。在试验画面中选择【继电器测试】菜单，就可以进入继电器测试画面，如图 15-33 所示。

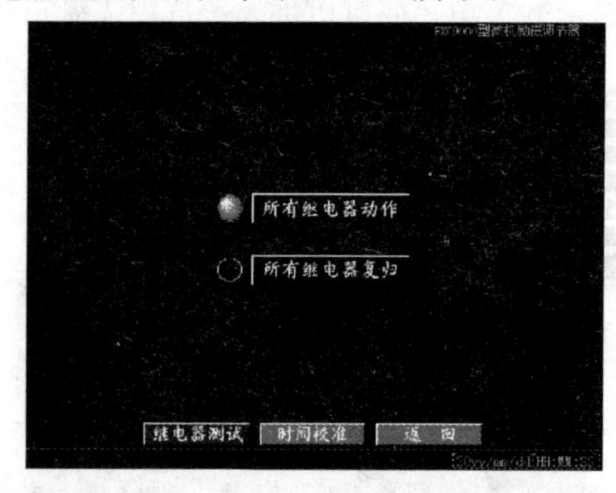

图 15-33 继电器测试画面

继电器测试功能是用来测试智能I/O板上的指示灯回路是否正常。

点击“所有继电器动作”后，其功能指示灯点亮，则智能 I/O 板上所有继电器指示灯亮；再一次点击“所有继电器动作”后，其功能指示灯灭，则智能 I/O 板上指示灯显示正常。

点击“所有继电器复归”后，其功能指示灯点亮，则智能 I/O 板上所有继电器指示熄灭；再一次点击“所有继电器动作”后，其功能指示灯灭，则智能 I/O 板上指示灯显示正常。

（12）起励操作画面。在主画面中点击【起励操作】按钮后，便可以进入起励操作画面，如图 15-34 所示。

在该画面中，可以选择起励方式为残压起励方式或零起升压方式。选择时，只需要在画面上对应按钮操作即可（默认为残压起励退、零起升压退）。选择好起励

方式后，按住画面下方的起励按钮，并保持5s，同时，可以在画面上方的发电机机端电压表上监视起励时电压的变化情况。

（五）出具工作报告

出具人机界面调试的工作报告。

三、操作注意事项

调试按照励磁调节器调试大纲要求进行。

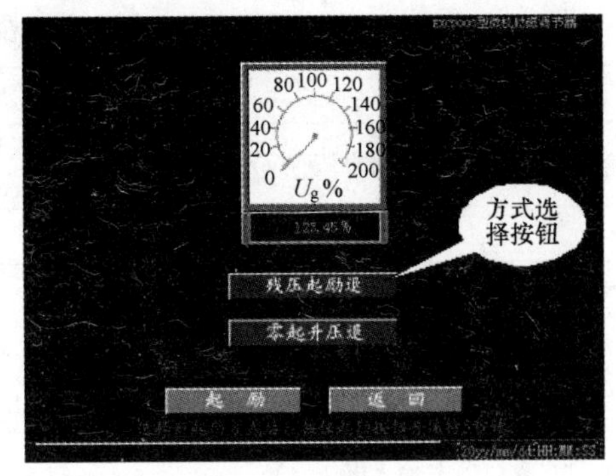

图 15-34　起励操作画面

模块14　励磁调节器投运前校准试验

一、操作说明

校准试验主要测试微机调节器的模拟量信号采集及转换功能是否正常。在发电机电流校准和励磁电流校准过程中，需要同时给发电机机端电压互感器回路加入额定电压信号，否则，电流校准可能误差较大。下面以EXC9000型调节器为例，介绍投运前具体校准试验方法。

二、操作步骤

（1）发电机机端电压互感器1TV、电压互感器2TV及系统电压互感器3TV电压校准。

1）拆除励磁电压互感器1TV与仪表电压互感器2TV二次侧在励磁调节器部分端子排的外侧电缆引线（A611、B611、C611；A621、B621、C621；A631、B631、C631），拆除端子排外部同步信号输入回路引线。

2）将端子排内侧A611、B611、C611分别与A621、B621、C621对应相短接。

3）分别与励磁装置测试仪（或继电保护测试仪）的U_a、U_b、U_c相接，保证相序正确。

4）三路电压互感器电压由励磁装置测试仪（或继电保护测试仪）统一提供，调节励磁装置测试仪（或继电保护测试仪）输出。当三路电压互感器输入电压为额定值时，调整发电机机端电压系数ID［4］的值，使发电机机端电压显示值为100.00%，调整系统电压，进行跟踪调整。

调整发电机机端电压系数ID［5］的值，使系统电压显示值为100.00%，调整完成后按表15-3记录数据。

表 15-3　　电压校准记录

A 套电压校准记录					
输入电压（%）	输入电压（V）	发电机机端电压显示（%）	系统电压显示（%）	发电机机端电压系数 K_{ug}	系统电压跟踪调整系数 K_{us}
50					
100					
120					
B 套电压校准记录					
输入电压（%）	输入电压（V）	发电机机端电压显示（%）	系统电压显示（%）	发电机机端电压系数 K_{ug}	系统电压跟踪调整系数 K_{us}
50					
100					
120					

（2）发电机电流校准。

1）分别断开发电机机端电流互感器与整流变压器副边电流互感器 N461、LN441 的短接连片。

2）励磁装置测试仪（或继电保护测试仪）的 Ia_{+}、Ia_{-}、Ic_{+}、Ic_{-}分别与 A461、LN441、C461、LN441 相接，N461 接 LA441、N461 接 LC441，即对发电机机端电流互感器与整流变压器副边电流互感器二次侧进行串接。

注：保证 A、C 相电流极性正确。

3）用程序控制电源励磁装置测试仪（或继电保护测试仪）模拟电流互感器二次电流，当输入电流为额定值时，调整发电机电流系数 ID［2］的值，使发电机电流显示值为 100.00%，调整完成后，按表 15-4 记录数据。

表 15-4　　发电机电流校准记录

输入电流（%）	输入电流（A）	A 套电流显示（%）	B 套电流显示（%）	A 套发电机电流系数 K_{ig}	B 套发电机电流系数 K_{ig}
50					
100					
120					

（3）发电机功率校准。

用程序控制电源励磁装置测试仪（或继电保护测试仪）模拟电压互感器及电流互感器，在电压基准值及电流基准值下调整功率系数 ID［1］的值，使显示值为 100.00%，调整完成后，按表 15-5 记录数据。

A 套功率系数 K_{pow}：________________。

B 套功率系数 K_{pow}：________________。

表 15-5　　发电机功率校准

项目 序号	TV，φ	电流互感器电流（A）	A 套有功功率（%）	A 套无功功率（%）	B 套有功功率（%）	B 套无功功率（%）
1	TV=100.00% φ=0°	电流互感器电流（A）	A 套有功功率（%）	A 套无功功率（%）	B 套有功功率（%）	B 套无功功率（%）
2	TV=100.00% φ=90°	电流互感器电流（A）	A 套有功功率（%）	A 套无功功率（%）	B 套有功功率（%）	B 套无功功率（%）
3	TV=100.00% φ=−90°	电流互感器电流（A）	A 套有功功率（%）	A 套无功功率（%）	B 套有功功率（%）	B 套无功功率（%）
4	TV=100.00% φ=额定功率因数角	电流互感器电流（A）	A 套有功功率（%）	A 套无功功率（%）	B 套有功功率（%）	B 套无功功率（%）

（4）励磁电流校准。

用程序控制电源励磁装置测试仪（或继电保护测试仪）模拟励磁变压器副边电流互感器二次电流，当输入电流为折算的额定值时，调整励磁电流系数 ID［3］的值，使励磁电流显示值为 100.00%，调整完成后，按表 15-6 记录数据（I_{ln}为发电机额定励磁电流值）。

表 15-6　　励磁电流校准记录（输入电流折算额定值=0.816I_{ln}/副边电流互感器变比/1.1）

输入电流（%）	输入电流（A）	A 套电流显示（%）	B 套电流显示（%）	A 套励磁电流系数 Kil	B 套励磁电流系数 K_{il}
50					
100					
120					
200					

注　本方法校准存在误差，在大电流试验时，要按实际电流重新校准。

(5) C通道励磁电流调节范围预整定。

1) 加入同步电压信号。

2) 按励磁电流校准的方法，加入100%额定励磁电流，调整模拟量板的W4电位器，使得模拟量板右下角CK1测点的电压为6.8V。

3) C通道励磁电流上限检查。切至C通道运行，增磁直至C通道限制灯亮；然后，调整励磁电流大小，使得C通道控制信号在50%左右，此时的励磁电流值即为上限值，应在120%额定励磁电流左右。

4) C通道励磁电流下限检查。切至C通道运行，减磁直至C通道限制灯亮；然后，调整励磁电流大小，使得C通道控制信号在50%左右；此时的励磁电流值即为上限值，应在120%额定励磁电流左右。

(6) C通道120%电压限制预整定按发电机机端TV校准方法，加入120%发电机机端电压值，切至C通道运行；然后，调整模拟量板的C通道W2电位器，使得显示屏上C通道控制信号的显示值为50%左右。

(7) 模拟量总线板R631、R639信号动作值及10%、40%电压测量。

1) 模拟量总线板R631信号动作值。

不加励磁电流。

R631信号动作值（电压互感器电压）：________。

R631信号返回值（电压互感器电压）：________。

R631信号动作时，微机调节器I/O板的第6号输出信号指示灯将点亮。

2) 记录R632信号（40%电压）对应的实际值。

R632信号动作值：________。

R632信号返回值：________。

R632信号动作时，微机调节器I/O板的第7号输出信号指示灯将点亮。

3) 整定过励保护动作。

R639信号动作值（励磁变压器副边电流互感器电流）：________。

R639信号返回值（励磁变压器副边电流互感器电流）：________。

过励保护动作倍数：________。

4) 过励保护动作后，要检查相应的励磁系统输出信号是否正确。

(8) 试验拆线。检查所拆动过的端子或部件是否恢复，清理现场。

(9) 根据试验数据（试验时间、天气、试验主要仪器及精度、试验数据、试验人等）、试验记录进行分析。

(10) 出具微机调节器校准试验报告。

三、安全注意事项

（1）试验前，要确定功率柜直流隔离开关在断开位置。

（2）校验工作至少应有两人参加，由一人操作、读表，一人监护和记录。

（3）互感器部分接线要注意采取防止电流互感器开路和电压互感器短路的措施，保证A、C相电流极性正确；要保证电压回路，相序正确。

模块15　开机前对励磁调节器的操作

一、操作说明

励磁系统是安装在发电厂的一整套设备。在正常情况下，它由控制室远方控制操作。直接安装在调节柜前面板上的就地按钮、转换开关一般仅在试验和紧急控制时使用，对励磁系统的命令一般由发电厂监控系统发出。因此，设备投运前运行和维护人员必须熟悉励磁系统的操作过程和操作方法，必须熟悉励磁系统的组成和作用，必须熟练地使用这些操作控制及显示单元。运行人员通过对励磁系统进行操作，使发电机适应于发电厂和电网的运行条件。下面以EXC9000型调节器为例说明操作过程。

二、操作步骤

1. 调节器的各开关的正确位置

（1）AC、DC电源开关在“通”位；微机电源开关在“通”位；“整流/逆变”开关在“整流”位置。

（2）AC、DC电源开关为双极空气开关，一般安装于调节柜内部右侧的导轨上，开关闭合，则AC、DC电源投入，调节器开始上电工作。微机电源开关装在调节柜的后部，每个微机通道对应一个电源开关，当微机电源开关断开时，对应的微机调节器机笼则处于断电状态，可以更换其中的插件板；“整流/逆变”开关在调节柜前门的面板上。

2. 调节器状态检查

（1）调节器A套和B套工控机开关量I/O板上输出4号灯闪烁。

（2）人机界面上的通信指示灯正常闪烁。

（3）调节器选择A套运行、B套备用，且A套、B套都处于自动方式；前面板上“A通道运行”、“B通道备用”指示灯亮，人机界面上的“自动”指示灯点亮；——是调节器上电时的默认状态。

3. 其他运行方式设置

（1）进入调节柜人机界面“画面选择→运行方式设置”画面；检查调节器运行

方式是否合适，如果不满足，请执行第二步，改变设置。

(2) 改变设置，进入“运行方式设置”画面后，显示如下功能触摸按键，这些功能的投切都可以直接在相应的按钮上操作；功能投入后相应按钮变成红色，同时按钮上文字显示也会改变。

(3) 在运行方式设置画面中，选择“手动运行”菜单，便可以进入手动运行设置画面。在此画面中，可以设置A/B通道在手动方式或自动方式。

(4) 其他功能也可以通过此运行方式设置画面实现，各功能默认有效值如表15-7所示。

表15-7　　运行方式设置

序号	名称	每次上电默认	说明
1	通道跟踪	通道跟踪投	
2	U_s（系统电压）跟踪	前次设置	掉电记忆
3	恒Q调节	恒Q调节退	并网后，根据要求设置
4	恒PF调节	恒PF调节退	并网后，根据要求设置
5	残压起励	前次设置	掉电记忆
6	调差设置	前次设置	
7	零起升压	零起升压退	
8	手动运行	A/B套自动运行	
9	PSS操作	前次设置	掉电记忆

三、操作注意事项

(1) 合上AC、DC电源开关前，必须确认设备检修完毕、设备各项试验项目合格。

(2) 更换内部插件，必须在停电状态下进行，严禁带电插拔插件，防止烧损元器件。

模块16　负载闭环试验

一、操作说明

以EXC9000型调节器为例，介绍励磁系统并网后检查试验项目。

二、操作步骤

1. 并网检查

(1) 空载升压到额定值后，即可投入自动准同期装置，实现发电机组的并网。同期装置实现机组成功并网后，应立即检查调节器显示屏，确认“并网”指示灯点亮，同时，观察调节器显示屏上的有功功率和无功功率显示是否正常。

（2）确信发电机机端励磁用电压互感器和电流互感器的接线正确及调节器A通道、B通道的有功功率、无功功率测量值正确后，调节器再切换至A通道或B通道的自动方式下运行。

（3）发电机并网后，励磁系统暂时不进行增、减磁操作，应立即观察并网后无功功率的大小，若并网后无功功率很大或者并网后无功功率为负值，则说明机组同期并网过程中，发电机机端电压和电网电压存在较大的差值，并网时对系统和机组冲击较大，应对发电机机端电压进行调整。

（4）当采用自动准同期装置调节发电机机端电压方式并网时，此时，应调节同期装置的压差设置，一般情况下应将压差缩小。

（5）当采用励磁系统的“系统电压跟踪”功能调节发电机机端电压方式并网时，此时，应利用调试软件修改励磁调节器参数中的“系统电压系数”ID［5］：Kus，使系统电压比发电机机端电压略微偏小一点，保证并网时无冲击。

（6）第一次并网时，由于无法确定发电机机端电流互感器接线的正确性，最好在C通道或A/B通道的手动方式下进行。通过调试电脑分别检查调节器A通道、B通道的有功功率、无功功率测量值，如果与监控系统的检测值差别不大，说明发电机机端励磁用电压互感器和电流互感器的接线正确。若差别较大，可能有以下两方面原因：

1）发电机参数、发电机机端励磁用电压互感器和电流互感器的实际变比值与装置出厂时采用的变比值不一致。

2）发电机机端励磁用电压互感器和电流互感器的接线或极性有问题，必须马上检查原因，必要时，停机处理。

2. 并网带负荷

并网过程调整正常后，发电机组即可正常增加有功负荷和无功负荷，记录运行值填入表15-8中。

表15-8　　有功负荷和无功负荷记录

序号	电压互感器二次电压（V）	励磁电流（A）	有功功率（kW）	无功功率（kvar）	1号功率柜电流（A）	2号功率柜电流（A）	3号功率柜电流（A）	4号功率柜电流（A）	均流系数
1									
2									
3									
4									
5									

3. 有功功率、无功功率、发电机电流校准检查

在发电机带较大负荷的情况下，校准调节器的有功功率、无功功率、发电机电流的显示值，填入表15-9中。

表15-9　　有功功率、无功功率、发电机电流的显示值

项　目	显示值	项　目	显示值
A套功率系数		A套发电机电流系数	
B套功率系数		B套发电机电流系数	

4. 系统电压校准检查

确认系统电压互感器已接入，修改参数ID［18］，使TSD1显示系统电压值，调整ID［5］，使系统电压与发电机机端电压互感器电压显示一致。

5. 调差极性检查

（1）调差率的极性和大小，需根据现场的要求整定。

（2）检查A通道、B通道调差率极性的正确性。

（3）调差极性和挡位可以通过调试软件或者调节柜显示屏上的功能按键设置，当调差极性设定为正调差时，随着调差挡位的增加，机组的无功功率将减小。

（4）当发电机组采用扩大单元接线模式时（即两台或两台以上机组共用1台主变压器单元），调节器只能采用负调差模式，否则，机组之间将可能出现无功功率大幅波动，甚至过负荷跳机现象。

6. 欠励限制试验

（1）根据现场情况，试验时可以暂时修改欠励限制整定值，减小进相无功功率值。

（2）当发电机有功功率接近0时，减磁操作使得发电机无功功率为负，并直至调节器欠励限制功能起作用，发电机进相无功功率值不再增大。检查“欠励限制”的报警指示及其信号触点输出是否正确。

（3）保持发电机无功功率进相状态不变，逐渐增加发电机有功功率，发电机进相无功功率值应随之减小。

（4）欠励运行过程中，系统运行稳定，无功功率波形无明显的摆动，否则调整ID［87］。ID［87］的有效范围是0～32，无功功率调整的速度与该数值成反比。

（5）进行增励操作，调节器退出欠励限制。

（6）A通道、B通道分别作上述试验。

（7）欠励限制的定值，需根据现场的要求整定，整定数据填入表15-10中。

表 15-10　　欠励限制的定值

整定参数＼项目	A套	B套
欠励限制 K 值		
欠励限制 b 值		
欠励调节		

（8）欠励限制曲线为

$$Q^{*}=K_{ue}\times P^{*}-B_{ue}$$

式中　P^{*}、Q^{*}——对应于机组额定视在容量的标幺值，出厂默认值 $K_{ue}=0.4$，$B_{ue}=0.4$，在现场可以根据用户实际要求修改调节器的 ID［85］、ID［86］参数进行调整。

7. 过励限制试验

当发电机有功功率为额定值时，增磁操作使励磁电流输出增大，直到励磁调节器“过励限制”信号动作，此时，继续增磁操作将无效，机组无功功率将保持稳定。

8. 恒无功调节试验（恒 Q 调节）

（1）增磁使发电机无功功率为正，通过调试软件或者调节柜显示屏上的功能按键将调节器置为“恒 Q 调节”，励磁系统将以当前的无功值为设定值进行调节，增、减机组有功功率，无功仍保持不变，检查“恒 Q 调节”的状态显示及信号触点输出是否正确。

（2）退出恒 Q 调节，由监控系统通过串行通信口向励磁系统输入“恒无功调节”指令及设定无功数值，调节器将按照串行通信口下达的设定值进行调节，检查“恒 Q 调节”的状态显示及信号触点输出是否正确。

（3）若发现监控系统下达的无功设定值有误，励磁系统输出的无功功率不正常，应立即操作调节柜显示屏上“恒 Q 调节退出”按键，退出恒无功功率调节。

9. 恒功率因数调节试验（恒 PF 调节）

（1）增磁使发电机无功功率为正，通过调试软件或者调节柜显示屏上的功能按键将调节器置为“恒 PF 调节”，励磁系统将以当前的功率因数值为设定值进行调节，增、减机组有功功率，无功功率将随之不变，检查“恒 PF 调节”的状态显示及信号触点输出是否正确。

（2）退出恒 PF 调节，由监控系统通过串行通信口向励磁系统输入“恒 PF 调节”指令及设定功率因数数值，调节器将按照串行通信口下达的设定值进行调节，

检查“恒 PF 调节”的状态显示及信号触点输出是否正确。

（3）特别注意事项如下：

1）C 通道运行时，恒 Q 调节及恒 PF 调节均无效；

2）当无功功率小于零时，恒 PF 调节无效；

3）恒 Q 调节或恒 PF 调节无效时，状态显示和触点输出也相应退出。

10. 甩负荷试验及发电机调压静差率测定

（1）发电机带到额定有功功率，把调节器的调差率设为 0，退出“系统电压跟踪”功能。

（2）通过增、减磁操作，把发电机无功功率值调整到额定无功功率值。

（3）用数字万用表测量发电机机端电压互感器的 A/B 相电压值 U_{abn}，并记录；同时，记录此时运行通道的电压给定值 U_{gdn}。

（4）进行甩负荷试验并录取波形，按表 15-11 记录试验数据。

表 15-11　　甩负荷试验数据

通道（　　）	第（　　）次	通道（　　）	第（　　）次
调差挡位	0	调差挡位	0
甩前发电机电压		甩前发电机电压	
甩后发电机电压		甩后发电机电压	
甩前有功功率值		甩前有功功率值	
甩前无功功率值		甩前无功功率值	
调整率		调整率	
通道（　　）	第（　　）次	通道（　　）	第（　　）次
调差挡位	0	调差挡位	0
甩前发电机电压		甩前发电机电	
甩后发电机电压		甩后发电机电压	
甩前有功值		甩前有功值	
甩前无功值		甩前无功值	
调整率		调整率	
⋮		⋮	

（5）调整率的计算公式为

调整率（100%）＝（甩后发电机电压－甩前发电机电压）/甩后发电机电压

（6）甩负荷成功后，在发电机空载状态，通过增、减磁操作，把调节器运行通道的电压给定值调整为前已记录的U_{gdn}值。

(7) 用数字万用表测量此时发电机机端电压互感器的A/B相电压值U_{ab0}，并记录。

(8) 计算发电机的调压静差率，即

静差率=（$U_{ab0}-U_{abn}$）/额定发电机机端电压互感器电压值×100%

11. 试验拆线

检查所拆动过的端子或部件是否恢复，清理现场。

12. 试验分析

根据试验数据（试验时间、天气、试验主要仪器及精度、试验数据、试验人等）、试验记录进行分析。

13. 试验报告

出具微机调节器闭环试验的报告。

三、操作注意事项

(1) 甩负荷试验时，应将调节器的“系统电压跟踪”功能切除，否则，甩后测量的发电机机端电压将不准确。

(2) 甩负荷试验不可用C通道进行，否则，发电机机端电压将可能直接上升到C通道的电压上限值。

(3) 调差挡位设置为0，以免影响静差率的计算。

(4) 在进行恒Q调节时，若发现监控系统下达的无功功率设定值有误，励磁系统输出的无功功率不正常，应立即操作调节柜显示屏上“恒Q调节退出”按键，退出恒无功功率调节。

(5) 在进行恒PF调节试验时，若发现监控系统下达的恒功率因数设定值有误，励磁系统输出的无功功率不正常，应立即操作调节柜显示屏上“恒PF调节退出”按键，退出恒功率因数调节。

模块17　发电机短路试验

一、操作说明

发电机组的短路干燥试验和短路特性试验实际上不属于励磁系统的试验范围，一般情况下都是采用可调压的整流电源为发电机提供励磁电源的方式进行的，但随着近年来发电机组容量的不断增大，可调压整流电源已无法满足发电机短路试验的要求，这就需要利用励磁系统来进行短路试验。由于发电机机端已经短路，所以励磁系统的励磁电源需要采用他励方式供电，其有下面两种模式。

（1）系统倒送电后，由励磁变压器供电。

（2）通过厂用电接入励磁电源。通过 6kV 或 10kV 母线向励磁变压器供电或采用厂用试验变压器代替励磁变压器供电。

安装或大修阶段，必要时需一到两人配合。以 EXC9000 型励磁调节器说明发动机短路试验的具体方法。

二、操作步骤

（一）短路点在发电机机端电压互感器内侧的短路试验

（1）短路点设在发电机机端电压互感器内侧，发电机机端母排在短路点外侧解开，发电机并网开关闭合，从电网倒送电后励磁变压器及发电机机端电压互感器同时带电。

（2）正式试验前，检查励磁电源的相序和调节器工作正常。检查项目的方法如下：

1）将励磁调节柜对外端子排上的“并网令”解除（一般是断开端子排 X100：3 端子）。

2）灭磁开关分闸，将输入到调节器的“分闸切脉冲”信号解除（断开调节柜开关量板 AP3 的 AP3-X2：10 端子接线）。

3）在灭磁开关输入端并接一电炉或者电阻性负载（阻值约为 50Ω，功率为 2kW 左右），并接好示波器探头，准备观察整流桥输出电压波形。

4）机组处于停机状态，励磁调节器断电，合发电机出口侧并网开关，给励磁变压器和电压互感器供电。

5）测量励磁功率柜整流桥输入电源的相序，并确定为正相序。

6）断开并网开关后，励磁调节器重新上电，通过调节器显示屏上将 A/B 通道调节器均设为“恒励磁调节”模式，模拟量总线板上 C 通道调节器的 JP1 跳线器短接，将 C 通道设为“恒控制角调节”模式。

7）调节器切换到 C 通道运行。

8）重新合发电机出口侧并网开关，给励磁变压器和电压互感器供电，C 套调节器将开始正常工作，并输出脉冲信号，此时，由于 C 通道给定信号处于下限位置，励磁电压输出为零。

9）操作调节柜上的增磁按钮，增加 C 通道给定信号，C 通道控制信号将随之减小，整流桥的输出电压将逐渐增大，观察该电压波形在此过程中是否平稳，有无突变现象。

10）操作调节柜上的减磁按钮，减小 C 通道给定信号，C 通道控制信号将随之增大，整流桥的输出电压将逐渐减小，观察该电压波形在此过程中是否平稳，有无

突变现象。

11）当输出电压最大时，将调节柜上的“整流/逆变”旋钮置于“逆变”位置，输出电压应很快下降到零，确认是否正常。

12）上述试验步骤完成后，则可以确定调节器和整流器工作正常，断开并网开关，将灭磁开关闭合，“分闸切脉冲”信号线恢复正常。

（3）机组开机至额定转速，确定“并网令”信号已解除，确定“残压起励”、“系统电压跟踪”及“通道跟踪”功能退出，断开起励电源开关，确定模拟量总线板上C通道调节器的JP1跳线码已短接。

（4）调节器上电并切换到C通道运行；也可以采用A/B通道调节器“恒控制角模式”工作，但需要通过调试软件设定，当设定完成后，调节柜显示屏上运行模式菜单中的“恒控制角模式”指示灯将点亮；用调试软件先输入最大控制信号。

（5）合上并网开关，从系统倒送电，操作调节柜上的增磁按钮，整流桥的输出电压也将逐渐增大，转子电流逐渐增大，发电机定子短路电流也逐渐增大。观察调节器的转子电流测量是否正常；然后，配合发电机组试验部门，完成机组的短路干燥试验或者短路特性试验。

（6）试验完毕后，将A/B通道重新设置为“自动方式”，C通道JP1跳线器拆除，准备进行他励方式下的发电机组空载特性试验。

（二）短路点在发电机机端电压互感器外侧的短路试验

（1）短路点设在发电机机端电压互感器外侧，发电机机端母排在短路点外侧解开，发电机并网开关闭合，从电网倒送电后励磁变压器将带电，但发电机机端电压互感器将不带电。

（2）试验步骤同上述（一）接线模式基本一致，只是因为发电机机端电压互感器不带电，需要在系统倒送电后再给调节器一个10%发电机机端电压信号（R631信号），调节器才能正常工作。

（3）R631信号可以采取下列两种模式获得：

1）将调节柜开关量总线板（AP3板）的X2端子排的8脚（R631）和4脚（R602）短接，则调节器即可接收到开机令信号，可以进入运行工况。此时，A/B/C三个通道均可试验，其余的试验步骤同上述（一）接线方式下的试验步骤完全一致。

2）A/B调节器与调试软件相连后，通过调试软件使得A/B调节器进入“恒控制角模式”，再发出“强制开机”命令，使A/B调节器工作，与调试电脑连接的该调节器接收到命令后，即可进入运行工况，其余的试验步骤同上述（一）接线方式下的试验步骤完全一致。

（4）正式试验前，检查励磁电源的相序和调节器工作正常。检查项目的方法如下：

1）将励磁调节柜对外端子排上的“并网令”解除（一般是断开端子排 X100：3 端子）。

2）灭磁开关分闸，将输入到调节器的“分闸切脉冲”信号解除（断开调节柜开关量板 AP3 的 AP3-X2：10 端子接线）。

3）在灭磁开关输入端并接一电炉或电阻性负载（阻值约为 50Ω，功率为 2kW 左右），并接好示波器探头，准备观察整流桥输出电压波形。

4）机组处于停机状态，励磁调节器断电，合发电机出口侧并网开关，给励磁变压器送电，测量励磁功率柜整流桥输入电源的相序，并确定为正相序。

5）断开并网开关后，励磁调节器重新上电，通过调节器显示屏上将 A/B 通道调节器均设为“恒励磁调节”模式，模拟量总线板上 C 通道调节器的 JP1 跳线器短接，将 C 通道设为“恒控制角调节”模式。

6）调节器切换到 C 通道运行。

7）重新合发电机出口侧并网开关，给励磁变压器送电。

8）给上 R631 信号，C 套调节器将开始正常工作，并输出脉冲信号，此时，由于 C 通道给定信号处于下限位置，励磁电压输出为零。

9）操作调节柜上的增磁按钮，增加 C 通道给定信号，C 通道控制信号将随之减小，整流桥的输出电压将逐渐增大，观察该电压波形在此过程中是否平稳，有无突变现象。

10）操作调节柜上的减磁按钮，减小 C 通道给定信号，C 通道控制信号将随之增大，整流桥的输出电压将逐渐减小，观察该电压波形在此过程中是否平稳，有无突变现象。

11）当输出电压最大时，将调节柜上的“整流/逆变”旋钮置于“逆变”位置，输出电压应很快下降到零，确认是否正常。

12）上述试验步骤完成后，则可以确定调节器和整流器工作正常，断开并网开关，将灭磁开关闭合，“分闸切脉冲”信号线恢复正常。

（5）机组开机至额定转速，确定“并网令”信号已解除，确定“残压起励”、“系统电压跟踪”及“通道跟踪”功能退出，断开起励电源开关，确定模拟量总线板上 C 通道调节器的 JP1 跳线码已短接。

（6）调节器上电并切换到 C 通道运行。

（7）合上并网开关，从系统倒送电。

（8）给上 R631 信号，调节器开始正常工作，并输出脉冲信号。操作调节柜上的增磁按钮，整流桥的输出电压逐渐增大，转子电流逐渐增大，发电机定子短路电流也逐渐增大。观察调节器的转子电流测量是否正常，然后，配合发电机组试验部门，完成机组的短路干燥试验或短路特性试验。

(9) 试验完毕后，将 A/B 通道重新设置为“自动方式”，C 通道 JP1 跳线器拆除，准备进行他励方式下的发电机组空载特性试验。

（三）采用厂用电给励磁装置整流桥供电的短路试验

(1) 可以在发电机出口任意设定短路点，不需要解开发电机机端母排，发电机并网开关不闭合，不从电网倒送电，励磁变压器和发电机机端电压互感器均不带电。

(2) 通过 6kV 或 10kV 母线向励磁变压器供电时，需要解开励磁变压器高压侧至发电机机端的电缆，再把励磁变压器高压侧通过电缆接入 6kV 或 10kV 母线。

(3) 采用厂用试验变压器代替励磁变压器供电模式时，需要将励磁变压器低压侧输出到励磁整流桥的母线或电缆拆除，将试验变压器低压侧输出的交流电缆接入整流桥。

(4) 此模式下的试验步骤同接线模式基本一致。也需要给调节器一个 10%发电机机端电压信号（R631 信号），调节器才能正常工作。

(5) 正式试验前，检查励磁电源的相序和调节器工作正常。检查项目的方法如下：

1) 灭磁开关分闸，将输入到调节器的“分闸切脉冲”信号解除（断开调节柜开关量板 AP3 的 AP3-X2：10 端子接线）。

2) 在灭磁开关输入端并接一电炉或电阻性负载（阻值约为 50Ω，功率为 2kW 左右），并接好示波器探头，准备观察整流桥输出电压波形。

3) 机组处于停机状态，励磁调节器断电，送上励磁电源，测量励磁功率柜整流桥输入电源的相序，并确定为正相序。

4) 断开励磁电源，励磁调节器重新上电，通过调节器显示屏上将 A/B 通道调节器均设为“恒励磁调节”模式，模拟量总线板上 C 通道调节器的 JP1 跳线器短接，将 C 通道设为“恒控制角调节”模式。

5) 调节器切换到 C 通道运行。

6) 重新送上励磁电源。

7) 给上 R631 信号，C 套调节器将开始正常工作，并输出脉冲信号，此时，由于 C 通道给定信号处于下限位置，励磁电压输出为零。

8) 操作调节柜上的增磁按钮，增加 C 通道给定信号，C 通道控制信号将随之减小，整流桥的输出电压将逐渐增大，观察该电压波形在此过程中是否平稳，有无突变现象。

9）操作调节柜上的减磁按钮，减小C通道给定信号，C通道控制信号将随之增大，整流桥的输出电压将逐渐减小，观察该电压波形在此过程中是否平稳，有无突变现象。

10）当输出电压最大时，将调节柜上的“整流/逆变”旋钮置于“逆变”位置，输出电压应很快下降到零，确认是否正常。

11）上述试验步骤完成后，则可以确定调节器和整流器工作正常，断开励磁电源，将灭磁开关闭合，“分闸切脉冲”信号线恢复正常。

(6）机组开机至额定转速，确定“残压起励”、“系统电压跟踪”及“通道跟踪”功能退出，断开起励电源开关，确定模拟量总线板上C通道调节器的JP1跳线码已短接。

(7）调节器上电并切换到C通道运行。

(8）送上励磁电源。

(9）给上R631信号，调节器开始正常工作，并输出脉冲信号。操作调节柜上的增磁按钮，整流桥的输出电压逐渐增大，转子电流逐渐增大，发电机定子短路电流也逐渐增大。观察调节器的转子电流测量是否正常，然后，配合发电机组试验部门，完成机组的短路干燥试验或短路特性试验。

(10）试验完毕后，将A/B通道重新设置为“自动方式”，C通道JP1跳线器拆除，准备进行他励方式下的发电机组空载特性试验。

(四）试验结束工作

(1）试验拆线。检查所拆动过的端子或部件是否恢复，清理现场。

(2）根据试验数据（试验时间、天气、试验主要仪器及精度、试验数据、试验人等）、试验记录进行分析。

(3）出具发电机短路试验报告。

三、操作注意事项

(1）在短路试验时，必须将调节器的“残压起励”、“系统电压跟踪”及“通道跟踪”功能退出，并断开起励电源开关，同时，严禁操作起励按键和进行通道切换，以防止励磁系统出现误强励等异常工况。

(2）正式试验前，一定要先检查励磁电源的相序，确保是正相序。

(3）采用A/B通道调节器“恒控制角模式”方式试验时，调节器复位或断电重启，会自动退出“恒控制角模式”。进行此试验时应要注意确认A/B通道调节器已进入“恒控制角模式”。

(4）试验过程中不要进行通道切换操作，最好把三个通道都设为恒控制角模式。

科目小结

本科目面向水电自动装置现场维护和检修工作，按照培训目标，以自动装置维护和检修工作中的基本技能操作为主要培训内容，对励磁系统操作、控制、保护、信号回路、测量单元、稳压电源单元的检查，自动励磁调节器总体静态特性试验，起励、自动升降压及逆变灭磁特性试验，空载和额定工况下的灭磁试验，电力系统稳定器PSS的投运试验，发电机无功负荷调整试验及甩负荷试验，励磁调节器投运前校准试验，负载闭环试验，通信试验，发电机电压调差率的测定，交流及尖峰过电压吸收装置应用测试，大功率整流柜的检查及试验，人机界面调试，开机前对励磁调节器的操作等专业技能操作项目进行了详细的阐述。

通过本科目的技能操作培训，使水电自动装置检修工能正确运用安全规程和维护检修规程，掌握自动装置维护检修工作中规范的维护检修工艺、标准的测量和检查步骤、正确的安装和调试方法。

练习题

1. 对励磁系统的操作、控制、保护、信号回路检查内容是什么？
2. 怎样检查励磁调节器测量单元和稳压电源单元？
3. 自动励磁调节器总体静态特性试验步骤是什么？
4. 电力系统稳定器PSS的投运方式有几种？
5. 空载和额定工况下的灭磁方法是什么？
6. 如何测定发电机的电压调差率？
7. 交流及尖峰过电压吸收装置由哪几部分电路组成？其作用是什么？
8. 为何要进行发电机无功负荷调整试验及甩负荷试验？试验中应注意什么？
9. 怎样检查大功率整流柜是否符合运行标准？
10. 人机界面调试有哪些内容？
11. 励磁调节器投运前的校准项目有哪些？
12. 开机前如何操作励磁调节器？
13. 发电机组是如何实现软起励的？
14. 使用示波器测量功率柜输出波形要注意哪些？

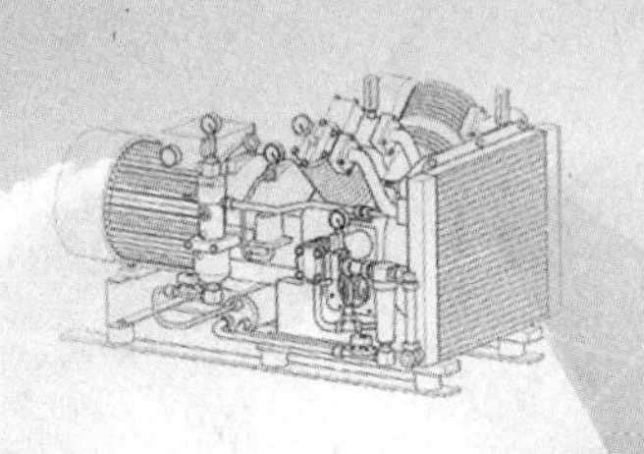

科目十六

调速系统设备的维护、检修及故障处理

调速系统设备的维护、检修及故障处理培训规范

科目名称	调速系统设备的维护、检修及故障处理	类别	专业技能
培训方式	实践性/脱产培训	培训学时	实践性 120 学时/ 脱产培训 60 学时
培训目标	1. 掌握调速系统的组成、设备的结构，熟知技术图纸。 2. 掌握现场充水后调速器空载、负载、甩负荷电源切换、工作模式切、模拟紧急停机试验的方法、步骤及标准。 3. 能熟练运用相关标准对调速系统自动化元件及调速器进行调试和检修。 4. 掌握机组调节性能试验的方法、步骤及标准。 5. 能判断调速器复杂性故障并进行分析和处理。		
培训内容	模块 1　调速器静态特性试验 模块 2　现场充水后的空载频率扰动试验 模块 3　现场充水后的空载频率摆动试验 模块 4　现场充水后的调速器带负荷调节试验和停机试验 模块 5　现场充水后的电源切换试验 模块 6　现场充水后的调速器工作模式切换试验 模块 7　现场充水后的机组甩负荷试验 模块 8　现场充水后的模拟紧急停机试验 模块 9　机组调节性能试验 模块 10　并网运行机组溜负荷故障处理 模块 11　调速器接力器抽动处理 模块 12　甩负荷问题处理 模块 13　微机调速器运行时检查项目及处理方法 模块 14　微机调速器自行检出的故障处理 模块 15　一次调频功能模拟试验		

续表

场地、主要设施、设备和工器具、材料	1. 场地：现场设备所在地、自动培训室。 2. 主要设施和设备：调速器及二次回路等。 3. 主要工器具：数字式万用表、单臂电桥、500V绝缘电阻表、清洁工具包、电工组合工具、吸尘器、毛刷、试验电源盘、验电笔、温度计、湿度计等。 4. 主要材料：控制电缆、绝缘软导线、绝缘硬导线、标签、尼龙扎带、酒精、抹布等。
安全事项、防护措施	1. 检修前交代作业内容、作业范围、危险点告知、安全措施和注意事项。 2. 戴安全帽、穿工作服（防静电服）、穿绝缘鞋、高空作业需佩戴安全带。 3. 加强监护，严格执行电业安全工作规程。 4. 对于需停电检修的设备，要认真进行验电检查，确保无电及安全措施完善后才能开始检修工作。
考核方式	笔试：120分钟 操作：120分钟 完成维护和检修任务后，针对模块技能操作评分标准进行考核。

模块1　调速器静态特性试验

一、操作说明

调速器静态特性试验有两种方法。一是用信号发生器做静态特性试验，二是用调速器内置的静态特性试验软件试验。采用调速器内置的静态特性试验软件试验比较方便，试验完成后自动计算并显示转速死区。以BWT-150-E984-265（MB+）型调速器为例，采用调速器内置的调速器静态特性测试系统软件进行试验，在做静态特性试验时，历史趋势图中的红色曲线表示导叶开度随时间的变化，绿色曲线表示频率给定随时间的变化。转速死区特性曲线如图16-1所示。

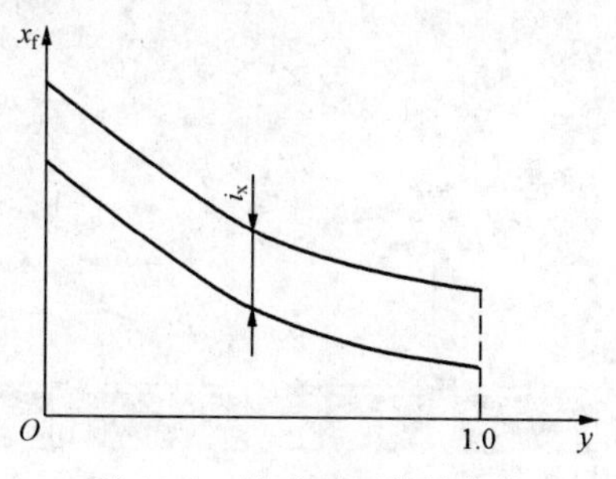

图16-1　转速死区特性曲线

使用的技术资料有《BW（S）T-80/100/150/200可编程调速器说明书》、调速器端子接线图、检修记录、现场检修记录。

二、操作步骤

（一）用信号发生器做静态特性试验

（1）设置调速器为空载频率调节模式。

（2）在端子排上模拟发电机出口断路器合。

（3）设置永态转差系数 b_p＝6%，PID参数取最小值（暂态转差系数 b_t＝3%、缓冲时间常数 t_d＝2s、加速度时间常数 t_n＝0s、频率死区 E_f＝0Hz、频率给定 F_s＝50.00Hz）。

（4）设置调速器为不跟踪状态。

（5）在调速器面板置电气开限 L＝99.99%；开度给定 Y_s＝50.00%，将接力器开至50%左右。

（6）断开机组中压互感器与调速器的连线，用稳定的频率信号发生器发出频率信号，接至调速器机频信号输入端，频率信号发生器的输出信号频率至51.2Hz。

（7）升高或降低频率，使接力器全开或全关。

（8）调整信号值（变化值0.3Hz），使之按一个方向单调升高或降低，在导叶接力器行程每次变化稳定后，记录信号频率值及相应的接力器行程值。

（9）分别绘制频率升高和降低时的调速器静态特性曲线。

（二）用调速器内置静态特性试验软件试验操作

（1）设置调速器为空载频率调节模式。

（2）设置永态转差系数 b_p＝6%,、频率给定 F_s＝50.00Hz 、频率死区 E_f＝0Hz、PID参数取最小值（暂态转差系数 b_t＝3%、缓冲时间常数 T_d＝2s、加速度时间常数 T_n＝0s）。

（3）将调速器内部提供的5V工频信号电源并入机频和网频输入端子，模拟机频和网频输入。

（4）在端子排上模拟发电机出口断路器合。

（5）设置调速器为不跟踪状态。

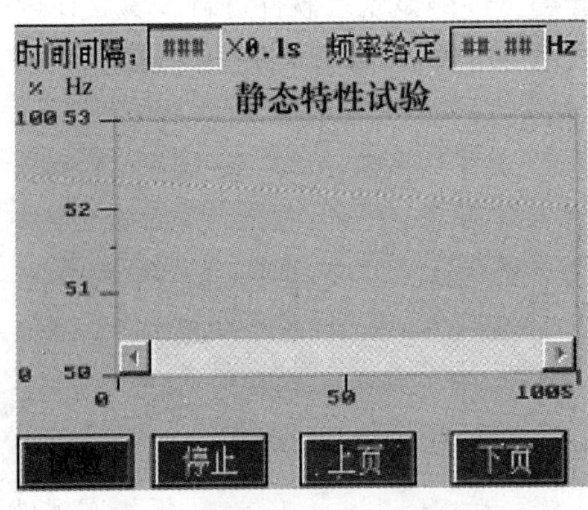

图16-2 静态特性试验曲线

（6）触摸“静态特性试验”按钮可将画面切换至“静态特性试验参数”画面。此画面的主要功能是设置静态特性试验参数。

（7）设置完参数后，触摸“下页”按钮后，可将画面切换到“静态特性试验”。如图16-12所示，在做静态特性试验时，历史趋势图中的红色曲线表示导叶开度随时间的变化；绿色曲线表示频率给定随时间的变化。

（8）将主显画面中的“跟踪/不跟

踪”按钮置于“不跟踪”状态。

（9）设置调速器为空载状态或负载状态频率调节模式（模拟发电机断路器合）。

（10）设置永态转差系数 $b_p=6\%$，PID 参数取最小值 $b_t=3\%$、$T_d=2s$、$T_n=0s$，频率给定值等于 50Hz。

（11）将时间间隔设置为 30s。

（13）把电气开限开至全开。

（13）减少开度给定，将导叶接力器全关。

（14）触摸静态特性试验画面中的“开始/试验”按钮，使调速器开始做静态特性试验，此时，“开始/试验”按钮显示为闪烁的“试验”，相应的曲线将显示在历史趋势图中，同时，在“静态特性试验结果”画面中，记录相应频率下导叶开方向、关方向的开度值，并计算出转速死区值。静态特性试验完成的特征是“试验”按钮停止闪烁，按钮自动变为“开始”。“停止”按钮可将正在进行的试验停止。

（15）试验完成后，试验程序软件自动计算和显示调速器的转速死区和非线性度的数值，若试验数值超出国标规定的范围，应修改调速器的运行参数，通过静态特性试验寻找一组最佳参数。

（三）试验结束工作

（1）试验拆线。检查所拆动过的端子或部件是否恢复，清理现场。

（2）根据试验数据（试验时间、天气、试验主要仪器及精度、试验数据、试验人等）、试验记录进行分析。

（3）出具调速器静态特性试验的报告。

（四）机组静态特性试验举例

现以机组容量为 100MW，接力器满行程为 500mm，额定转速为 150r/min 的混流式发电机组安装的 BWT-150-PLC265（MB+）型调速器为例，说明机组检修后调速器静态试验过程、转速死区计算、非线性度的计算。静态特性试验数据记录如表 16-1 所示。

表 16-1　　**静态特性试验参数**（$b_t=3\%$，$T_d=2S$，$T_n=0$，$b_p=6\%$，开限等于 100%，时间间隔为 30s）

项目＼序号	1	2	3	4	5	6	7	8	9	10	11
机组频率 F（Hz）上升	50.0	50.3	50.6	50.9	51.2	51.5	51.8	52.1	52.4	52.7	53

续表

项目 \ 序号	1	2	3	4	5	6	7	8	9	10	11
接力器增加行程 S（mm）	0.26	10.25	20.23	30.24	40.23	50.21	60.26	70.24	80.22	90.27	99.66
机组频率 F（Hz）减少	50.0	50.3	50.6	50.9	51.2	51.5	51.8	52.1	52.4	52.7	53
接力器减少行程 s（mm）	0.62	9.92	19.93	29.86	39.90	50.03	60.05	69.94	79.90	90.09	99.66

注 接力器100%开度行程为500mm。

1. 转速死区的计算

ΔY 为接力器关方向与接力器开方向在同一点的最大差值。在静态特性试验记录中，ΔY 是增加开度与下将开度对应 50.9Hz 的接力器行程，即

$$\Delta Y = 30.24 - 29.86 = 0.38\ (\text{mm})$$

$$i_x = \Delta Y / S \times b_p = 0.38/500 \times 6\% = 0.0046\%$$

$$\varepsilon_{max} = \Delta Y \times S / S \times 100\% = 0.38 \times 500/500 = 0.38\%$$

式中 S——接力器最大行程，mm；

i_x——转速死区；

ε_{max}——非线性度；

b_p——永态转差系数。

2. 试验结果

转速死区 i_x 为 0.004 6%，非线性度为 0.38% 。

3. 机组静态特性满足的要求

国家标准为转速死区 $i_x \leqslant 0.02\%$，非线性度 $\varepsilon_{max} \leqslant 0.5\%$。

三、操作注意事项

（1）做调速器静态特性试验参数设置时做好记录，防止误修改其他参数。

（2）做完静态特性试验，应将参数改回原来参数值。

（3）做好试验记录。

模块 2 现场充水后的空载频率扰动试验

一、操作说明

空载频率扰动时，改变频率给定，从 48Hz 跃变到 52Hz（上扰）；稳定后，再

改变频率给定，从52Hz跃变到48Hz（下扰）。记录机组频率和接力器行程的过渡过程，检验PID参数设定是否满足超调量小、波动次数少、稳定快。

试验采用调速器内置的试验软件，在软件画面中触摸“空载频率扰动试验”按钮，进入空载频率扰动试验画面。画面中历史趋势图中的红色曲线表示导叶开度随时间的变化；绿色曲线表示频率给定随时间的变化。空载频率扰动试验的目的是通过空载频率扰动寻找调速器最优运行参数。合格的参数组合应为调节时间 T_P、最大超调量 D_M、超调次数 M 均达到要求，但三者之间存在矛盾，如 T_d 增大，有效减小了 D_M 和 M，但同时加大了 T_P；而 T_n 增大则减小了 T_P，又同时加大了 D_M 和 M。所以，此项试验的目的是寻找 b_t、T_d、T_n 的最佳组合。空载频率扰动曲线如图16-13所示。

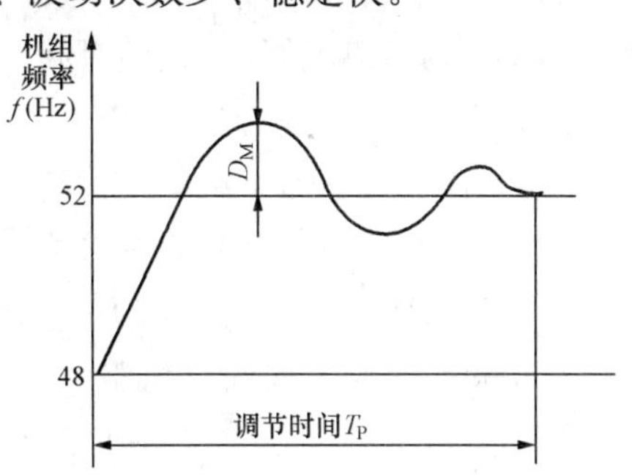

图16-3　空载频率扰动曲线

使用的技术资料有《BW（S）T－80/100/150/200可编程调速器说明书》、调速器端子接线图、检修记录、现场检修记录。

二、操作步骤

（一）采用调速器内置的试验软件进行试验

（1）励磁系统灭磁开关投入。

（2）中控室监控系统操作员站发“半自动开机”令，使机组启动到空载状态。

（3）置调速器为“频率调节”模式。

（4）b_p＝4%。

（5）水头值为实际值。

（6）在自动方式的空载工况下，触摸空载频率扰动试验画面中的“开始/试验”按钮，使调速器开始做空载频率扰动试验。“开始/试验”按钮显示为闪烁的“试验”，此时，改变频率给定，从52Hz至48Hz和48Hz至52Hz。

（7）相应的曲线将显示在历史趋势图中，当空载频率扰动试验做完时，记录最高频率、最低频率、调节时间及超调量。空载频率扰动试验完成的特征是“试验”按钮停止闪烁，按钮自动变为“开始”；“停止”按钮可将正在进行的试验停止。

（8）改变频率给定 f_G＝48.00Hz→52.00Hz→48.00Hz。

（9）设定不同的 b_t、T_d、T_n 值。

（10）用微机调速器试验台或光线示波器，记录各种情况下机组频率，导叶（轮叶）输出的扰动过程曲线。

(11) 选择最优参数：T_n、T_d、b_t。

(12) 试验拆线。检查所拆动过的端子或部件是否恢复，清理现场。

(13) 根据试验数据（试验时间、天气、试验主要仪器及精度、试验数据、试验人等）、试验记录进行分析。

(14) 出具调速器空载频率扰动试验报告。

(二) 空载频率扰动试验应用举例

(1) 以 BWT-150 调速器为例，采用“TG2000 水轮机调速器和机组同期测试系统”测试仪进行动态特性试验。

(2) 录波曲线颜色含义：浅蓝线表示油开关再合闸状态，红线表示发电机频率，深蓝线表示导叶开度。

(3) 空载扰动试验

1) 空载上扰动曲线：扰动前，给定频率为 48Hz；扰动后，给定频率为 52Hz。试验曲线如图 16-4 所示。

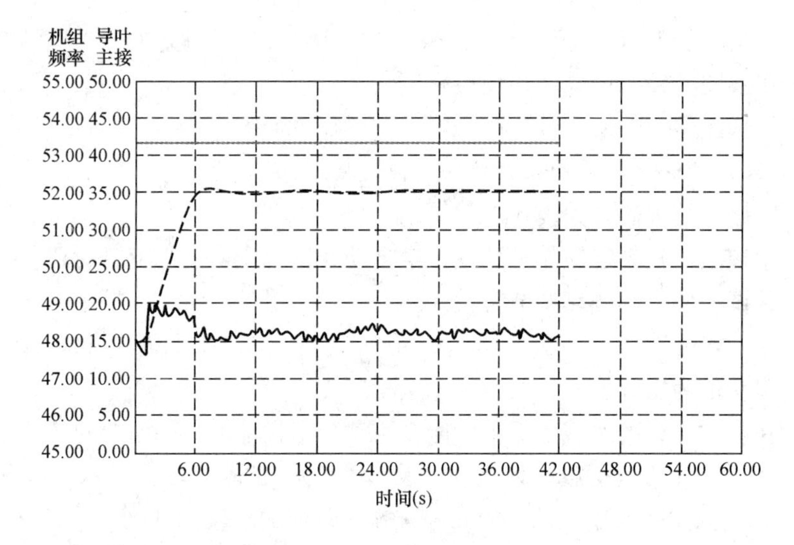

图 16 4　空载上扰动曲线

图例：———— 油开关；－－－－ 机组频率（Hz）；———— 导叶主接（%）

试验结果为超调量等于 1.27%，调整时间等于 3.56s，振荡次数等于 0 次。

2) 空载下扰动曲线：扰动前，给定频率为 52Hz；扰动后，给定频率为 48Hz。试验曲线如图 16-5 所示。

试验结果为超调量等于 6.28%，调整时间等于 3.18s，振荡次数等于 0.5 次。

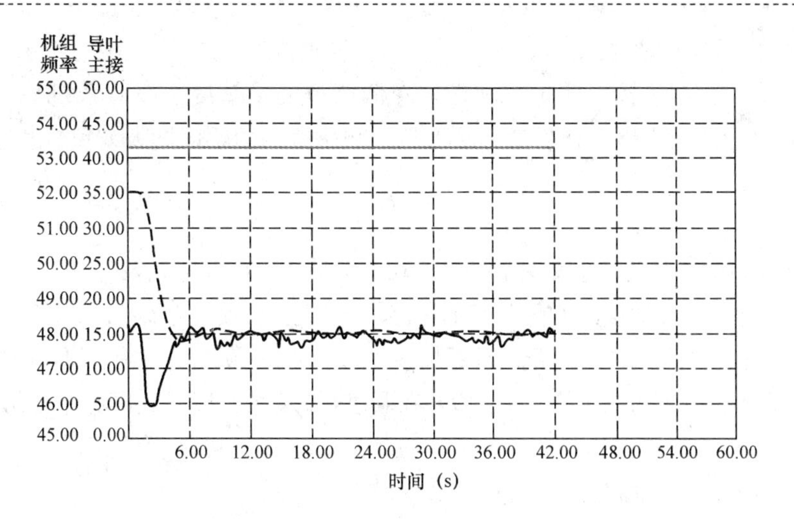

图 16-4　空载下扰动曲线

图例：———— 油开关；- - - - - 机组频率（Hz）；———— 导叶主接（%）

三、操作注意事项

（1）检查开机条件满足指示灯点亮。

（2）检查调速器工作正常，网频信号正常。

（3）检查机组油压装置工作正常，油罐压力正常。

（4）检查机组漏油泵工作正常。

模块 3　现场充水后的空载频率摆动试验

一、操作说明

调速器切换到自动控制方式，机频不跟踪网频，寻找一组 PID 参数，以优化频率摆动。

1. b_t

暂态转差系数，增大 b_t 值，能改善调节系统稳定性，减少调节过程最大超调量，减少振荡次数，有利于改善动态品质；b_t 过大，调速器动作过慢，反会增大超调量，调速器调节时间长；减小 b_t 值，使调速器调节灵敏，可降低空载频率摆动幅度，但过小会导致频率摆动频繁，接力器反复动作。

开、关放大倍数越大，系统稳定性越好，但过大会导致超调，接力器反复频率高，恶化系统稳定性。开、关放大倍数之间要比例适当，否则，会造成接力器动作，相对控制输出偏开或偏关。

2. 开度调节死区

死区大，会减少接力器频繁动作，降低调节的灵敏度，改善系统稳定性。但是，过大会导致接力器动作反应迟缓，造成频率摆动的幅度增大或负载状态下功率调节误差大。

3. PWM

最小调节脉冲宽度，它反映了接力器动作的最小反应脉宽以及每个脉宽动作的幅度。脉宽太小会，导致接力器在小范围内拒动，过大会导致接力器超调、反复抽动。

发电机在空载运行工况，记录机组频率在 3min 内的最大值和最小值，以检验调速器在空载运行工况下的调节品质，一般，在调速器新安装时进行空载频率摆动试验。

使用的技术资料有《BW（S）T－80/100/150/200 可编程调速器说明书》、调速器端子接线图、检修记录、现场检修记录。

二、操作步骤

（一）空载频率摆动试验

触摸空载频率摆动试验画面中的“开始/试验”按钮，使调速器开始做空载频率摆动试验。“开始/试验”按钮显示为闪烁的“试验”。

（1）设置运行参数 b_p、b_t、T_d、T_n。

（2）设置频率给定 $f_G=50.00\text{Hz}$。

（3）机组设置在空载工况下运行。

（4）调速器在自动工况，中控室下发半自动开机指令。

（5）调速器置于“频率调节”模式。

（6）记录机组频率在 3min 内摆动的最大值和最小值。

（7）计算频差变化量，即

$$\Delta f=(\pm f_{\max}-f_{\min})/2f_r\times100\%$$

（8）试验拆线。检查所拆动过的端子或部件是否恢复，清理现场。

（9）根据试验数据（试验时间、天气、试验主要仪器及精度、试验数据、试验人等）、试验记录进行分析。

（10）出具调速器空载频率摆动试验报告。

（二）空载频率摆动试验应用举例

以 BWT-150 调速器为例，采用“TG2000 水轮机调速器和机组同期测试系统”测试仪进行动态特性试验，空载转速摆动曲线如图 16-6 所示。

试验结果为最高频率等于 50.05Hz，最低频率等于 49.94Hz，最大频率摆动等于 0.06Hz。

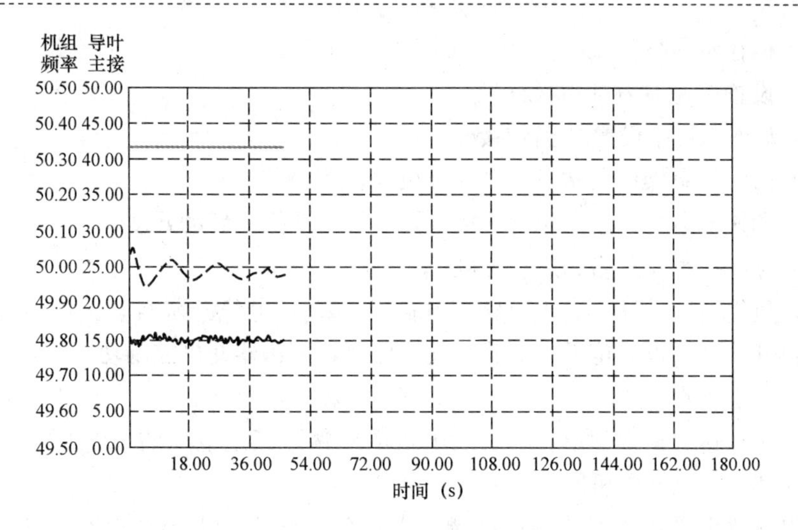

图 16-6　空载转速摆动曲线

图例：┈┈┈┈ 油开关；－－－－－ 机组频率（Hz）；———— 导叶主接（%）

三、操作注意事项

（1）检查开机条件满足指示灯点亮。

（2）检查调速器工作正常，网频信号正常。

（3）检查机组油压装置工作正常，油罐压力正常。

（4）检查机组漏油泵工作正常。

模块 4　现场充水后的调速器带负荷调节试验和停机试验

一、操作说明

调速器接到开机指令后，自动采取适应式变参数调节（适应式两段开机特性），即通过电气开度限制 L_0 将导叶开启至第一开机开度 Y_{KJ1}（图中的 A 点）。经过一段时间，开始测量机组转速（频率），设在 C 点机组频率已连续 2s 大于 45Hz，则通过电气开限 L 将导叶压至第二开机开度 Y_{KJ2}，调速器转入空载运行工况，PID 调节导叶至空载开度 Y_0 适应式两段开机特性曲线如图 16-7 所示。

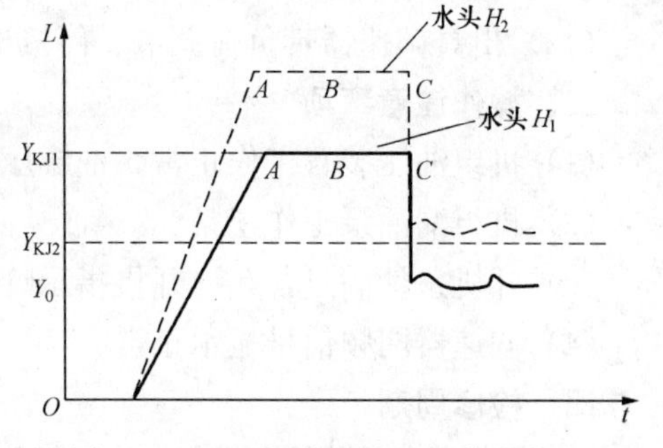

图 16-7　PID 调节导叶至空载开度 Y_0 适应式两段开机特性曲线

二、操作步骤

（1）设置调速器为自动状态。

（2）b_p、b_t、T_d、T_n 设置为运行参数。

（3）由中控室操作员站发全自动开机令。

（4）调速器电气开限（包含机械开限）开启至机组启动开度。

（5）导叶接力器开启到启动开度。

（6）机组转速升高，当机组转速升高至 90%，电气开限自动关回至最小空载开度，导叶接力器也关至最小空载开度。此时，调速器开机控制动作正常，开机控制回路工作也正常。

（7）机组达到正常额定转速，发电机电压达到额定电压的 80%时，自动投入同步控制器，进行发电机同期并列。

当发电机出口断路器合闸后，调速器电气开限自动开至 100%（包含机械开限），此时，调速器并网操作正确。

（8）负荷调节试验。

1）调速器置功率调节位置，由中控室操作员站下发数字功率给定值，调速器按下发数字功率给定值进行调节，调速器面板显示功率值与实际功率值一致。

2）调速器置开度调节位置，由中控室操作员站下发增加或减少开度指令，调速器按下发增加或减少开度指令进行调节，调速器面板显示功率值与实际功率值一致。

（9）由中控室操作员站操作减发电机有功功率，当有功功率减至 2000W 以下时，跳开发电机出口断路器，然后，由值班员操作，下发机组停机指令，调速器电气开限（包含机械开限）自动关至全关，导叶接力器也自动关至全关。

（10）试验拆线。检查所拆动过的端子或部件是否恢复，清理现场。

（11）根据试验数据（试验时间、天气、试验主要仪器及精度、试验数据、试验人等）、试验记录进行分析。

（12）出具调速器带负荷调节、停机试验报告。

三、操作注意事项

（1）机组油压装置工作正常，油罐压力正常。

（2）机组漏油泵工作正常。

（3）开机条件满足，允许开机指示灯应点亮。

（4）调速器网频信号显示正常。

四、检修周期

调速器按设备检修周期进行检修。部分检验为每半年 1 次，全部检验为 4 年 1 次。

一、操作说明

将调速器内部的5V工频信号作为模拟机频和网频送入调速器的机频、网频输入端，将接力器开至任意开度，模拟机组断路器合处于并网负载运行状态，进行电源切换试验，检验调速器在工作电源和备用电源切换时的工作情况。

二、操作步骤

（1）将调速器交流、直流工作电源投入。

（2）将调速器内部5V工频电源信号输入到调速器机频和网频输入端，模拟机频和网频信号。

（3）设置操作调速器、将接力器开至任意开度。

（4）在端子排上短接断路器输入信号端子，模拟断路器合闸，使调速器处于并网负载运行状态。

（5）切换调速器工作电源。

1）合直流，断交流，接力器行程应保持不变。

2）合交流，断直流，接力器行程应保持不变。

3）合直流，合交流，接力器行程应保持不变。

4）断交流，断直流，接力器行程应保持不变。

（6）分别记录下电源切换前、后接力器行程的稳态值并计算其差，检验调速器在工作电源和备用电源切换时的工作情况。相互切换时，接力器行程变化相对值不得大于1%。

（7）试验拆线。检查所拆动过的端子或部件是否恢复，清理现场。

（8）根据试验数据（试验时间、天气、试验主要仪器及精度、试验数据、试验人等）、试验记录进行分析。

（9）出具调速器电源切换试验报告。

三、操作注意事项

（1）合交流、直流电源开关时，先投入交流电源开关，再投入直流电源开关；切交流、直流电源开关时，先切直流电源开关，再切交流电源开关。

（2）机频、网频接入5V工频信号电源线时，注意信号电源与其他电源不要接触，特别注意严禁5V工频信号电源不得与AC 220V、DC 220V（或DC 110V）回路串接，否则，会损坏元器件。

（3）恢复接线时，按照记录进行；接线完毕，需经第二人检查。

……换试验

用调速器内部提供的5V工频信号电源并入网频输入端子，机频接入标准信号发生器，调整机频；模拟调速器处于并网负载运行状态，进行模式切换试验，检查模式切换过程稳定性与切换精度。

二、操作步骤

（1）将网频输入端子接线从端子排上断开，包好绝缘并作记录。

（2）将调速器内部提供的的5V工频信号电源并入网频输入端子，模拟网频信号。

（3）调速器在自动位置、开度调节模式。

（4）机频接入标准信号发生器，调整机频。

（5）在非频率模式时，调整机频信号超过（50±0.5）Hz或设定值时，调速器应自动切换到频率调节模式。

（6）在功率模式下，模拟功率故障时，将模拟输入功率信号的4～20mA电流中断，调速器应自动切换到开度调节模式。

（7）切换调速器，分别在手动、电手动、自动情况下工作，记录操作前、后接力器行程的稳态值。

（8）计算两次切换接力器行程之差占额定行程的百分比，用以检验调速器模式切换稳定性。

（9）试验拆线。检查所拆动过的端子或部件是否恢复，清理现场。

（10）根据试验数据（试验时间、天气、试验主要仪器及精度、试验数据、试验人等）、试验记录进行分析。

（11）出具调速器工作模式切换试验报告。

三、操作注意事项

（1）短接调速器内部5V工频电源至网频信号端子，防止与强电回路短接。

（2）模拟输入信号中断时，防止断开的线头与其他端子短接，必要时，将断开的线头包好、绝缘。

（3）恢复接线时，防止压线皮，造成接触不良。

模块7　现场充水后的机组甩负荷试验

一、操作说明

机组甩负荷试验主要做甩25%额定负荷和甩100%额定负荷试验。甩25%额定负荷试验的目的是主要测量接力器的不动时间 T_q，检验调速器的速动性，甩25%负荷接力器的不动时间是指断路器断开后转速开始上升到接力器开始关闭的时间间隔；甩100%额定负荷试验的目的对于调速器来说主要是观察转速上升最大值和调节时间，另外，还观察导水机构在甩负荷的过程中水压上升的最大值，以检验调节保证时间的合理性。

通常可以先甩50%额定负荷，根据机组转速上升值、水压上升值，确定是否甩100%额定负荷。调速器在甩负荷试验过程中要处于自动方式的平衡状态。

机组甩负荷仿真特性曲线如图16-8所示。

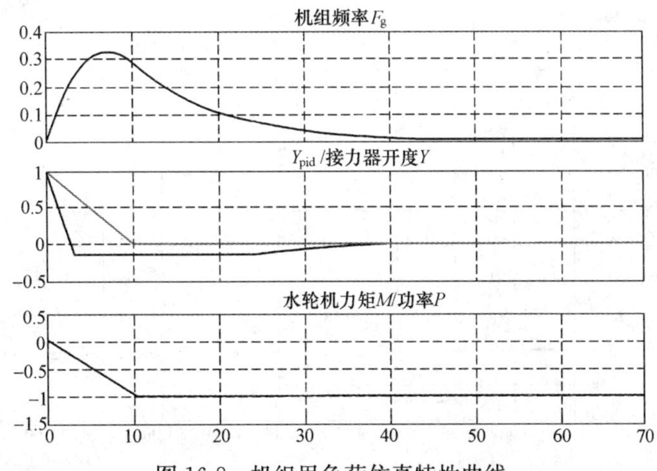

图16-8　机组甩负荷仿真特性曲线

二、操作步骤

（一）机组甩负荷试验

（1）设置 $b_p=4\%$，b_t、T_d、T_n 为运行参数。

（2）监控系统操作员站操作下发机组全自动开机令。

（3）机组有功功率分别带额定负荷的25%、50%、75%、100%，机组运行稳定后，使主变压器高压侧断路器（或发电机出口断路器）跳开，分别甩以上机组有功负荷，用微机调速器内置的甩负荷测试软件或使用TG2000发电机组调速器、同期装置测试仪，可以记录接力器的不动时间、频率上升的最大值，以及关闭调节过程中的频率下降最小值、调节时间，记录甩负荷机组转速变化曲线。

（4）记录试验有关数据。

1）T_s：调节时间。

2）f_m：最大转速上升值。

3）n：波动次数。

4）p：蜗壳内水压上升值。

5）甩负荷试验曲线。

（5）试验拆线。检查所拆动过的端子或部件是否恢复，清理现场。

（6）根据试验数据（试验时间、天气、试验主要仪器及精度、试验数据、试验人等）、试验记录进行分析。

（7）出具调速器甩负荷试验报告。

（二）机组甩负荷试验应用举例

以BWT-150调速器为例，采用“TG2000水轮机调速器和机组同期测试系统”测试仪进行动态特性试验，负荷等于80MW时甩负荷曲线如图16-9所示。

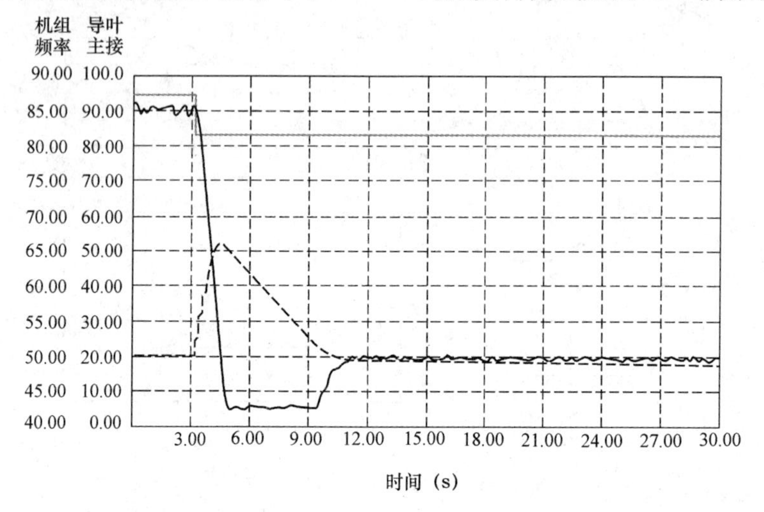

图16-9 甩负荷曲线

图例：——油开关；----机组频率（Hz）；——导叶主接（%）

（1）甩负荷曲线颜色含义：浅蓝线表示油开关在合闸状态，红线表示发电机频率，深蓝线表示导叶开度。

（2）试验结果：最高转速为132%额定负荷，调节时间为8s。

（3）甩负荷转速上升率的计算。

1）机组参数：额定转速n=150r/min，机组额定功率P=100MW，机组额定频率f=50Hz，设计机组飞逸转速为额定转速的140%n_e。甩负荷前机组有功率P=80MW负荷，甩负荷后，机组频率上升到f=66Hz。

2）计算转速上升值为

$$(66-50)\text{Hz}\times 3=48(\text{r/min})$$

3）计算转速上升率为

$$48\div 150=32\%<40\%$$

（4）计算结果甩掉有功功率P=80MW负荷时，机组转速上升为132%n_e，小

于<140%n_e。

（5）标准要求。甩25%额定负荷，转速或指令信号按规定形式变化，接力器不动时间对电液调不得大于0.2s。

甩100%负荷后，在转速变化的过程中，超过额定转速3%以上的波峰不超过两次。机组甩100%负荷后，从接力器第一次向开启侧移动到机组转速摆动不超过额定转速0.5%为止所经历的时间应不大于40s。

（6）写出机组甩负荷试验报告。

三、操作注意事项

（1）甩负荷时，注意观察机组频率上升值。

（2）做好防止机组过速的措施，如设专人监护，采取紧急停机措施。

（3）检查机组油压装置工作正常，机组漏油泵工作正常。

模块8　现场充水后的模拟紧急停机试验

一、操作说明

模拟机组在负载状态，由二次回路发出紧急停机令，检验调速器紧急停机部分的工作可靠性。二次回路发出紧急停机令由机械保护引出紧急停机和电气保护引出紧急停机两部分组成。模拟机械或电气事故作用于调速器停机。

二、操作步骤

（1）将调速器内部提供的5V工频信号电源并入机频和网频输入端子，模拟调速器在空载运行状态。

（2）在现地机旁盘操作"开机/停机"把手，向调速器发出开机令。

（3）在现地机旁盘操作"增加/减少"开度把手，将接力器开到任意开度。

（4）将调速器的5V工频信号电源并入断路器合闸信号端子，模拟断路器合闸，使调速器进入负载运行状态。

（5）短接机组油压装置低油压事故压力开关信号，模拟机组机械事故信号动作输出紧急停机令，作用于调速器关闭导叶，事故信号输出动作停机回路后，调速器立即进入停机状态。

（6）机组停机后，在上位机或现地机旁盘及时复归事故按钮，进行事故信号复归。

（7）试验拆线。检查所拆动过的端子或部件是否恢复，清理现场。

（8）根据试验数据（试验时间、天气、试验主要仪器及精度、试验数据、试验人等）、试验记录进行分析。

(9) 出具调速器紧急停机试验报告。

三、操作注意事项

(1) 检查机组油压装置工作正常，机组漏油泵工作正常。

(2) 紧急停机令下发调速器动作停机后，应立即复归“紧急停机”电磁阀，以免下次开机失败。

模块9　机组调节性能试验

一、操作说明

机组调节性能试验是机组并网带负荷运行，以检验调速器在调节过程的稳定性。

二、操作步骤

(1) 机组带额定负荷的50%左右。

(2) 调速器频率人工失灵区设定为±0.05Hz。

(3) 用“TG2000水轮机调速器和机组同期测试系统”测试仪记录电网频率变化时机组频率、机组出力、接力器行程变化过程曲线。

(4) 观察调速器油压装置中油泵的启动时间间隔及油温变化情况。

(5) 试验拆线。检查所拆动过的端子或部件是否恢复，清理现场。

(6) 根据试验数据（试验时间、天气、试验主要仪器及精度、试验数据、试验人等）、试验记录进行分析。

(7) 出具机组调节性能试验报告。

三、操作注意事项

(1) 综合测试仪接线经第二人检查无误后再投入运行。

(2) 做好试验记录。

模块10　并网运行机组溜负荷故障处理

一、操作说明

机组运行中，并网运行机组溜负荷一般有以下几种原因：

(1) 接力器开度（机组所带负荷）与电网频率的关系正常，调速器由开度/功率调节模式自动切至频率调节模式工作。

(2) 控制输出与导叶实际开度相差较大，当冗余电转已经切换，如果是无油电转则引导阀卡阻。

(3) 机组负荷突降至零，并维持零负荷运行。

(4) 控制输出与导叶反馈基本一致，导叶实际开度明显小于导叶电气指示值。

(5) 调速器不能正常开启，但能关闭，平衡指示有开启信号。

二、操作步骤

1. 网频频率升高，调速器转入调差率（b_p）的频率调节，负荷减少故障处理方法

如果被控机组并入大电网运行，且不起电网调频作用，可取较大的永态转差系数 b_p 值或加大频率失灵区 E，尽量使调速器在开度模式或功率模式下工作。

2. 电液转换环节或引导阀卡阻故障处理方法

(1) 切换并清洗滤油器。

(2) 检查电液转换器并排除卡阻现象。

(3) 检查引导阀，活塞，密封圈。

3. 机组断路器误动作故障处理方法

启动断路器容错功能，电厂对断路器辅助触点采取可靠接触的措施。

4. 接力器行程电气反馈装置松动变位故障处理方法

重新校对导叶反馈的零点和满度，且可靠固定。

5. 调速器开启方向的器件接触不良或失效故障处理方法

检查或更换电气开启方向的元件，检查开方向的数字球阀和主配位置反馈，如果是主配反馈的问题，更换后需重新调整电气零点。

6. 处理报告

出具并网运行机组溜负荷故障处理报告。

三、操作注意事项

(1) 一般被控机组都并入大电网运行，永态转差系数 b_p 值或频率失灵区 E 经试验后投入运行。

(2) 电液转换环节或引导阀卡阻时，首先对滤油器进行切换，若效果不明显，将调速器切机手动运行，检查引导阀，活塞，密封圈，此时机组带固定负荷。

(3) 故障处理期间，调速器切机手动（或电手动）运行，检查完毕恢复自动运行时，检查开度给定值和导叶实际开度相同，导叶平衡指示应在零位，才能进行由机手动到自动的转换操作。

(4) 做好检查记录。

模块11　调速器接力器抽动处理

一、操作说明

机组运行中，调速器接力器抽动一般有以下几种原因：

(1) 调速器外部功率较大的电气设备启动/停止，调速器外部直流继电器或电磁铁动作/断开。

(2) 多出现于开机过程中，机组转速未达到额定转速，残压过低；或机组空载，未投入励磁、机组大修后第一次开机，残压过低。

(3) 抖动现象无明显规律，似乎与机组运行振动区、运行人员操作有一定联系。

(4) 调速器在较大幅度运动时主配压阀跳动、油管抖动、接力器运动出现过头现象。

二、操作步骤

1. 调速器外部功率较大的电气设备启动/停止，调速器外部直流继电器或电磁铁动作/断开使调速器接力器抽动故障处理方法

(1) 调速器壳体的所有接地应与大地牢固连接，调速器的内部信号与大地之间的绝缘电阻应大于50Ω。

(2) 直流继电器或电磁铁线圈加装反向并接（续流）二极管；触点两端并接阻容吸收器件（100Ω电阻与630V、0.1μF电容器串联）。

2. 多出现于开机过程中，机组转速未达到额定转速，残压过低；或机组空载，未投入励磁、机组大修后第一次开机，残压过低使调速器接力器抽动故障处理方法

机组频率信号（残压信号/齿盘信号）均应采用各自的带屏蔽的双绞线至调速器，屏蔽层应可靠的一点接地。机频信号线不要与强动力电源线或脉冲信号线平行、靠近，机频隔离变压器远离网频隔离变压器和电源变压器。

3. 调速器接力器抖动现象无明显规律，似乎与机组运行振动区、运行人员操作有一定联系的故障处理方法

将所有的端子及内部接线端重新加固。

4. 调速器在较大幅度运动时主配压阀跳动、油管抖动、接力器运动出现过头现象的故障处理方法

减小系统的放大系数，加大主配反馈放大倍数。

5. 处理报告

出具调速器接力器抽动故障处理报告。

三、操作注意事项

(1) 机组频率信号屏蔽层可靠接地。

(2) 检修时各接线端子接线应紧固，防止松动。

(3) 并接阻容吸收器件，反向并接（续流）二极管参数选择合适，应有一定余量。

(4) 当修改参数时，注意不要误改其他参数，不要超出参数设置规定范围。

(5) 做好检查记录。

模块12　甩负荷问题处理

一、操作说明

调速器参数设置不合理时，在甩负荷时易发生以下问题：

（1）甩100%额定负荷过程中，导叶接力器关闭到最小开度后，开启过快，使机组频率超过3%额定频率的波峰过多，调节时间过长。原因为PID调节程序中负限幅值过于靠近导叶接力器零值。

（2）甩100%额定负荷过程中，导叶接力器关闭到最小开度后，开启过于迟缓，使机组频率低于额定值的负波峰过大，调节时间过长。原因为PID调节程序中负限幅过于离开导叶接力器零值。

（3）甩大于75%额定负荷过程中的水压上升值过大。原因为导叶接力器关闭时间过短。

（4）甩大于75%额定负荷过程中的机组转速上升值过大。原因为导叶接力器关闭时间过长。

（5）甩大于75%额定负荷过程中的水压上升或机组转速上升值过大。原因为分段关闭特性不合要求。

（6）甩大于25%额定负荷时，导叶接力器的不动时间过长。原因为调速器转速死区i_x偏大。

（7）机组油开关未动作，仍在“合上”位置，但送给调速器的机组油开关触点断开，导致甩负荷或减负荷。原因为断路器辅助触点误动作（断开）。

二、操作步骤

1. 甩100%额定负荷过程中，导叶接力器关闭到最小开度后，开启过快，使机组频率超过3%额定频率的波峰过多，调节时间过长故障处理方法

对单调机组PID的负限幅值应设置为10%～15%，使导叶接力器关闭到最小开度后的停留时间加长，缩短大波动过渡过程的时间。

2. 甩100%额定负荷过程中，导叶接力器关闭到最小开度后，开启过于迟缓，使机组频率低于额定值的负波峰过大，调节时间过长故障处理方法

转桨、灯泡机组PID的负限幅值应设置为0%～5%，使导叶接力器关闭到最小开度后的停留时间缩短，抑制机组转速下降太多，避免失磁。

3. 甩大于75%额定负荷过程中的水压上升值过大故障处理方法

按调节保证计算，加长导叶接力器关闭时间值。

4. 甩大于75%额定负荷过程中的机组转速上升值过大故障处理方法

按调节保证计算，缩短导叶接力器关闭时间。

5. 甩大于75%额定负荷过程中的水压上升或机组转速上升值过大故障处理方法

按调节保证计算，调整两段关机速度及拐点。

6. 甩大于25%额定负荷时，导叶接力器的不动时间过长故障处理方法

检查机械液压系统的各级连接环节以减小死区，并加大 T_n（加速度时间常数），尽量在网频大于或等于50Hz时甩负荷。

7. 机组断路器未动作，仍在“合上”位置，但送给调速器的机组油开关触点断开，导致甩负荷或减负荷故障处理方法

（1）机组二次回路电源接线，防止机组油开关辅助继电器误动作。

（2）增加断路器容错功能，在调速器程序中对断路器辅助触点进行智能处理。

8. 处理报告

出具机组甩负荷故障处理报告。

三、操作注意事项

（1）当修改参数时，注意不要误改其他参数。

（2）参数的修改不要超出参数设置规定范围。

（3）参数修改完必须经过试验无误后方可投入运行。

（4）做好检查、试验记录。

模块13　微机调速器运行时检查项目及处理方法

一、操作说明

不论空载或负载运行，对于机频、网频断线故障调速器都能容错处理，不影响机组的运行；操作无响应故障将直接影响调速器的自动操作，应在现地机手动（或电手动）进行调速器的操作。

二、操作步骤

1. 微机调速器测频故障处理方法

（1）检查端子机组残压是否正常。

（2）检查开关量输入模块输入点指示灯是否闪动。

（3）更换测频模块。

2. 微机调速器操作无响应故障处理方法

（1）检查开关量输入模块对应输入点指示灯是否变化，若开关量输入模块指示

灯都不亮，检查开关量输入模块公共端与电源（或地）是否连接可靠。

（2）若微机调速器单个操作无响应，检查按钮或选择开关是否损坏。

（3）在调速器旁进行增加、减少操作，选择开关应在“现地位置”。

3. 故障报告

出具故障处理报告。

三、操作注意事项

（1）当机频、网频断线故障时调速器保持当前开度不变化，首先检查测频模块及回路，检查时注意不要误动其他带电部位。

（2）微机调速器操作无响应，自动工况不能进行调节。

（3）故障处理期间，调速器切机手动（或电手动）运行，检查完毕恢复自动运行时，检查开度给定值和导叶实际开度相同，导叶平衡指示应在零位，才能进行由机手动到自动的转换操作。

（4）做好故障检查记录。

模块14　微机调速器自行检出的故障处理

一、操作说明

微机调速器自行检出的故障有以下两种情况：

（1）微机调速器显示“测功不正常”。

（2）微机调速器显示“交流（直流）电源消失”。

二、操作步骤

（1）微机调速器显示“测功不正常”时，检查并修复机组功率变送器。

（2）微机调速器交流（直流）电源指示灯灭，检查并恢复交流（直流）电源供电。

（3）出具故障处理报告。

三、操作注意事项

（1）当功率信号测量故障时调速器保持当前开度不变化，首先检查功率变送器及回路，检查时注意不要误动其他带电部位。

（2）交流（直流）电源消失，自动工况不能进行调节。

（3）故障处理期间，调速器切机手动运行，检查完毕恢复自动运行时，检查开度给定值和导叶实际开度相同，导叶平衡指示应在零位，才能进行由机手动到自动的转换操作。

模块15 一次调频功能模拟试验

一、操作说明

在调速器软件中设置了一次调频的专用程序，设定了一次调频专用的转速死区和PID参数，并且具有一次调频投入后调节范围的限制，能有效地抑制一次调频过程中机组有功功率的变化幅度。

调速器中仍保留了频率调节模式，不影响负载小电网频率调节能力。一次调频主要性能指标如下：

(1) 速度变动率即永态转差系数 b_p 范围为0%～10%，实际值与设定值的相对偏差小于5%。

(2) 永态转差特性曲线的非线性度误差小于5%。

(3) 调速系统的迟缓率即转速死区小于0.04%。

(4) 机组参与一次调频的死区范围为0.001～0.500Hz，分辨率为0.001Hz。

二、操作步骤

(1) 将水电机组人工死区控制在±0.05Hz内。

(2) 当电网频率变化达到一次调频动作值到机组负荷开始变化所需的时间为一次调频负荷响应滞后时间额定水头大于50m的水电机组应小于4s，额定水头小于50m的水电机组应小于8s。

(3) 当电网频率变化超过机组一次调频死区时，机组能在15s内达到一次调频调整幅度（响应目标）的90%。

(4) 机组参与一次调频过程中，当电网频率稳定后，在1min内，机组负荷达到稳定所需的时间为一次调频稳定时间。该时间是剔除了机组投入机组协调（成组）控制系统或自动发电控制（AGC）运行时负荷指令变化因素的。

(5) 在电网频率变化超过机组一次调频死区的前45s内，机组实际出力与机组响应目标偏差的平均值应在机组额定有功出力的±3%内。机组投入机组协调控制系统或自动发电控制（AGC）运行时，应剔除负荷指令变化的因素。

(6) 设定一次调频的最大调整负荷限幅在±（5%～10%）之间。

(7) 试验拆线。检查所拆动过的端子或部件是否恢复，清理现场。

(8) 根据试验数据（试验时间、天气、试验主要仪器及精度、试验数据、试验人等）、试验记录进行分析。

(9) 出具一次调频功能试验报告。

三、操作注意事项

当电网频率波动机组由正常发电运行工况转为一次调频工况运行的响应时间及调节能力应符合规程规定。

科　目　小　结

本科目面向水电自动装置现场维护和检修工作，按照培训目标，以自动装置维护和检修工作中的基本技能操作为主要培训内容，对调速系统的组成、设备的结构；调速系统设备的维护和检修；现场充水后调速器空载、负载、甩负荷电源切换、工作模式切、模拟紧急停机试验；调速器故障的分析和处理等专业技能操作项目进行了详细的阐述。

通过本科目的技能操作培训，使水电自动装置检修工能正确运用安全规程和维护检修规程，掌握自动装置维护检修工作中规范的维护检修工艺，标准的测量、检查步骤，正确的安装、调试方法。

练　习　题

1. 什么叫做水轮机调节？水轮机调节的基本任务是什么？
2. 调速器静态特性试验目的和检查项目有哪些？
3. 叙述 PID 规律调速器对调节系统动态特性的影响。
4. 什么叫机组的空载开度和启动开度？
5. 什么是调节系统的静态特性和调差率？
6. 什么是调节系统的有差特性？
7. 简述带负荷试验的目的。
8. 简述甩负荷试验的目的。
9. 简述带负荷试验的目的。
10. 调速器的动态试验项目有哪些？
11. 机组甩负荷时，调速器的调节性能应符合哪些要求？
12. 机组甩负荷时常出现哪些不良现象？产生的原因是什么？
13. 试述微分时间常数 T_n 对调节系统动态特性的影响？
14. 调节保证的计算步骤有哪些？
15. 反映调节系统动态品质的指标主要有哪些？它们是如何定义的？
16. 何谓机组溜负荷？溜负荷原因有哪些？
17. 某调速器静态特性试验时，该调速器接力器最大行程为 500mm，试验时

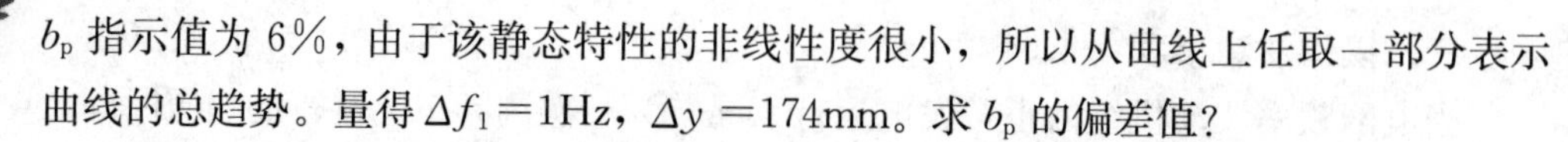

b_p 指示值为 6%，由于该静态特性的非线性度很小，所以从曲线上任取一部分表示曲线的总趋势。量得 $\Delta f_1 = 1\text{Hz}$，$\Delta y = 174\text{mm}$。求 b_p 的偏差值？

18. 如何看现场充水后的空载频率扰动、频率摆动试验曲线？

19. 调速器接力器抽动如何处理？

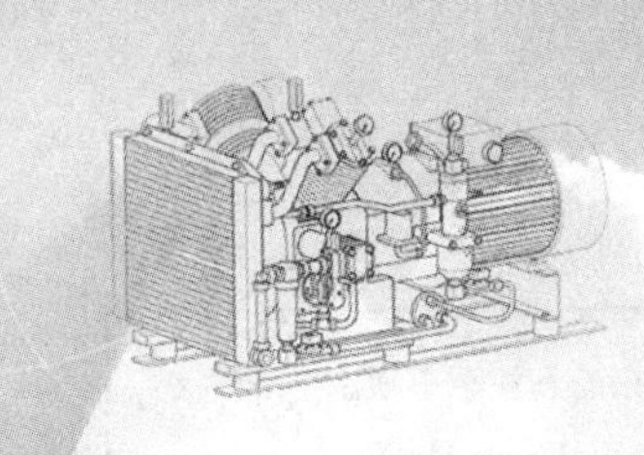

科目十七

监控系统设备的维护、检修及故障处理

监控系统设备的维护、检修及故障处理培训规范

科目名称	监控系统设备的维护、检修及故障处理	类别	专业技能
培训方式	实践性/脱产培训	培训学时	实践性72学时/脱产培训36学时
培训目标	1. 掌握理解高级网络设备的配置和检修方法。 2. 掌握上位机的编程、调试、检修和维护方法。 3. 掌握服务器、数据库的管理和维护方法。 4. 掌握容灾备份系统的检修和维护方法。 5. 掌握计算机软件的安装、卸载方法和常见故障的处理方法。 6. 掌握监控系统运行管理和安全管理的要求和方法。		
培训内容	模块1　高级网络设备检修 模块2　上位机及软件编程 模块3　上位机调试 模块4　上位机常见故障处理 模块5　服务器管理与维护 模块6　数据库管理与维护 模块7　容灾备份系统维护 模块8　网络设备运行管理 模块9　系统安全管理		
场地、主要设施、设备和工器具、材料	1. 场地：水电厂中控室、计算机室、现地控制单元。 2. 主要设施和设备：布线系统、工作站、PLC、UPS等。 3. 主要工器具：双绞线压线钳、双绞线剥线器、斜口钳、模块冲压工具、清洁工具包、数字万用表、验电笔、绝缘电阻表、波形失真仪、示波器、频率表、穿线器、接地电阻测量仪、视频故障定位器、尘埃粒子计数器、普通声级计、干扰场强测试仪、交/直流高斯计、照度计、吸收管、采样器、比色管、分光光度计、计算器、温度计、湿度计等。 4. 主要材料：电缆、双绞线、RJ45接头、保护套、各类接线模块、酒精、标签、尼龙扎带、抹布等。 5. 主要软件：操作系统安装盘、安全软件、检测程序、应用程序等。 6. 主要附件和配件：移动硬盘、U盘、软盘驱动器、刻录光驱、空白光盘、空白磁带、阵列硬盘等。		

续表

安全事项、防护措施	1. 检修前交代作业内容、作业范围、危险点、安全措施和注意事项。 2. 戴安全帽，穿工作服（防静电服），穿绝缘鞋，高空作业需佩戴安全带。 3. 加强监护，严格执行电业安全工作规程。 4. 对于需停电检修的设备，要认真进行验电检查，确保无电及安全措施完善后，才能开始检修工作。 5. 检修前要对系统和数据进行安全、完整、正确的备份。 6. 遵守国家有关计算机信息安全和保密的有关规定。
考核方式	笔试：120 分钟 操作：120 分钟 完成维护和检修任务后，针对模块技能操作评分标准进行考核。

模块1　高级网络设备检修

一、操作说明

1. 路由器

路由器用于连接多个逻辑上分开的网络，所谓逻辑网络是一个单独的网络或者一个子网。路由器分本地路由器和远程路由器，本地路由器是用来连接本地传输介质的，如光纤、同轴电缆、双绞线等；远程路由器是用来连接远程传输介质的，如电话线、无线通信等，远程传输要求相应设备的配合，如电话线要配调制解调器，无线通信要有无线接收机、发射机。

一般来说，异种网络互联与多个子网互联都应采用路由器来完成，路由器的主要工作就是为经过路由器的每个数据帧寻找一条最佳的传输路径，并将该数据有效地传送到目的站点。由此可见，选择最佳路径的策略（即路由选择算法）是路由器的关键所在，为了完成这项工作，在路由器中保存着各种传输路径的相关数据——路由表，供路由选择时使用。路由表中保存着子网的标志信息、网络上路由器的个数和下一个路由器的名字等内容，路由表可以由管理人员手工设置，也可以由路由器动态修改和自动调整。

路由表分为静态路由表和动态路由表，静态路由表由管理人员在系统安装时就根据网络的配置情况预先设置好，不会随未来网络结构的改变而改变。动态路由表是路由器根据网络系统的运行情况而自动调整和维护的路由表，路由器根据路由协议提供的功能，自动学习和记忆网络运行情况，在需要时自动计算数据传输的最佳路径。

路由器的主要作用如下：

（1）在网络间截获发送到远地网段的报文，起转发的作用。

（2）选择最合理的路由，引导通信。

（3）路由器可以连接使用不同通信协议的网络段，作为不同通信协议网络段通信连接的平台。

（4）路由器的主要任务是把通信引导到目的地网络，然后到达特定的节点站地址。

2. 网关

网关能够用来互联完全不同的网络，可以将具有不同体系结构的计算机网络连接在一起，网关属于应用层的设备，它能提供中转中间接口，将一种协议变成另一种协议，将一种数据格式变成另一种数据格式，将一种速率变成另一种速率，以求网络之间的统一。

在TCP/IP网络中，网关是一台计算机设备，可以根据用户通信用的计算机的IP地址，界定是否将用户发出的信息送出本地网络，同时，还将外界发送给本地网络计算机的信息接收。

网关涉及的主要协议如下：

（1）网关—网关协议GGP。主要用于进行路由选择信息的交换。

（2）外部网关协议EGP。用于两个自治系统（如局域网）之间选择路径信息的交换，自治系统采用EGP协议向GGP协议通报内部路径。

（3）内部网关协议IGP。如HELLO协议、GATE协议等，是讨论自治系统内部各网络路径信息交换的机制。

3. 防火墙

设置防火墙的目的就是阻止那些来自外部网络的未授权信息进入本地网络，但能保证本地网络对外部网络的正常访问。

大多数防火墙就是一些路由器，能够根据数据包的源地址、目的地址、高级协议、安全策略过滤进入网络的数据包。但防火墙并不是绝对有效的，它只能增强网络的安全性，但不能保证网络安全。

二、操作步骤

（一）路由器的配置、安装与检修

1. 路由器配置的一般步骤

（1）在配置路由器之前，需要将组网需求具体化、详细化，内容包括组网目的、路由器在网络互连中的角色、子网的划分、广域网类型和传输介质的选择、网络的安全策略和网络可靠性需求等。

（2）根据上述（1）要素绘出一个清晰完整的组网图。

（3）配置路由器的广域网接口。首先，根据选择的广域网传输介质，配置接口的物理工作参数，然后，根据选择的广域网类型，配置接口封装的链路层协议及相应的工作参数。

（4）根据网络划分，配置路由器各接口的 IP 地址。

（5）配置静态路由器和动态路由器。

（6）如果有特殊的安全性和可靠性需求，则需进行路由器的安全性、可靠性配置。

2. 路由器配置实例

由于路由器是 TCP/IP 网络中地位最重要和技术最复杂的设备，因而路由器的配置也显得比较复杂，这就要求管理人员对网络的物理结构、接口类型、网络协议、安全策略等诸多方面都有较深入的理解。限于篇幅，这里仅以 Cisco 2600 系列路由器为例，简要介绍路由器的配置过程，配置步骤如下：

（1）将运行终端仿真软件的计算机与路由器配置端口连接，进入特权命令状态。

（2）配置本地以太网端口。

config terminal（进入全局设置状态）

interface type e0（进入端口 E0 设置状态）

ip address 10.163.215.1 255.255.255.0（为以太网端口设置 IP 地址）

no shutdown（激活 E0 口）

exit（退出局部设置状态）

（3）配置广域网协议（广域网协议在这里假定配置为帧中继多点映射方式）

config terminal（进入全局设置状态）。

interface type s0（进入端口 S0 设置状态）

interface serial 0.1 multipoint（进入子端口 0.1 设置状态）

ip address 10.163.216.1 255.255.255.0（为子端口 0.1 设置 IP 地址）

frame-relay map ip 10.163.216.2 201 broadcast（映射 IP 地址 10.163.216.2 与数据链路连接标识符 201，并支持路由广播。下同）

frame-relay map ip 10.163.216.3 301 broadcast

frame-relay map ip 10.163.216.4 401 broadcast

no shutdown（激活本端口）

exit（退出局部设置状态）

（4）配置静态路由。

config terminal（进入全局设置状态）

ip route 10.163.218.64 255.255.255.255 10.163.216.2（建立静态路由，其中10.163.218.64 为所要到达的目的网络，255.255.255.192 为子网掩码，10.163.216.2 为相邻路由器的端口地址）

exit（退出局部设置状态）

（5）配置动态路由。

config terminal（进入全局设置状态）

router rip（指定使用 RIP 协议）

version 2（指定 RIP 版本）

network 10.163.215.0（指定与该路由器相连的网络）

network 10.163.216.0（指定与该路由器相连的网络）

exit（退出局部设置状态）

（6）配置完成后要保存配置，并且退出全局设置状态。

（7）路由器调试。当路由器全部配置完毕后需进行调试，调试要点如下：

1）确保路由器所有要使用的以太网端口、广域网端口都激活。

2）将和路由器相连的主机加上缺省路由。

3）使用 ping 命令连接路由器本机的以太网端口，若不通，可能以太网端口没有激活或不在一个网段上；连接路由器本机的广域网端口，若不通，可能是没有加缺省路由；连接对方广域网端口，若不通，可能是路由器配置错误，双方需要检查配置参数。

4）使用 Tracert 命令对路由进行跟踪，以确定不通网段。

3. 路由器的安装和检修步骤

（1）停电状态下连接通信介质，固定好连接器。

（2）在通电状态下，使用软件对路由器进行端口、地址、协议、安全策略等设置。

（3）各侧网络启动后，检查各工作灯指示正常。

（4）在路由器各侧网络上进行连通性检查。

（5）在路由器各侧网络上进行安全策略检查。

（二）网关的配置、安装与检修

在 TCP/IP 网络中，网关角色一般由路由器来担当，配置、安装与检修方法可参照路由器的相关内容。

（三）防火墙的配置、安装与检修

1. 防火墙的配置

这里以 cisco 的 PIX 501 型防火墙为例，介绍防火墙的一般配置方法。

PIX501 型防火墙有内部和外部接口的概念，内部接口是内部的，通常连接内部的专用网络。外部接口是外部的，通常连接外部的公共网络。

介绍防火墙的一般配置之前，有下列假设条件：防火墙主机名为PIX1；登录和启动口令为cisco；内部网络是10.160.215.0，子网掩码是255.255.255.0，防火墙的内部IP地址是10.160.215.1；外部网络是10.160.216.0，子网掩码255.255.255.0，防火墙的外部IP地址是10.160.216.1；允许所有10.160.215.0网络上的客户做端口地址解析并且连接到外部网络，并共享互联网全球IP地址202.98.0.3；限制内部网络只能访问WEB服务；用于访问外部网络的默认路由是10.160.216.254。

（1）启动防火墙。将PIX安放至机架，检测电源系统后接上电源，并给主机加电。将CONSOLE口连接到PC的串口上，运行超级终端程序，进入PIX防火墙系统，如果是第一次启动PIX防火墙，选择通过命令而不是顺序提示来进行防火墙配置。此时，系统提示pixfirewall>，处在PIX用户模式。输入命令enable，进入特权模式，此时系统提示为pixfirewall#。

pixfirewall> enable

Password：

pixfirewall#

输入命令configure terminal，进入通用配置模式，对系统进行初始化配置。

pixfirewall# config terminal

pixfirewall（config）#

（2）配置主机名。

pixfirewall（config）# hostname PIX1

PIX1（config）#

（3）配置登录吟和启动口令。

1）配置登录口令，这是除了管理员之外获得访问PIX防火墙权限所需要的口令。

PIX1（config）# password cisco

PIX1（config）#

2）配置启动口令，用于获得管理员模式访问权限。

PIX1（config）# enable password cisco

PIX1（config）#

（4）配置接口的IP地址。

1）配置内部接口的IP地址。

PIX1（config）# ip address inside 10.160.215.1 255.255.255.0

PIX1（config）#

2）配置外部接口的 IP 地址。

PIX1（config）# ip address outside 10.160.216.1 255.255.255.0

PIX1（config）#

（5）命名端口与安全级别。PIX 防火墙使用自适应性安全算法为接口分配安全等级，在没有规则许可下，任何通信都不得从低等级接口流向高等级接口。默认情况下，ethernet0 是外部接口的名字，安全等级是 0（安全级别最高）。ethernet1 是内部接口的名字，安全等级是 100，使用 nameif 命令命名端口与配置安全级别。

PIX1（config）#nameif ethernet0 outside security0

PIX1（config）#nameif ethernet1 intside security100

（6）激活内部和外部以太网接口。

PIX1（config）# interface ethernet0 auto

PIX1（config）# interface ethernet1 auto

PIX1（config）#

（7）配置默认路由。使发送到防火墙的所有通信都指向相邻的出口路由器。

PIX1（config）# route outside 0 0 10.160.216.254

PIX1（config）#

（8）网络地址解析。使用网络地址解析让内部网络连接到外部网络，所有内部设备都共享外部 IP 地址。

PIX1（config）# nat (inside) 1 10.160.215.0 255.255.255.0

PIX1（config）# global (outside) 1 202.98.0.3

PIX1（config）#

（9）防火墙规则。

使内部网络仅能访问外部网络的 Web 服务器（端口号 80）。

PIX1（config）# access-list outbound permit tcp 10.160.215.0 255.255.255.0 any eq 80

PIX1（config）# access-group outbound in interface inside

PIX1（config）#

（10）存储配置结果。完成 PIX 防火墙的配置，使用 wr mem 命令，保存配置，如果没有保存，当关闭 PIX 防火墙电源的时候，配置就会丢失。

2. 防火墙的安装和检修步骤

（1）停电状态下连接通信介质，固定好连接器。

（2）通电后设置防火墙地址、协议、安全策略等。

（3）两侧网络启动后，工作灯指示正常。

(4) 在防火墙两侧网络上进行连通性检查。

(5) 在防火墙两侧网络上进行安全策略检查。

(四) 网络设备的维护和检查

网络设备日常维护和检查的内容如下：

(1) 外观检查。检查是否有严重积尘、连接器是否松动、工作指示灯是否正常等现象。

(2) 健康状况监测。利用网络管理工作站或者检测设备检查各设备的数据通信是否正常，分析各项性能指标有何变化，评价其健康状况和处理能力是否能够满足日益增多的业务需求。

(3) 根据运行年限和工作状况及时提出设备升级和更换建议。

(五) 检测报告

出具网络检修工作报告。

三、操作注意事项

(1) 设备停电后的再次上电时间间隔在10s以上。

(2) 有些设备端口不容许直接带电插拔，要仔细阅读相关设备用户手册或者说明书，进行安全操作。

(3) 各项设置都要进行详细记录和试验。

(4) 安全策略设置在保证安全的前提下，不能影响正常的监控系统通信。

模块2 上位机及软件编程

一、操作说明

习惯上，把位于监控系统逻辑结构顶层、能实现远程监视或控制现地单元的计算机称为上位机，上位机主要指数据采集工作站（或SCADA服务器）和操作员工作站。相对地，现地单元有时被称为下位机。

通常情况下，数据采集工作站（或SCADA服务器）负责收集现地单元运行数据，进行初步转换处理后提供给报表查询工作站、图形工作站或者数据库服务器等其他计算机，数据采集工作站也能作为生产过程的监视终端。数据采集工作站是电站单元级非控制数据采集设备，它没有向现地单元发送操作和控制命令的权限。

操作员工作站是计算机监控系统的主要组成部分，它不仅从现地单元接收设备的主要运行工况数据，还是计算机监控系统中唯一能够向现地单元发送远方控制和操作命令的计算机。运行人员能够通过操作员工作站对设备实现电站级远方操作、控制和调节，调度自动化系统能够通过操作员工作站对水电厂设备实现调度端远方操作、控制和调节。

（一）操作员工作站的主要功能

（1）机组和设备主要工况数据采集和处理。

（2）全厂功率总加、电度总加。

（3）设置和实现运行设备的控制方式，例如远方调度和电站级控制。

（4）单台设备的手工操作，例如断路器和隔离开关的分、合。

（5）机组单元的控制调节，例如开、停机，有功和无功调节等。

（6）自动发电控制（AGC）、自动电压控制（AVC）、自动频率控制（AFC）以及经济运行。

（7）画面显示，例如电厂电气接线图，机组油、水、风等主要辅助设备状态模拟图等。

（8）报警处理，例如用不同的颜色显示各类事故与故障，语音报警等。

（9）制作各类报表并打印。

（二）对操作员工作站的配置要求

（1）操作员工作站要求至少两台冗余配置，操作员工作站工作角色应能在主站、从站之间切换，操作员工作站上的各类设备操作应按照重要程度划分成不同的等级、对不同操作人员赋予不同的权限。

（2）操作员工作站硬件应当采用高性能工业控制计算机，各项工作指标应符合电厂环境的控制要求。

（3）操作员工作站应当采用技术成熟、功能强大的软件产品。在国内大型水电厂，操作系统一般采用 Microsoft Windows 系列产品，人机界面（HMI）一般采用 Wonderware InTouch、GE Intellution iFIX 等。

（三）操作员工作站监控画面分类

1. 系统

（1）全厂电气主接线画面。

（2）全厂油、水气系统画面。

（3）全厂负荷调节画面（全厂负荷调节画面示例如图 17-1 所示）。

（4）全厂模拟量、开关量、报警信号显示。

（5）全厂参数设定窗口。

（6）各类生产报表画面。

2. 机组

（1）机组油、水、气系统画面（机组水系统画面示例如图 17-2 所示）。

图 17-1 全厂负荷调节画面示例

（2）主阀（快速闸门）系统画面。

（3）调速器系统画面。

（4）励磁系统画面。

（5）机组—变压器单元画面（机组—变压器单元接线画面示例如图 17-3 所示）。

（6）相关开关量、模拟量、报警信号显示。

（7）相关模拟量曲线、棒图画面。

（8）机组单元参数设定窗口。

（9）机组操作、控制画面。

3. 开关站

（1）母线和线路接线图画面。

（2）主变压器接线图画面。

（3）相关开关量、模拟量、报警信号显示。

（4）相关模拟量曲线、棒图画面。

（5）相关设备操作、控制画面。

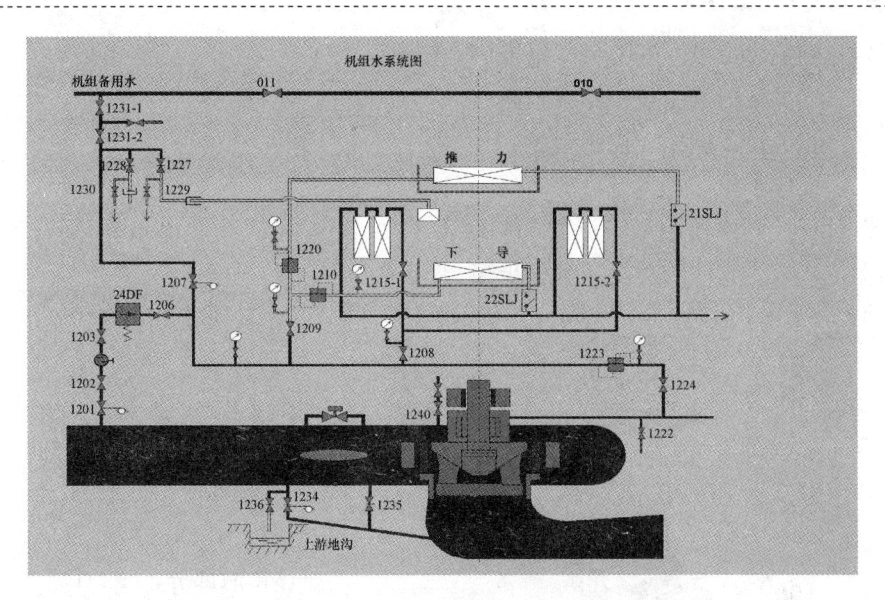

图 17-2　机组水系统画面示例

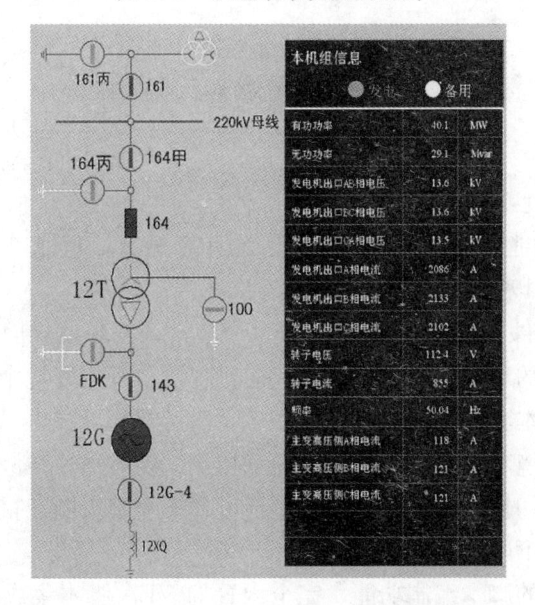

图 17-3　机组—变压器单元画面示例

4. 厂用系统

（1）厂用电系统画面。

（2）空气压缩机系统画面。

（3）水泵系统画面。

（4）相关模拟量、开关量、报警信号显示。

（5）相关模拟量曲线、棒图画面。

（6）相关设备操作、控制画面。

二、操作步骤

以过程控制中使用最广泛的 HMI/SCADA 软件 GE Intellution iFIX 3.5 为例阐述上位机编程软件的功能和编程步骤。

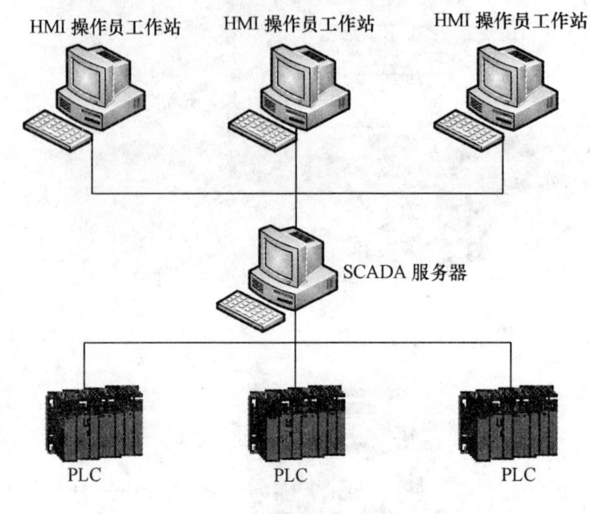

图 17-4　iFIX 以分布方式部署

1. GE Intellution iFIX 的特点和功能

（1）iFIX 是 Intellution 自动化软件产品系列中的一个基于 Windows 的 HMI/SCADA 组件。iFIX 分为 SCADA 和 HMI 两部分，SCADA 部分提供了监视管理、报警、控制和数据采集功能，能够实现数据的绝对集成和实现真正的分布式网络结构。HMI 部分监视控制生产过程的窗口，并开发和运行监控画面的工具。SCADA 和 HMI 既能以集成方式部署在一台计算机上，也能以分布方式部署在多台计算机上，IFIX 以分布方式部署的示例如图 17-4 所示。

（2）iFIX 的组件 iFIX WorkSpace 是一个集成开发环境界面。iFIX WorkSpace 中包含两个全集成的环境，即配置环境和运行环境。配置环境中提供了创建监控画面所需的图形、文本、数据、动画和图表工具。运行环境提供了观看这些画面所必需的方法。配置环境和运行环境之间可随意切换，能够迅速地测试实时报警和数据采集的变化情况。切换到配置环境时，生产过程不会被打断，报警、报表和调度等监控程序会在后台不间断地运行。

（3）拥有强大的脚本编制功能。完全内置的 VBA 脚本集成开发环境，能够快速方便地生成各类复杂的操作任务和自动化解决方案。

（4）具有强大的数据库访问能力。支持以 DAO、RDO、ADO 方式访问数据库，也支持用结构化查询语言 SQL 访问 ODBC 数据库，另外，iFIX 还提供了一个 VisiconX 控件，用来快速访问关系数据库或非关系数据库。

（5）提供广泛的高性能 I/O 驱动器，可以支持最畅销和特殊的 I/O 驱动器。

还以插入式组件形式提供了一个 iFIX 的 OPC 工具包，用来编写高性能、可靠的 I/O 服务器。iFIX 能够以 DDE、OPC、ActiveX 等数据访问技术与 I/O 驱动器、第三方应用程序进行数据交换。

(6) 支持功能强大的实时 SCADA 过程数据库。iFIX 从现场设备读取数据，保存在 SCADA 服务器上的过程数据库中，作为大部分 iFIX 应用程序过程数据的来源，用户可通过访问过程数据库实现对设备工况的操作、控制、查询、报表工作。过程数据库的数据能被写入关系数据库，也能从关系数据库写回过程数据库。

(7) iFIX 的各个节点能够冗余配置，当一个节点或网络连接中断时，iFIX 能自动的从一个路径转到另一路径。从一个连接切换到另一个连接，保障控制过程平稳运行。

(8) iFIX 能够产生、显示和储存报警和消息。能够确认远端报警、挂起报警、延时报警和对报警进行过滤等。

(9) 数据归档和报表功能。系统中的任何数据都可根据指定的速率采样，存储归档的数据是进行系统优化和调整的强有力工具。数据可以从数据文件中取出，生成历史趋势数据显示，也可以从 iFIX 数据库中提取当前数据和历史数据来生成各类报表。

(10) iFIX 能够与 Intellution iBatch、iHistorian、iDownTime、iWebServer 组合，实现全方位生产过程控制和生产管理决策。

2. GE Intellution iFIX 编程步骤

(1) 创建或打开画面。启动 iFIX 的集成开发环境 Intellution Workspace，创建或者打开一个画面，如图 17-5 所示。

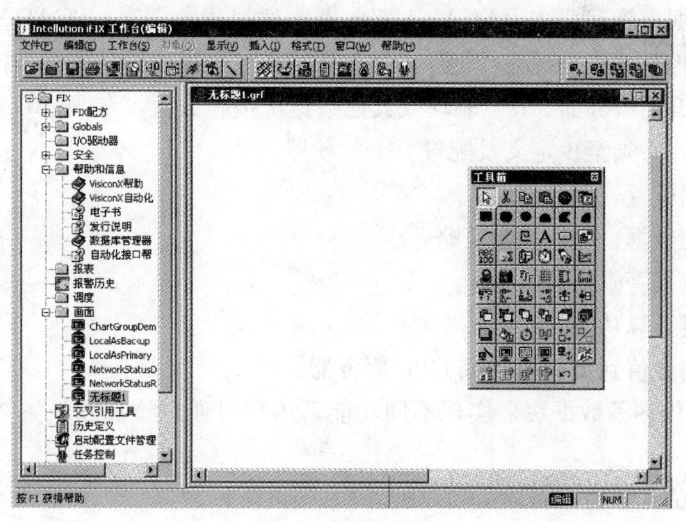

图 17-5　Intellution Workspace 集成开发环境

（2）使用对象构造画面。从对象工具栏中选择合适的图形、图像、组件等添加到画面中，常见的对象有椭圆、矩形、直线、圆弧、多边形、文本、按钮、位图、组件等，可以通过绘图光标调整对象的位置、大小、颜色和形状。

（3）为对象的动画属性设置数据源。调出对象的动画属性窗口，通过属性设置使对象的位置、大小、颜色和形状随数据源数据的变化而变化。因此，为了实现对象的动画过程，必须连接数据源，数据源可以来自 I/O 地址中的实时数据、iFIX 标签，也可能来自 OPC 服务器。

要选择数据源，必须在“动画”对话框的“数据源”域中输入其名称，同时应遵守相应的语法要求，告诉 iFIX 使用了哪种类型数据源，举例如下。

1）以一个 I/O 地址作为数据源时，语法为 server. io _ address。其中，server 是 OPC 服务器名称，io _ address 是服务器的 I/O 地址。

2）以一个 iFIX 标签作为数据源时，语法为 Fix32. node. tag. field。其中，node 是要连接的 iFIX SCADA 服务器名称，tag 是数据库中的标签名，field 是数据库域名。

（4）编制用户脚本。使用 iFIX VBA 编辑器编制实现用户控制逻辑的程序代码。

（5）配置 I/O 驱动器或 SCADA 服务器过程数据库。

使用 I/O 驱动配置程序配置 I/O 驱动器，iFIX 启动时可以装载 8 个 I/O 驱动器。配置驱动器的第一步就是告诉 iFIX 要用哪一个驱动器，然后填写合适的通信参数。

使用数据库管理器，为 SCADA 服务器创建过程数据库，SCADA 服务器运行时要加载过程数据库。过程数据库由数据块构成。数据块的功能如下：

1）从 OPC 服务器、I/O 驱动或其他数据块接收数值，在 SCADA 服务器与设备通信之前，必须至少定义及配置一个驱动器。

2）依据配置处理数据值。

3）处理数据、实现控制策略。

4）设定报警限值。

5）完成计算功能。

6）输出数值到 I/O 驱动或 OPC 服务器。

iFIX 提供多种数据块来实现不同功能，用户可通过添加和设置数据块实现控制策略。

（6）调试。分为画面调试和 VBA 脚本调试两种。

调试画面时，点击“标准工具栏”中的“切换至运行”按钮或按下键盘上的

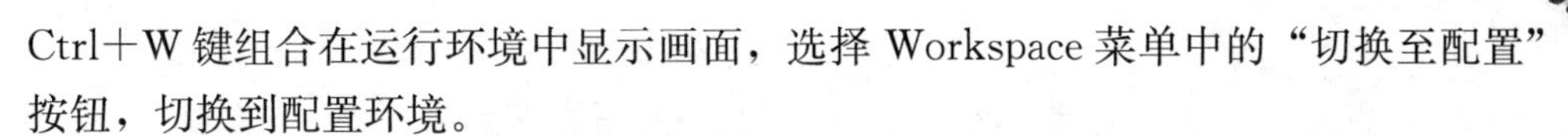

Ctrl＋W 键组合在运行环境中显示画面，选择 Workspace 菜单中的“切换至配置”按钮，切换到配置环境。

调试 VBA 脚本时，在 VBA 编辑器中将指针定位在程序的位置，并从运行菜单中选择运行 Sub/User 窗体。VBA 调试也能显示正在运行的 VBA 窗体，执行窗体中的任何事件程序。

（7）配置运行环境。在 iFIX 程序文件夹中单击系统配置来启动系统配置程序 SCU，SCU 能够配置 iFIX 站点的网络连接、iFIX 路径。任务配置、在 SCADA 服务器中配置 SCADA 和 I/O 驱动程序选项、报警路径和目标文件。当启动 SCU 文件时，它将自动打开本地启动选项所指定的 SCU 文件。例如，通过在 SCU 工具箱中单击任务按钮和显示任务配置对话框，能指定自动启动的任务，当运行 iFIX 启动程序时这些任务将启动。

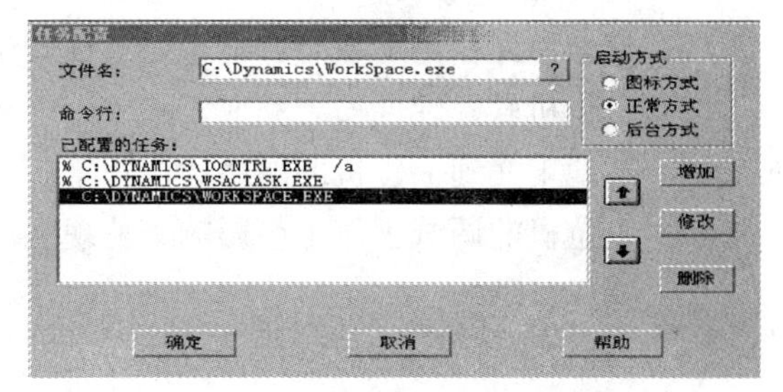

图 17-6　SCU 的任务配置对话框

SCU 的任务配置对话框如图 17-6 所示，该图表示当启动 iFIX 时，如果想始终使用 I/O 控制，则配置 SCU 来自动地启动 IOCNTRL. EXE。

图 17-6 中百分号（%）表示任务启动后在后台运行。

（8）运行用户监控程序。当 iFIX 运行时，对 SCU 文件所做的修改不会立即生效，需要保存 SCU 文件，然后，重新启动 iFIX 才能加载修改后的 SCU 文件。启动 iFIX 之前，还需要在 Windows 注册表中指定本地服务器名、本地逻辑节点名和 SCU 文件名。iFIX 启动对话框如图 17-7 所示。

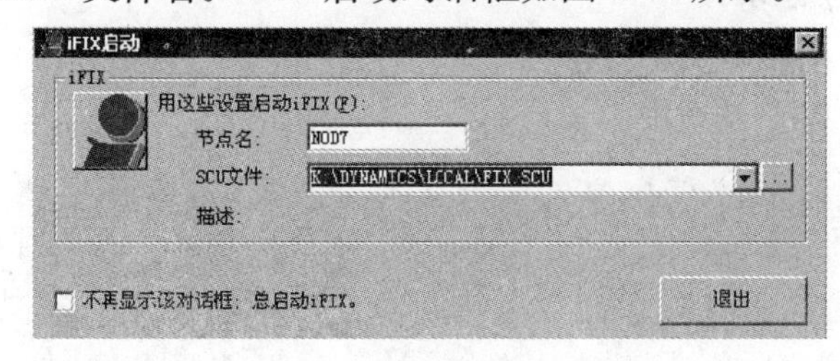

图 17-7　iFIX 启动对话框

三、操作注意事项

（1）为防止对正常运行的监控系统造成干扰，使用 HMI/SCADA 软件编程的计算机应该和监控系统隔离，待全部功能和画面开发完成后，调试阶段再接入监控系统。

（2）为防止病毒感染监控系统，编程用的计算机应该是专用的工程师站。

（3）软件在安装到监控系统上时要经过上级技术主管部门认可的病毒免疫程序，并经其同意后才能安装和使用。

（4）要对相关的系统、程序、数据备份。

模块3 上位机调试

一、操作说明

上位机调试的前提条件如下：

（1）现地单元及其PLC控制逻辑已单独调试完成，并且能够实现本地正常运行。

（2）现地单元在停运状态，已做好各项安全措施。

（3）上位机软、硬件安装完成。

（4）现地单元到上位机的网络通信正常。

（5）上位机的调试工作不会影响其他现地单元的正常运行。

二、操作步骤

（一）数据采集和处理

1. 输入开关量的采集及处理

（1）输入开关量包括以下几项：

1）机组部分。机组的运行工况（包括停机、发电、调相、抽水等），机组水车、励磁、调速、同期、保护、表计等重要回路和装置的工作状态。

2）开关站、厂用系统部分。5kV及以上电压断路器位置信号，反映系统运行状况的隔离开关的位置信号，反映厂用电源情况的断路器和自动开关位置信号。

3）主要设备的事故及故障信号，总事故及总故障信号。

4）监控系统的故障信号。

（2）以下开关量必须实现顺序记录：

1）发电机电压及其以上电压断路器的位置信号。

2）分析系统事故需要的继电保护及系统安全自动装置的动作信号。

（3）校对画面状态和设备实际状态是否对应。对于引入PLC中的开关量，因为在现地单元PLC调试中，已经过校对，为节省时间和提高效率，可以在PLC编程软件的变量强制表中通过对开关量的设置进行点量校对。对于通过其他途径采集的开关量，应通过设备的实际动作进行校对。对于故障和事故信号，要求运行画面上要有掉牌显示，同时，还应驱动语音装置或者音响装置进行声响报警。

2. 输入模拟量的采集及处理

输入模拟量分为电气量和非电气量两类。

（1）电气量包括（其中部分项目可选）以下几项：

1）开关站各段母线及各条出线的频率，三相电流、电压、有功功率、无功功率、功率因数、正送和反送有功电度、正送和反送无功电度。

2）机组频率或转速，发电机转子电流、转子电压；发电机三相电流、电压、有功功率、无功功率、功率因数、正送和反送有功电度、正送和反送无功电度等。

3）非电气量包括（其中部分项目可选）机组各轴承的油温、瓦温；机组定子绕组和铁芯温度，机组空气冷却器冷、热风温度；机组的流量、振动、摆度；机组油、水、风管路或容器的压力；机组油槽油位、顶盖水位；操作机构的位移和行程；主变压器油温度；水库上、下游水位；需监视起闭过程或位置的闸门的开度等。

（2）以下电气量必须实现事故追忆：

1）220kV 及以上电压的各段母线的频率及三相电压。

2）220kV 及以上电压的出线的三相电流。

3）发电机的三相电压、三相电流。

4）校对画面显示和设备是否对应。检查数值大小、工程单位、曲线、棒图显示是否正确，采样精度是否符合要求。

3. 现地单元控制方式切换

现地单元控制方式分别切换到远方、现地，在两种方式下均不影响上位机对数据的采集。

（二）传送操作、控制命令

1. 操作、控制命令试验

（1）机组的工况转换命令。根据预定的决策原则及运行人员输入或上级调度发来的命令发出机组工况转换命令并完成工况的自动转换，在机组工况转换过程中，监控系统可显示各主要阶段依次推进的过程，过程受到限制时应指出原因，并将机组转到安全工况。机组工况转换命令有停机令、开机令、调相令、抽水令等。

（2）断路器跳、合，隔离开关分、合，变压器有载分解头有载调节和自动顺序倒闸等操作。

（3）用增、减命令或改变给定值方式调节机组的出力。当上位机发出频率或有功增减命令时，调速器频率或有功增、减指示灯对应闪烁，随动机构作用于接力器，改变导水叶和桨叶开度；当上位机发出增、减磁命令时，励磁调节器增、减磁指示灯对应闪烁，励磁电流大小相应变化。当上位机向现地单元下发给定值时，机组出力在现地单元（PLC、调速器、励磁调节器）控制下实现调整过程。

（4）自动发电控制（AGC）试验。根据负荷曲线、预定的调节准则或上级调度系统发来的有功功率给定值，以节水多发为目标，并考虑到最低限度旋转备用，在躲开振动、空蚀等条件的约束下，确定最优开机组合及最优负荷控制，如果监控系统开环运行，应通过屏幕信号通知运行人员，如果监控系统闭环运行，则应通过机组现地控制单元将信号作用于启停装置及调速器。有功功率控制有下列几种方式：

1）按系统调度给定的日负荷曲线调整功率。

2）按系统 AGC 定周期设定值自动调整功率。

3）按运行人员给定总功率调整功率。

4）按水位控制方式。

5）按等功率、等开度或等微增率等优化方式进行有功功率的自动分配和调整。

对于采用的控制方式应分别进行试验，有功功率无论由操作员手动给定还是自动调节，都要求调节过程快速、平稳，并且超调量和调整精度均在要求的范围内。AGC 在远方（上级调度）控制和本地（电厂级）控制两者之间切换时要求全厂和各机组的有功和无功两类负荷平稳无扰动现象。

（5）自动电压控制（AVC）试验。根据预定的全厂无功功率或本厂高压母线的电压给定值给出每台机组的无功功率调节信号，如果监控系统开环运行，应通过屏幕见信号通知运行人员，如果监控系统闭环运行，则应通过机组现地控制单元将信号作用于励磁调节装置；在主变压器为有载调压时还应作用于变压器分接头，使分接头调节与机组励磁调节实现最优组合。

无功功率或电压控制有下列几种方式：

1）按系统调度给定的电厂高压母线电压日调节曲线进行调节。

2）按运行人员给定的高压母线电压值进行调节。

3）按发电机出口母线电压给定值进行调节。

4）按等无功功率或等功率因数进行调节。

对于采用的控制方式应分别进行试验，无功功率无论由操作员手动给定还是自动调节，都要求调节过程快速、平稳，并且超调量和调整精度均在要求的范围内。AVC 在远方（上级调度）控制和本地（电厂级）控制两者之间切换时要求全厂和各机组的有功和无功两类负荷平稳无扰动现象。

（6）自动频率控制（AFC）。包括低频控制和高频控制，根据系统频率降低和升高的程度以及机组的运行方式，自动改变机组的运行方式以恢复系统的频率到正常状态。

频率控制中应用最多的是低周（频）自启动功能，即计算机监控系统按照低频启动准则，自动启动备用机组，参与系统调频，试验方法如下：

1）在操作员工作站调出保护整值设置画面，检查低周启动定值设置（例如Ⅰ挡为 49.75Hz，Ⅱ挡为 49.50Hz），并在各挡置入规定的调频机组。

2）把低频信号发生器输出端与系统频率测量装置输入端相连，调节信号发生器的输出频率，使之从高到低连续变化，观察当频率降低到相应动作值时，被置入对应挡的调频机组应正确启动，同时还要校验启动时间和误差是否符合要求，必要时可对系统频率测量装置或者控制程序进行调整。

3）小修或功能性核对试验可通过修改低周启动定值到高于当前系统正常频率的方法进行试验。例如当前系统频率为50.01Hz，可将Ⅰ挡启动频率修改为50.02Hz，观察机组启动过程正确后恢复原来的启动值，然后，再用同样的方法进行其他挡位的试验。注意：首次试验或大修试验不能采用该方法。

2. 操作、控制命令的安全性与可靠性检查

（1）每项操作和控制命令进行3次及以上试验，确保命令执行正确、可靠。

（2）操作权限验证。不同的操作人员有不同的操作权限，或者不同的设备按照重要程度划分不同的操作权限，同时对于每一项重要的操作要求有确认提示。

（3）现地单元控制方式分别切换到远方、现地，在现地方式进行控制操作时，上位机发出的远方命令不起作用。

（三）画面检查

（1）检查下列画面显示顺序是否符合现场要求、状态是否和实际工况对应、数值是否正确：电气接线图、油水气系统图、曲线图、棒图、机组工况转换流程图、负荷调整、机构操作、继电保护整定值、故障/事故掉牌、模拟量显示等画面。

（2）查询和报表功能检查，要求能够查询各类生产过程的工况数据，能够生成、显示和打印有关规定要求的格式化生产报表。

（四）冗余切换试验

冗余配置的上位机，例如数据采集工作站（或SCADA服务器）、操作员工作站必须进行切换试验，方法和要求如下：

（1）模拟一台设备故障退出运行，要求另一台设备能够平稳负担全部任务，实时任务不中断，未引起其他故障，机组或设备运行状态无变化，没有负荷扰动现象，网络通信无中断现象。

（2）把已排除故障的设备重新投入运行，启动监控程序后，要求该设备能够平稳负担部分任务，实时任务不中断，未引起新的冲突，机组或设备运行状态无变化，没有负荷扰动现象，网络通信无中断现象。

（3）每台设备都要分别进行切换试验。

（五）实时性要求

对电厂级计算机监控系统实时性要求如下：

（1）上位机数据采集时间包括现地控制单元级数据采集时间和相应数据再采入数据库的时间，相应数据再采入数据库的时间应不超过1～2s。

（2）人机接口响应时间分类如下：

1）调用新画面的响应时间：半图形显示小于或等于 2s（90%画面），全图形显示小于或等于 3s（90%画面）。

2）在已显示画面上实时数据刷新时间从数据库刷新后算起不超过 1～2s。

3）从操作命令发出到现地控制单元回答显示的时间不超过 1～3s。

4）报警或事件产生到画面字符显示和发出音响的时间不超过 2s。

（3）上位机控制功能的响应时间分类如下：

1）AGC 控制任务执行周期 3～15s。

2）AVC 控制任务执行周期为 6s、12s、3min。

（4）上位机对调度系统数据采集和控制的响应时间应满足调度的要求。

（六）出具报告

出具上位机调试工作报告。

三、操作注意事项

（1）调试过程中发现设备故障和程序错误时要及时修改，然后重新试验，直到符合要求为止。

（2）程序在修改之前要先对原来的程序进行备份。

（3）使用上位机进行远方操作试验时，设备现场要有足够的检修和运行人员监护。

（4）不要在上位机和现地单元附近使用移动电话和对讲机。

模块 4　上位机常见故障处理

一、操作说明

由于上位机的复杂性和多样性，造成上位机的故障现象、故障后果、处理方法也各不相同，本模块介绍几种水电厂计算机监控系统常见的故障现象和处理方法。

二、操作步骤

（一）程序不能运行或者数据刷新停顿

这是上位机最常见的故障，导致该类故障的可能原因如下：

1. 授权问题

首先，检查密钥硬件安装是否正确，然后，检查对应的硬件密钥授权是否过期或无效。如果仍然不能运行时，应检查文件是否受损，较简单的方法是退出程序重新启动，如果文件确实受损，程序在文件加载过程中会提示错误，要求更换文件。

2. 网络会话丢失

当打开大量的画面时，造成 CPU 和网络资源被过分占用，那么客户端上对于

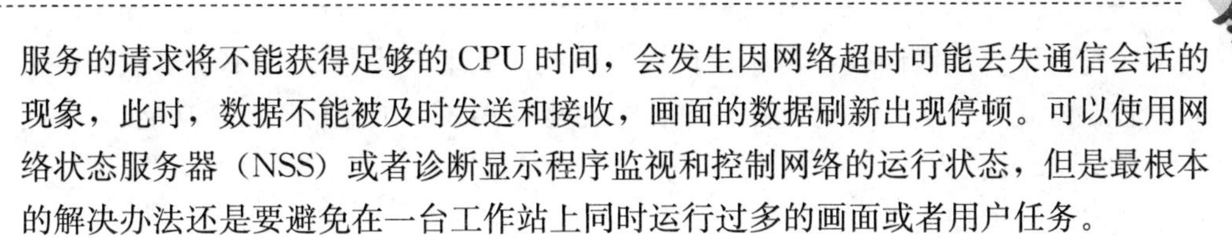

服务的请求将不能获得足够的CPU时间，会发生因网络超时可能丢失通信会话的现象，此时，数据不能被及时发送和接收，画面的数据刷新出现停顿。可以使用网络状态服务器（NSS）或者诊断显示程序监视和控制网络的运行状态，但是最根本的解决办法还是要避免在一台工作站上同时运行过多的画面或者用户任务。

3. 驱动程序错误

驱动程序的通信参数配置错误或者驱动程序没有启动运行。检查驱动程序的通信参数配置是否完整和正确，然后手动启动I/O驱动器，检查I/O驱动程序读取的数据报文是否正确。

（二）上位机可能引起的故障及处理

1. 机组潜动

导致机组在停机后又莫名其妙自动开机的原因，除了重复开机继电器没有正确复归以外，还有一个原因就是上位机开机指令的状态未复位。处理方法很简单，就是对I/O驱动器或者程序重新初始化即可。

2. 开机不成功

造成开机不成功的原因很多，但从上位机角度来看，可能是存在停机指令对开机指令的闭锁，只需要检查停机令是否正确复归即可。由于上位机的停机令反映的是现地单元的实际工况，当出现开机失败现象时，可能还需要配合检查现地单元，如PLC、调速器、励磁调节器本身的停机令或者停机继电器是否正确复归。

3. 操作和控制命令下发失败

操作人员在进行机组工况转换、功率调节、倒闸操作时虽然画面上按钮、滑动块等状态正常，但现场设备却没有任何反应。此类故障通常并非由网络和程序本身引起，而是由于操作人员启动了两个同样的操作画面造成的。由于控制画面一般是无标题栏的弹出式非模态窗口，开发人员通常会在画面上设置一个“退出”方式作为该画面的正常退出途径。如果操作人员没有正常退出该画面，而是用鼠标点击了其他画面，那么该画面在失去焦点后就会“隐含”在后台继续运行。当操作人员因需要再次调出同一个画面时，就会有两个一样的画面在前、后台同时运行。这样一来，当操作人员按照正常程序发出指令时，就会出现系统仲裁问题，导致指令不能顺利下发。

解决这种现象的方法一种方法是开发人员在程序中增加画面状态维护代码，确保同一个画面只能有一个线程（也可能是进程）运行在内存中；另一种方法是设置供操作人员选择的画面清理功能，由操作人员可随时对“隐含”画面进行手工关闭。

4. 全厂负荷大幅度摇摆

该种情况一般出现在AGC（或经济运行）控制方式下，由AGC（或经济运行）负荷分配算法错误或者程序运行错误引起。处理方法是停止AGC（或经济运行）控制方式，待全厂负荷运行平稳后再次投入AGC（或经济运行）功能。

（三）出具报告

出具故障处理报告。

三、操作注意事项

（1）在进行系统设置修改时要求修改记录。

（2）对重要程序、文件、数据要进行备份。

（3）由于上位机直接控制现场设备的运行工况，因此还要求做好除监控系统本身以外的设备与人身安全防护措施。

模块5 服务器管理与维护

一、操作说明

（一）服务器

服务器（Server）是指在网络环境下为客户机（client）提供某种服务的专用计算机，服务器安装有网络服务操作系统（如Windows Server 2003、Unix等）和各种服务器应用系统软件（如DNS服务、IIS服务及Mail服务等）的计算机。客户机是指安装有客户端操作系统（如Windows 98，Windows XP Professional、Windows XP Home Edition、Windows 2000 Professional、Windows Vista等）的计算机，一般情况下，客户机就是工作站。

一个完整的服务器系统由硬件和软件两部分组成。

1. 服务器硬件

因为服务器在网络中一般是连续不间断地工作，重要数据和网络服务都部署在服务器上，如果服务器发生故障，将会丢失大量的数据，甚至造成网络的瘫痪，所以服务器硬件的处理速度和可靠性都要比普通计算机高得多。

按照不同的分类标准，服务器分为多种类型。

（1）按网络规模划分，服务器分为工作组级、部门级及企业级服务器，其中工作组级服务器对处理速度和系统可靠性等要求较低，而企业级服务器要求最高。

（2）按微指令系统划分，服务器分为CISC（复杂指令集）和RISC（精简指令集）服务器。RISC服务器的性能比CISC服务器要高，但价格也高出很多，所以用户基本上倾向于选择CISC服务器。

（3）按用途划分，服务器分为通用型和专用型服务器。

（4）按外部结构划分，分为台式服务器、机架式服务器及刀片服务器。刀片服务器其实是指在标准高度的机架式机箱内可插装多个卡式的服务器单元（即刀片，其实际上是符合工业标准的板卡，上有处理器、内存和硬盘等，并安装了操作系统，因此，一个刀片就是一台小型服务器），这一张张的刀片组合起来，进行数据的互通和共享，在系统软件的协调下同步工作就可以变成高可用和高密度的新型服务器。

2. 服务器软件

服务器的软件一般来说可以分为系统软件和应用软件，服务器操作系统是系统软件中最基础且最核心的部分，目前，服务器操作系统主要有以下 4 大系列：

（1）Microsoft Windows 系列。

（2）UNIX 系列。

（3）Novell Netware 系列。

（4）Linux 系列。

（二）服务器操作系统

目前，国内、外应用最普遍的服务器操作系统是 Microsoft Windows 系列，本模块将以较新的 Microsoft Windows Server 2003 Enterprise Edition（以下简称 “Windows Server 2003”）为例进行介绍。

Windows Server 2003 使用活动目录（active directory）管理网络资源，活动目录是 Windows Server 2003 内置的目录服务，是其网络体系的基本结构模型及核心支柱，也是中心管理机构。

Windows Server 2003 的活动目录是一个全面的目录服务管理方案，也是一个企业级的目录服务，具有很好的可伸缩性，它采用 Internet 的标准协议，与操作系统紧密地集成在一起。活动目录不仅可以管理基本的网络资源，也具有很好的扩充能力，允许应用程序定制目录中对象的属性或者添加新的对象类型。活动目录也是一个分布式的目录服务，由于信息可以分散在多台计算机上，为了各计算机用户快速访问和容错，它集成了 Windows 服务器的一些关键服务，如域名服务（DNS）、消息队列服务（MSMQ）及事务服务（MTS）等。在应用方面，活动目录集成了电子邮件、网络管理及 ERP 等关键应用。

1. 活动目录的有关术语

（1）名字空间。从本质上讲，活动目录就是一个名字空间，可以把名字空间理解为任何给定名字的解析边界，这个边界指这个名字所能提供或关联及映射的所有信息范围。通俗地说，是在服务器上通过查找一个对象可以查到的所有关联信息总和，例如，Windows 的文件系统也形成了一个名字空间，每一个文件名都可以被解析到文件本身。

（2）对象。对象是活动目录中的信息实体，即通常所说的“属性”。但对象是一组属性的集合，往往代表了有形的实体，如用户账户和文件名等。对象通过属性描述其基本特征，如一个用户账户的属性中可能包括用户姓名、电话号码、电子邮件地址和家庭住址等。

（3）容器。容器是活动目录名字空间的一部分，与目录对象一样，它也有属性。与目录对象不同的，是它不代表有形的实体，而是代表存放对象的空间，所以它比名字空间小。例如一个用户，它是一个对象，但这个对象的容器就仅限于从这个对象本身所能提供的信息空间。如它仅能提供用户名和用户密码，而诸如工作单位、联系电话及家庭住址等不属于这个对象的容器范围。

（4）目录树。在任何一个名字空间中，目录树指由容器和对象构成的层次结构。树的叶子和节点往往是对象，树的非叶子节点是容器。目录树表达了对象的连接方式，也显示了从一个对象到另一个对象的路径。在活动目录中，目录树是基本的结构。从每一个容器作为起点，层层深入都可以构成一棵子树。一个简单的目录可以构成一棵树，一个计算机网络或者一个域也可以构成一棵树，与 DOS 中路径的概念一样，目录树也是一种路径关系。

2. 活动目录的逻辑结构

活动目录的逻辑结构非常灵活，它为活动目录提供了完全的树状层次结构视图，活动目录中的逻辑单元包括域、树（也叫域树）、林（也叫域林、树林或者森林）、域控制器等。

（1）域。域是 Windows Server 2003 网络系统的逻辑组织单元，也是对象（如计算机、用户等）的容器，这些对象一般具有相同的安全策略和管理策略。一个域可以分布在多个物理位置上，同时一个物理位置又可以划分成不同网段作为不同的域。

域是安全边界，每个域都有自己的安全策略，一个域的管理员只能管理域的内部，除非其他的域显式地赋予其管理权限，才能够访问或管理其他域。域与域之间可以建立一定的信任关系，域与域之间的这种信任关系使得一个域中的用户由另一个域中的域控制器进行验证后才能访问另一个域中的资源。在 Active Directory 中，每个域名系统（DNS）的域名标识为一个域，每个域由一个或多个域控制器管理。例如域名为“system. com”的域，必须要有一个具有域控制器功能的服务器。

域的作用如下：

1）使用域账户可以登录本域中的任何主机。

2）使用域账户登录可以访问本域中的所有授权资源。

3）本域中的系统管理员可以通过委派授权域账户来提高系统的安全性，便于

账户集中管理。

（2）树。树是 Windows Server 2003 域的集合。

当多个域通过信任关系连接之后，所有的域共享公共的表结构（schema）、配置和全局目录（global catalog），从而形成树。树由多个域组成，这些域共享同一个表结构和配置，形成一个连续的名字空间，活动目录可以包含一个或多个树。

树中域的层次越深，其级别越低。一个“.”代表一个层次，例如，域 uk. microsoft . com 比 microsoft. com 域级别低。因为它有两个层次关系，而 Microsoft. com 只有一个层次。而域 sls. uk. microsoft. com 比 uk. microsoft. com 级别低，因为它有 3 个层次关系，而 uk. microsoft. com 只有两个。

树中的域通过双向可传递信任关系连接在一起，由于这些信任关系是双向且可传递的，因此，在树或林中新创建的域可以立即与树或林中的其他域建立信任关系。这些信任关系允许单一登录过程，在树或林中的所有域上对用户进行身份验证。但这不一定意味着经过身份验证的用户在树的所有域中都拥有相同的权限，因为域是安全界限，所以必须在每个域的基础上为用户指定相应的权限。

（3）林。由多个树构成的一个非连续的名称空间称为林。例如水电厂有 system. com 和 management. com 两个根域，它们分别代表一个实体，这些实体的域结构结合在一起就成了林。

林的作用如下：

1）林的一个树中的用户能够访问林中另一个树中的资源；

2）林中所有的成员域可以共享信息。

（4）域控制器。域控制器（domain controller，简称 DC）指使用活动目录安装向导配置的运行 Windows Server 2003 的服务器，它保存目录数据并管理用户域的交互关系，包括用户登录过程、身份验证和目录搜索等。

Windows Server 2003 的域结构与 Windows NT 不同，域中所有的域控制器都是平等的关系，没有主次之分，不再区分主域控制器和额外域控制器。活动目录采用了多主机复制方案，每一个域控制器都有一个可写入的目录副本，尽管在某一个时刻，不同域控制器中的目录信息可能有所不同，但一旦活动目录中的所有域控制器执行同步操作之后，最新的变化信息就会一致，Windows Server 2003 在复制时会自动比较活动目录的新旧版本，并用新版本覆盖旧版本。

当一台计算机接入网络时，域控制器首先要鉴别这台电脑是否是属于这个域的，用户使用的登录账户是否存在、密码是否正确。如果以上信息有一样不正确，那么域控制器就会拒绝这个用户从这台电脑登录。不能登录，用户就不能访问服务器上有权限保护的资源，这在一定程度上保护了网络上的资源。

二、操作步骤

（一）服务器的安装

1. Windows Server 2003 操作系统的安装

（1）全新安装。在安装过程中，Windows Server 2003 完全继承了 Windows XP 安装方便、快捷及高效的特点，几乎不需要多少手工参与即可自动完成硬件的检测、安装和配置等工作。在 Windows Server 2003 的安装过程中，系统收集的信息包括区域或语言、个人注册信息、产品序列号、计算机/管理员基本信息，以及网络基本信息等。

（2）升级安装 Windows Server 2003。Windows Server 2003 Enterprise 版只能基于 Windows NT Server 4.0+SP5 或更高版本，以及 Windows 2000 Server 的各个版本升级安装，如果未使用上述版本，则会显示不支持升级的信息提示框。

2. 域控制器的安装

要将服务器用做域控制器，必须安装活动目录，活动目录安装向导可将服务器配置为域控制器或额外域控制器，如果网络中没有其他域控制器，可将服务器配置为域控制器，否则，可配置为额外域控制器。每个域必须有一个域控制器，活动目录可安装在任何成员或独立服务器上。域控制器是通过安装活动目录来创建的。执行安装活动目录的账户必须是本地计算机 Administrators 组的成员，或者是被委派有 Administrators 的权限。如果将此计算机加入域，Domain Admins 组的成员也可以执行此过程。

活动目录的安装步骤如下：

（1）选择菜单“开始”→“所有程序”→“管理工具”→“管理你的服务器”命令（或者选择菜单“开始”→“运行”命令，并在文本框中输入“dcpromo”，单击“确定”按钮，执行输入的命令），出现如图 17-8 所示的“Active Directory 安装向导”。

（2）单击“下一步”按钮，出现如图 17-9 所示的“操作系统兼容性”提示对话框。

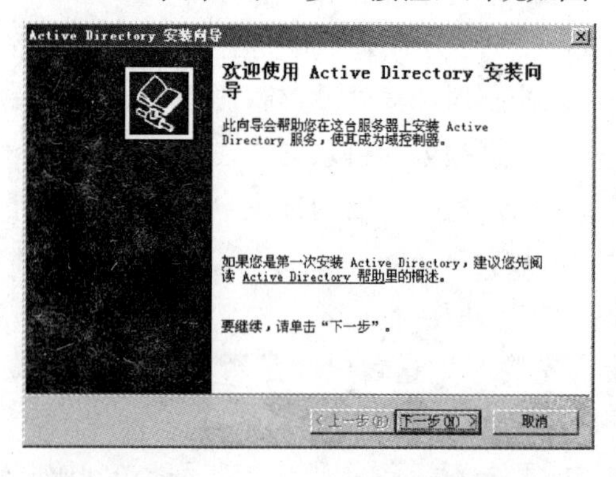

图 17-8　Active Directory 安装向导

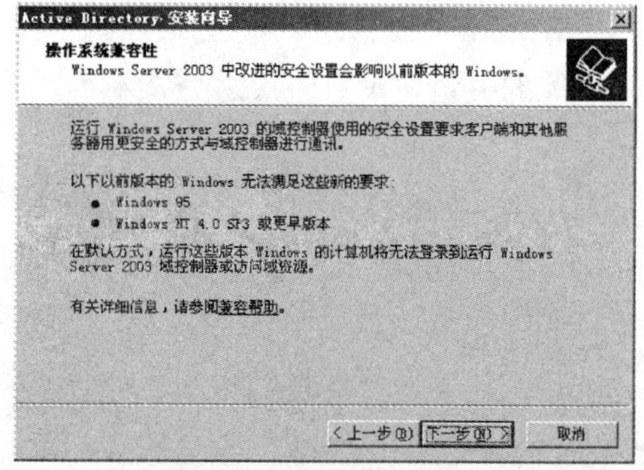

图 17-9　“操作系统兼容性”提示对话框

系统提示 Windows Server 2003 增强的安全设置会影响以前 Windows 版本的使用，如果这些低版本需要登录域控制器，需要进行必要的设置。单击“兼容帮助”链接可获得帮助。

(3) 单击“下一步”按钮，出现如图 17-10 所示的“域控制器类型”对话框，选中“新域的域控制器”单选按钮。

(4) 单击“下一步”按钮，出现如图 17-11 所示的“创建一个新域”对话框，选中“在新林中的域”单选按钮。

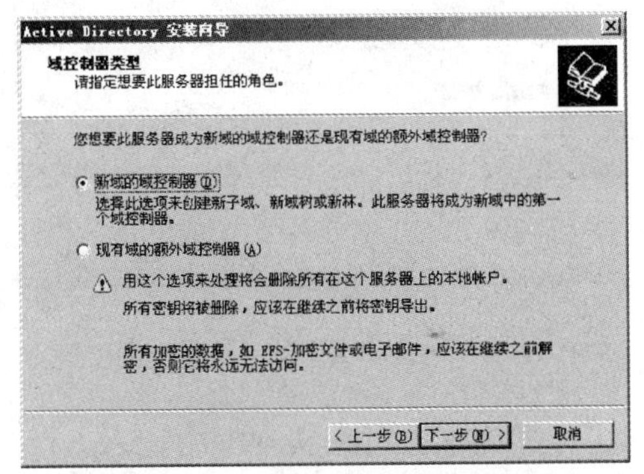

图 17-10　选择域控制器类型

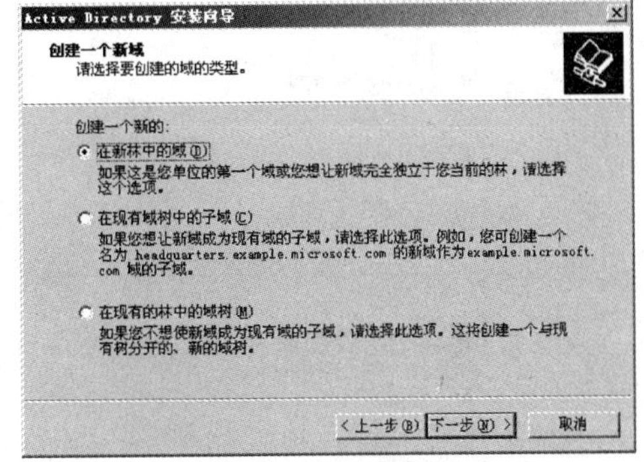

图 17-11　选择建新域的类型

(5) 单击“下一步”按钮，出现如图 17-12 所示的“新的域名”对话框，在“新域的 DNS 全名”文本框中，输入完整的 DNS 名称，如“system. com”。

(6) 单击“下一步”按钮，出现如图 17-13 所示的“NetBIOS 域名”对话框，系统自动将 DNS 名称的前部分作为 NetBIOS 名称。

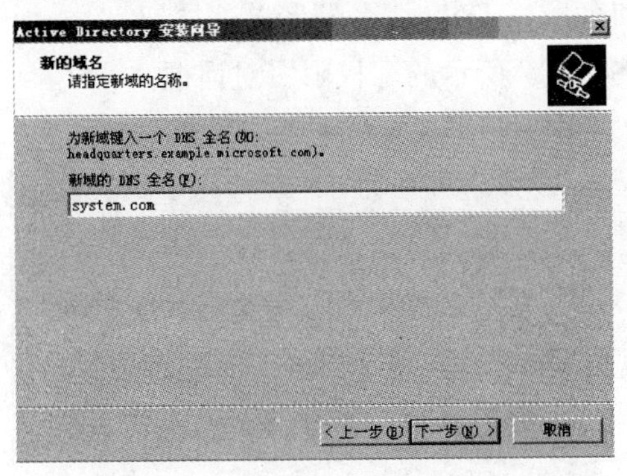

图 17-12　输入新域的 DNS 全名

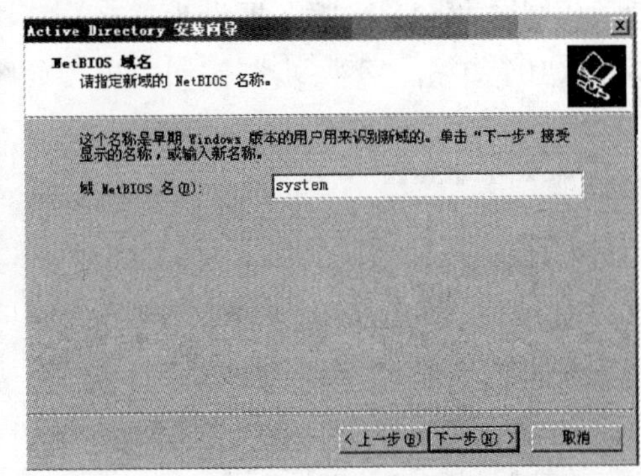

图 17-13　输入 NetBIOS 域名

(7) 单击“下一步”按钮，出现如图 17-14 所示的“数据库和日志文件夹”对

话框。

从数据安全和磁盘管理角度考虑，最好把域数据库和日志文件放在不同的磁盘分区上。这里可以指定数据库文件夹和日志文件夹的位置。

（8）单击“下一步”按钮，出现如图 17-15 所示的“共享的系统卷”对话框。

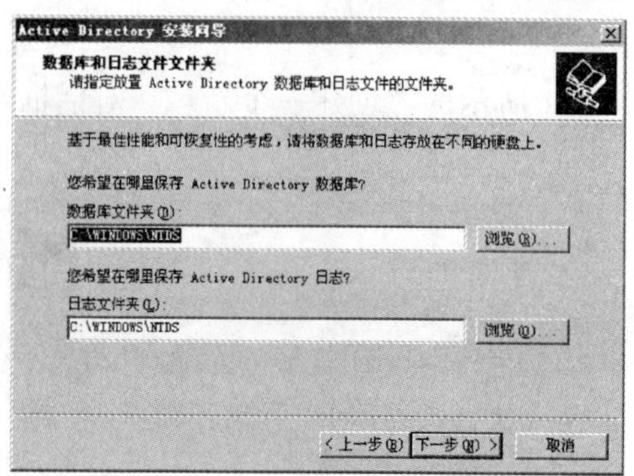

图 17-14　选择数据库和日志文件夹

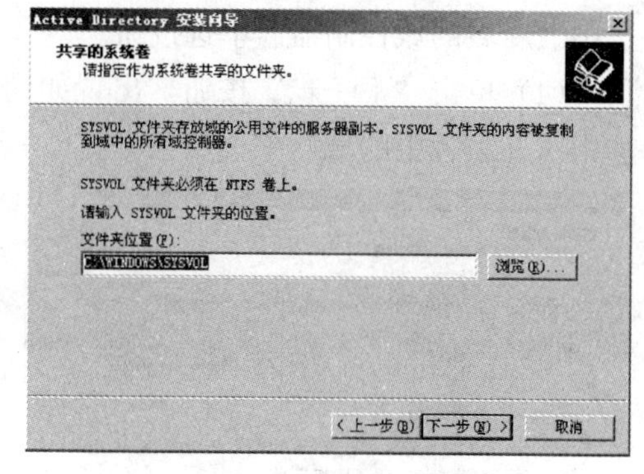

图 17-15　输入“共享的系统卷”的位置

SYSVOL 文件夹是存放域公用文件的服务器副本。可在文本框中输入 SYSVOL 文件夹的位置，或者单击“浏览”按钮，并选择 SYSVOL 文件夹的位置。

（9）单击“下一步”按钮，出现如图 17-16 所示“DNS 注册诊断”对话框。通过诊断结果可以查看产生的错误，并可以单击列表框中的“帮助”链接获得纠正错误的步骤。错误问题纠正后，选中“我已经更正了错误，再次执行 DNS 诊断测试”单选按钮，并单击“下一步”按钮，系统再次出现诊断结果对话框。重复以上操作，直到诊断结果没有错误提示。选中“在这台计算机上安装并配置 DNS 服务器，并将这台 DNS 服务器设为这台计算机的首选 DNS 服务器”单选按钮。

（10）单击“下一步”按钮，出现如图 17-17 所示的“权限”对话框。

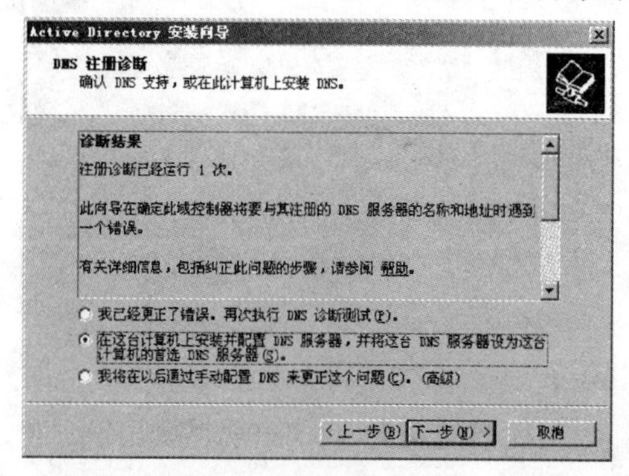

图 17-16　“DNS 注册诊断”对话框

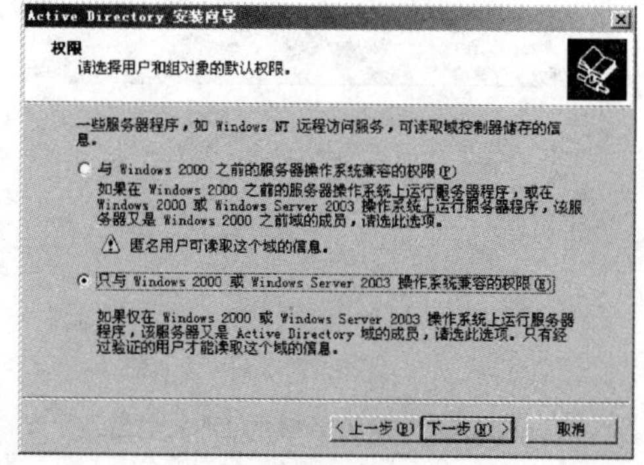

图 17-17　选择兼容权限

如果域中有 Windows 2000 之前的服务器操作系统，选中“与 Windows 2000 之前的服务器操作系统兼容的权限”单选按钮；如果域中不需要与 Windows 2000 之前的服务器操作系统兼容，则选中“只与 Windows 2000 或 Windows Server 2003 操作系统兼容的权限”单选按钮。

(11) 单击“下一步”按钮，出现如图 17-18 所示的“目录服务还原模式的管理员密码”对话框。输入“还原模式密码”和“确认密码”。还原模式的密码在该服务器目录服务还原时使用。

(12) 单击“下一步”按钮，出现如图 17-19 所示的“摘要”信息对话框。可查看域服务器的配置内容，如果需要修正，可单击“上一步”按钮返回。

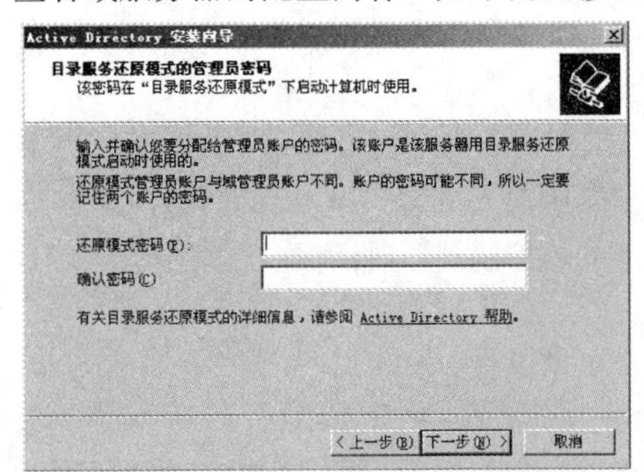

图 17-18　密码输入对话框

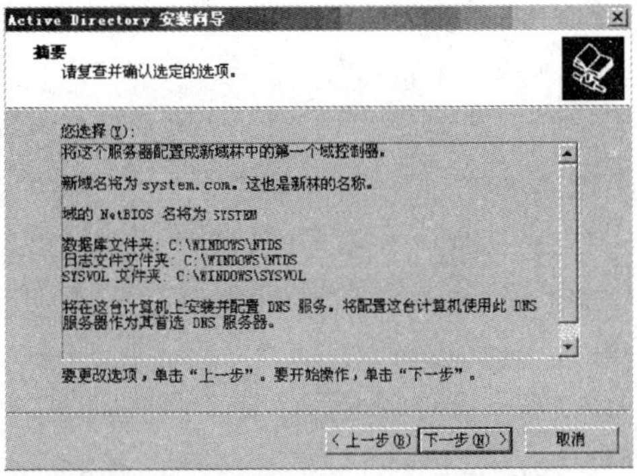

图 17-19　“摘要”信息对话框

(13) 单击“下一步”按钮，开始配置 Active Directory，可以在配置 Active Directory 的同时，安装和配置 DNS，也可以单击“跳过 DNS 安装”按钮，这里先选择跳过 DNS 安装。

(14) 完成 Active Directory 配置后，出现如图 17-20 所示的“正在完成 Active Directory 安装向导”对话框。

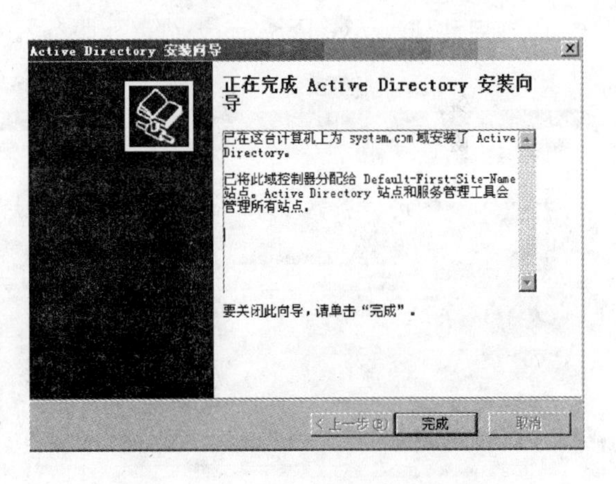

图 17-20　完成安装向导对话框

单击“完成”按钮，出现重新启动计算机对话框。单击“立即重新启动”按钮，重新启动 Windows 系统，完成 Active Directory 和域控制器的安装。

(15) 计算机重新启动后，可以选择安装和配置 DNS。

3. 额外域控制器的安装

将客户端加入到域后，如果域控制器处于关闭状态或者出现系统故障，则客户机无法登录到域。为了防止这种情况，可以建立另一台域控制器，即额外域控制器。

将另一台服务器提升为额外的域控制器的操作方法与建立域控制器的相似，步骤如下：

(1) 在“运行”对话框中输入“dcpromo”命令后按回车键，打开“Active Directory 安装向导”对话框。

(2) 单击“下一步”按钮，在“域控制器类型”对话框中选择“现有域的额外域控制器”单选按钮。

(3) 单击“下一步”按钮，显示如图 17-21 所示的“网络凭据”对话框。在其中输入域管理员账户的密码，在“域”文本框中输入域名“system. com”。

(4) 单击“下一步”按钮，显示“额外的域控制器”对话框。在其中输入现有域的 DNS 全名，如图 17-22 所示。

后面的操作与安装主域控制器相同，这里不再赘述。

4. 域控制器的删除

使用“Active Directory 站点和服务”可以删除域控制器。为此，请按照下列步骤操作：

(1) 启动“Active Directory 站点和服务”。

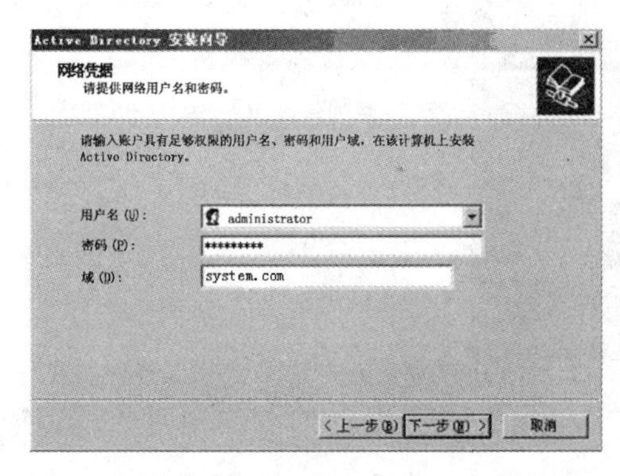

图 17-21 “网络凭据”对话框

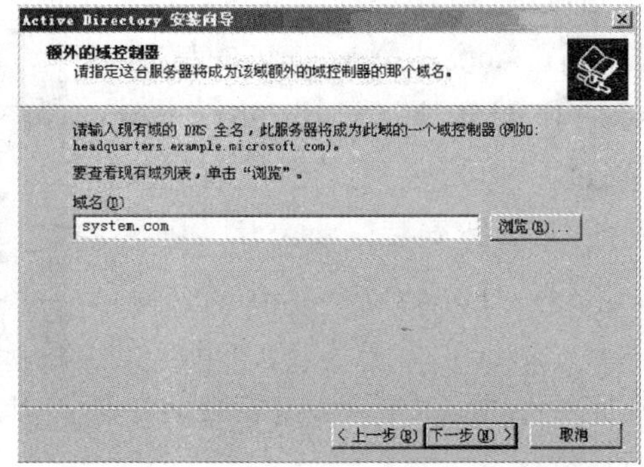

图 17-22 输入现有域的 DNS 全名

(2) 展开服务器的“站点”，默认站点为“Default-First-Site-Name”。

(3) 展开“服务器”，右键单击域控制器，然后单击“删除”。

（二）服务器的管理

1. 域账户的管理

域控制器的最重要功能是管理账户，由于域中的账户能登录本域中所有的计算机，因此，如果不能很好地管理用户和组的权限，用户可能会滥用权限，破坏其他计算机上的网络资源，对整个域造成不可估计的损失。因此，域管理员要根据管理和业务需求，合理配置域用户账户和域组账户，加强域账户的管理。

（1）配置域用户账户。当用户需要访问域中的网络资源时，首先要将其加入到域中。只有域管理员才能为用户创建一个能实现对域访问的域账户，配置域用户账户的步骤如下：

1）选择菜单“开始”→“所有程序”→“管理工具”→“Active Directory 用户和计算机”命令，出现“Active Directory 用户和计算机”控制台窗口。

2）选中域名“system. com”，然后单击鼠标右键，并在弹出的快捷菜单中选择“新建→用户”命令，在出现的如图 17-23 所示的“新建对象用户”对话框中输入姓、名、用户登录名等信息。

3）单击“下一步”按钮，出现如图 17-24 所示的对话框，用以输入密码和确认密码。根据需要可对该域名账户设置下面的选项。

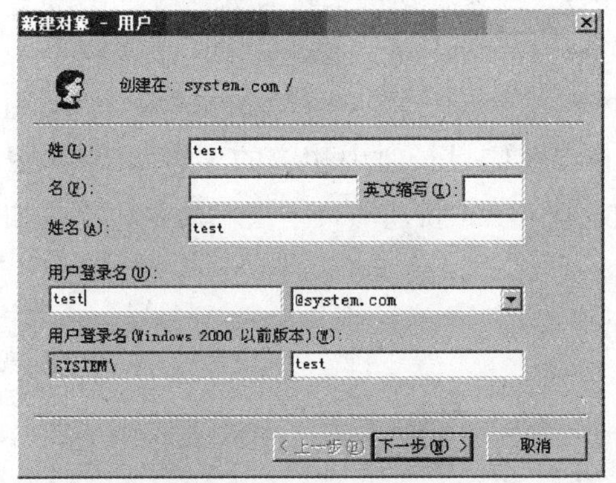

图 17-23 设置新建用户对象

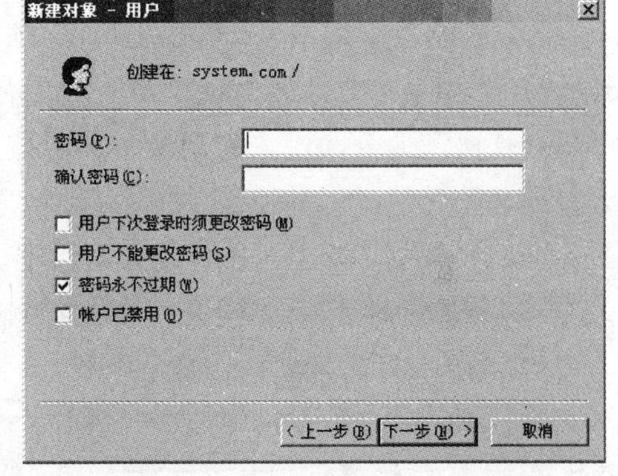

图 17-24 输入用户的密码和确认密码

4）单击“下一步”按钮，出现如图 17-25 所示的账户创建信息。列表框中显示了新创建的账户信息的全称、用户登录名和密码设置情况。单击“完成”按钮，完成域账户创建。

5）选中新创建的域账户，单击鼠标右键，并在弹出的快捷菜单中选择“属性”命令，出现选择“常规”选项卡，如图 17-26 所示。可在此选项卡中修改账户的属性，如姓、名、登录名、描述等。

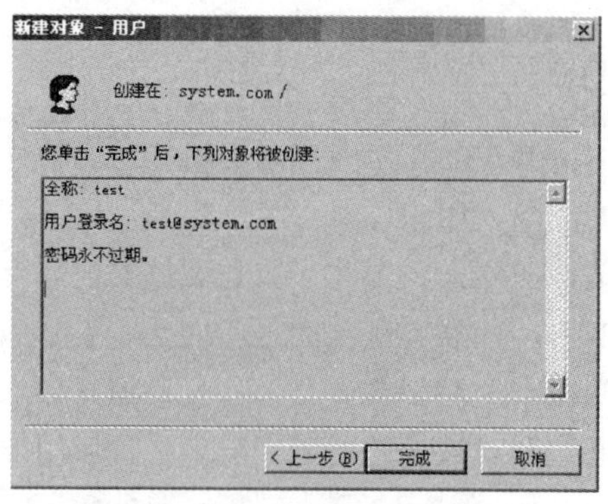

图 17-25　确认创建账户的信息

图 17-26　"常规"选项卡

6）选择"账户"选项卡，如图 17-27 所示。

在此选项卡中描述了账户的基本信息。用户可以对账户的登录名称、密码和账户进行设置，如设置账户到期时间、密码是否过期等。

7）选择"隶属于"选项卡，打开账户权限设置对话框。域管理员通过设置账户所隶属的组，来设置账户不同的权限，还可以对其他选项卡进行必要的设置。

8）完成设置后，分别单击"应用"和"确定"按钮后退出。

（2）配置域组账户。根据业务和管理需要，管理员可以创建新的组账户，并授予相应的访问权限，使其具有与域控制器内部域组账户相似的功能，配置域组账户的步骤如下：

1）选择菜单"开始"→"所有程序"→"管理工具"→"Active Directory 用户和计算机"命令，进入控制台，选中控制台左侧目录树中相应的"组"，单击鼠标右键，然后从弹出的快捷菜单中选择"操作"→"新建"→"组"命令，出现如图 17-28 所示的"新建对象—组"对话框。

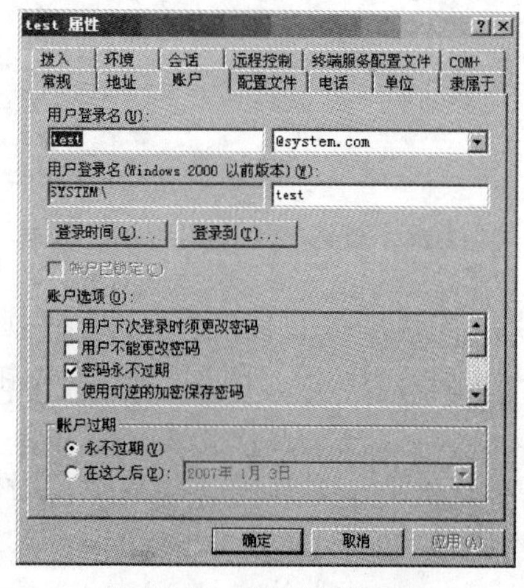

图 17-27　"账户"选项卡

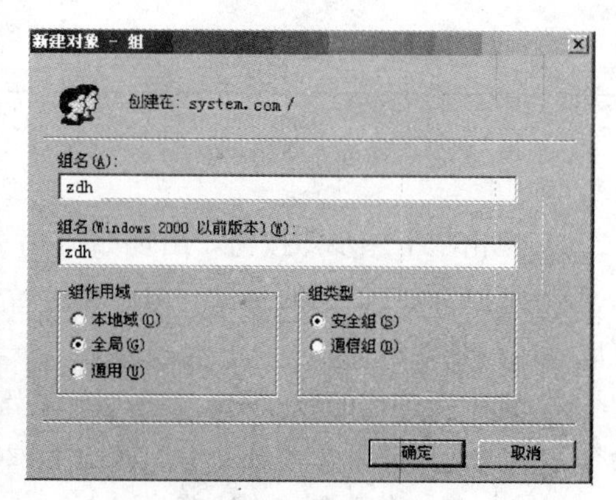

图 17-28　设置组对象

组作用域有以下 3 种选择：

a. 本地域：只能在本地域中使用，可赋予资源访问权限。

b. 全局：可以在整个 Active Directory 中使用。

c. 通用：可在本域或信任域间使用。

组类型分为安全组和通信组，安全组可以赋予访问资源，通信组可以集中发送邮件。

在文本框中输入组名，如“zdh”，组作用域选择“全局”，组类型选择“安全组”。

2）单击“确定”按钮，返回控制台，此时组账户“zdh”已经在列表中。

3）选中组名“zdh”，单击鼠标右键，并在弹出的快捷菜单中选择“属性”命令，出现如图 17-29 所示的组属性对话框。在“常规”选项卡中，可更改组的名称、组的作用域和组类型。注意：更改组类型会导致组的权限丢失。

4）选择“成员”选项卡，在如图 17-30 所示的对话框中，可将其他的 Active Directory 对象作为这个组的成员，这个成员将继承这个组的权限。

5）选择“隶属于”选项卡，在如图 17-31 所示的对话框中，可将这个组设置为隶属于其他组的成员。

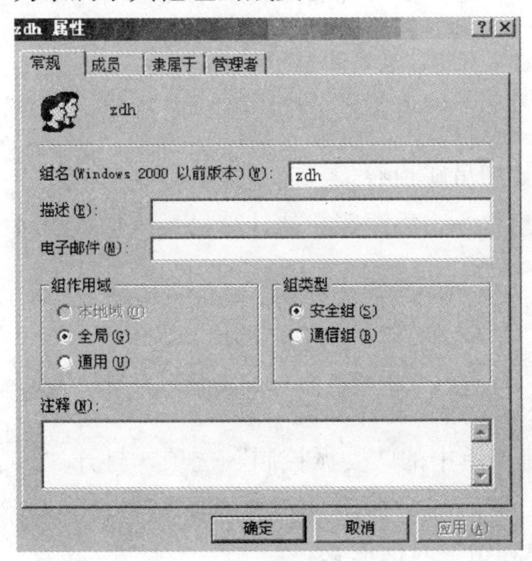

图 17-29　“常规”选项卡

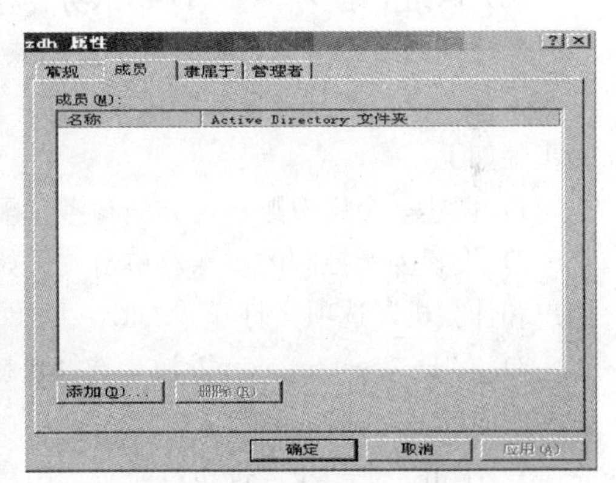

图 17-30　添加成员选项卡

6）选择管理者选项卡，在如图 17-32 所示的对话框中，可选择这个组的管理者。管理者可为该组更新成员。

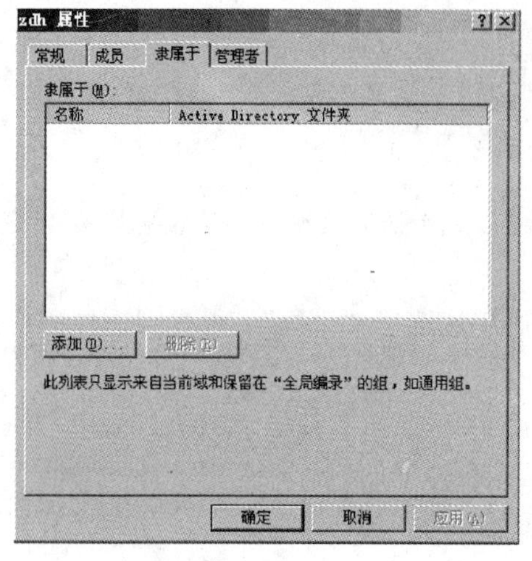

图 17-31　添加隶属成员选项

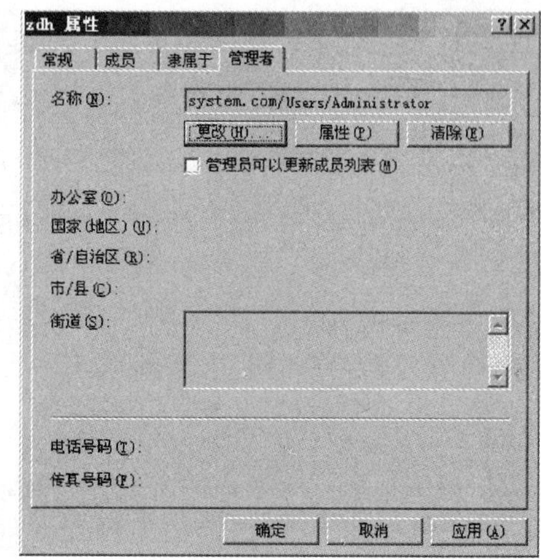

图 17-32　设置管理者选项

7）完成设置后，分别单击"应用"和"确定"按钮后退出。

2. 将计算机系统加入到域中

在把一台 Windows 2000 或 Windows XP 计算机系统加入到一个域之前，必须满足以下条件：

（1）有一个用于登录域的计算机账户。

（2）网络上至少有一台 DNS 服务器存在且可用。

考虑到网络安全性，应尽量少使用域管理员账户登录。而是在域控制器上建立一个委派账户，用其来登录到域控制器，建立一个委派账户使计算机系统加入到域的步骤如下：

1）创建一个用户账户，方法参考"配置域用户账户"部分。

2）设置委派控制的步骤。单击"开始"→"管理工具"→"Active Directory 用户和计算机"选项，打开"Active Directory 用户和计算机"窗口。

3）右击"system. com"域，选择快捷菜单中的"委派控制"选项，打开"控制委派向导"对话框。

4）单击"下一步"按钮，显示"用户和组"对话框。

5）单击"添加"按钮，显示"选择用户、计算机和组"对话框。在其中输入委派账户的名称。

6）单击"确定"按钮，返回"用户和组"对话框。这时已添加委派账户。

7）单击"下一步"按钮，显示"要委派的任务"对话框，在其中选择"将计算机加入到域"复选框。

8）单击“下一步”按钮，完成控制委派向导。

9）使用该委派账户将计算机加入“system. com”域。

3. 系统进程监视

可以通过任务管理器来监视系统进程、服务器的系统性能，并获得服务器的系统信息。进程与系统性能有着很大的关系，执行一个应用程序将产生一个进程，并占用服务器系统的资源，进程越多，占用的系统资源也就越多。任务管理器可以查看正在运行的程序的状态，并终止已停止响应的程序。可以使用多个参数评估正在运行进程的活动，查看反映 CPU 和内存使用情况的图形和数据。

使用任务管理器监视系统进程的方法如下：

（1）在 Windows Server 2003 正常运行的情况下，按下组合键 Ctrl＋Alt＋Del，出现 Windows 安全管理窗口，单击“任务管理器”按钮，出现如图 17-33 所示的窗口。

（2）在 Windows 任务管理器的“进程”选项卡中，可查看系统正在运行的进程情况，如用户名、CPU、内存使用等信息。同时，在窗口的底端显示了当前的进程数、CPU 使用率和内存使用等情况。

（3）选择菜单“查看”→“选择列”命令，出现如图 17-34 所示的对话框。选择其中需要显示的选项，可以在列表框中列出多达几十个有关进程的信息。最好选中“基本优先级”复选框，方便查看正在运行程序的优先级。单击“确定”按钮，返回 Windows 任务管理器。根据进程列表中的信息，分析进程是否需要更改优先级或者结束运行。

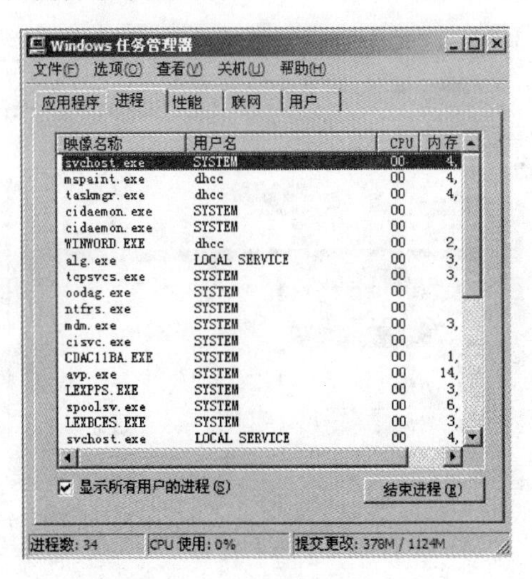

图 17-33　系统进程管理窗口

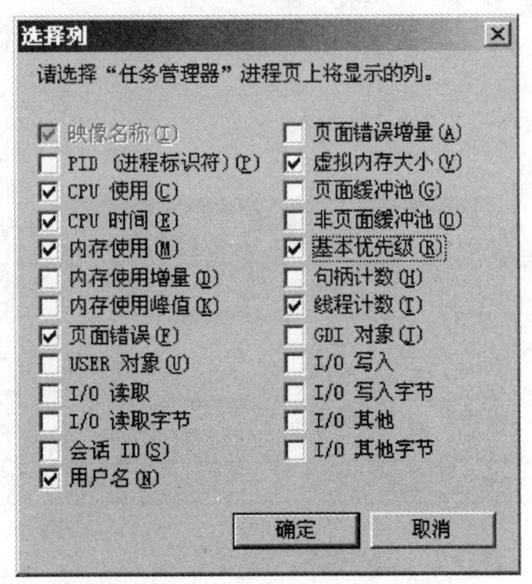

图 17-34　系统进程显示选项

(4) 在“进程”选项卡中，选中想要终止的进程，单击鼠标右键，并在弹出的快捷菜单中选择“结束进程”命令，如图 17-35 所示。如果结束应用程序，将丢失未保存的数据，如果结束系统服务，则系统的某些部分可能无法正常工作。如果要结束某个进程以及由它直接或间接创建的所有进程，则在弹出的快捷菜单中选择“结束进程树”命令。

(5) 在“进程”选项卡中，选中要更改优先级的选项，单击鼠标右键，并在弹出的快捷菜单中选择“设置优先级”下的子选项，如图 17-36 所示。设置提升或降低优先级，可以使进程运行更快或更慢，但也可能对其他进程的性能有相反影响。

(6) 在“Windows 任务管理器”窗口中，选择“性能”选项卡，出现如图 17-37 所示的窗口。可以查看 CPU、PF 和内存的使用情况，同时以曲线图形的形式动态地显示 CPU 和 PF 的变化情况。

(7) 选择“联网”选项卡，出现如图 17-38 所示的窗口。在此窗口中，可以查看网络连接的相关信息，如网络应用、网络速度和状态等。

(8) 如果需要显示与联网相关的更多信息，可以选择菜单“查看→选择列”命令，出现如图 17-39 所示的对话框，通过该对话框，可以选择发送字节数和接收字节数等更多的与网络有关的重要信息。

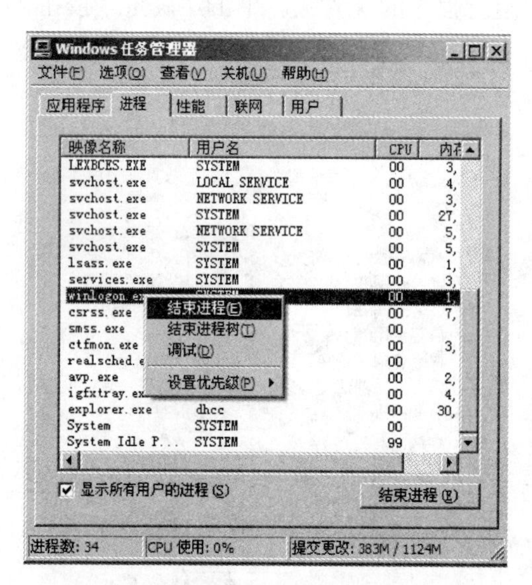

图 17-35　结束进程

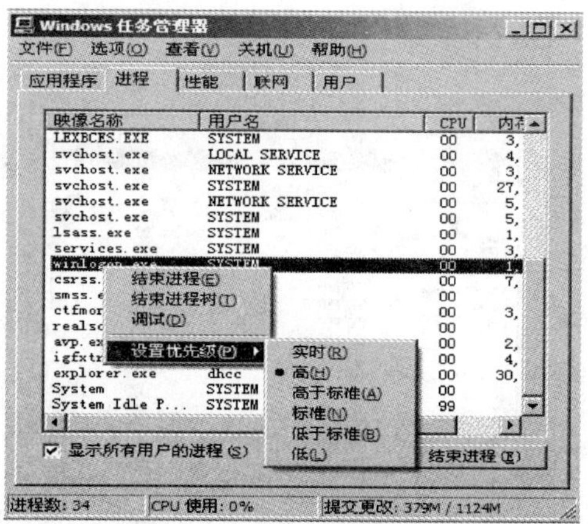

图 17-36　设置程序运行优先级

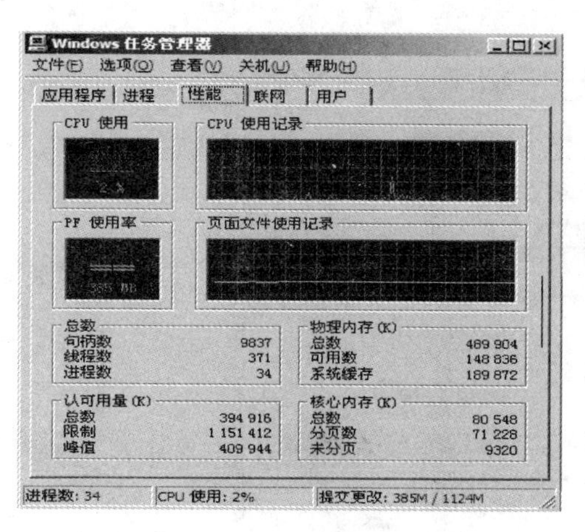

图 17-37　“性能”选项卡

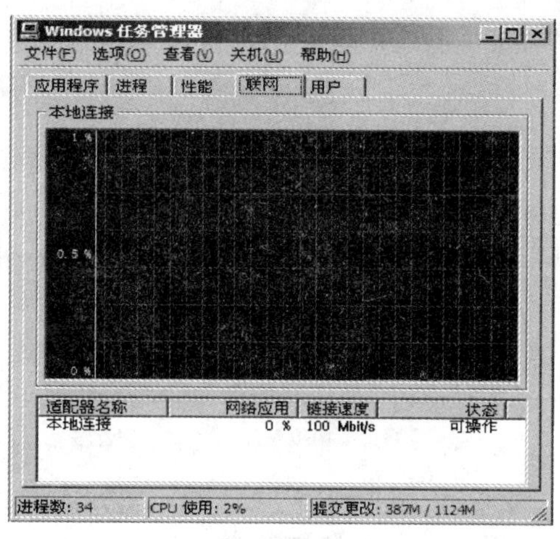

图 17-38　“联网”选项卡

(9) 选择“用户”选项卡，出现如图 17-40 所示的窗口。在此窗口中，选中活动用户，再单击“断开”、“注销”和“发送消息”按钮，可使用户断开、注销或者发送消息。

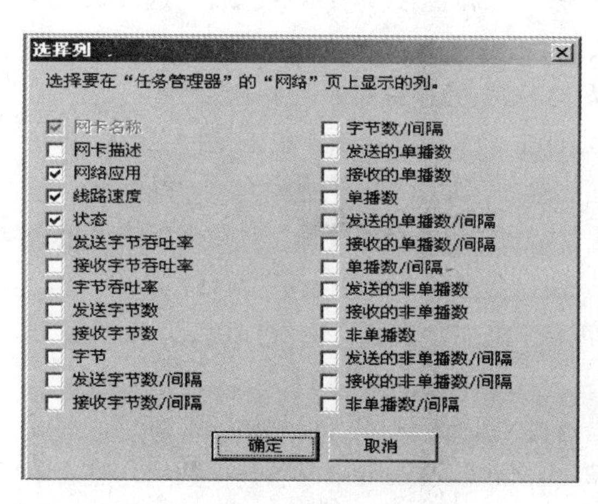

图 17-39　“选择列”对话框

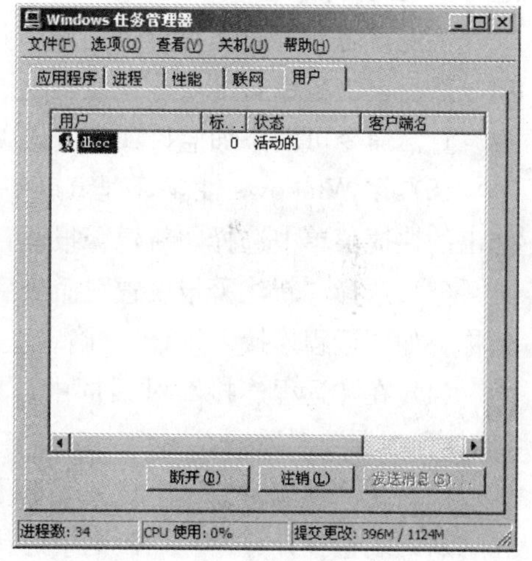

图 17-40　“用户”选项卡

4. 系统性能监视

通过 Windows Server 2003 所提供的“性能”管理工具，可以查看与系统性能相关的信息，其步骤如下：

(1) 选择菜单“开始”→“管理工具”→“性能”，出现如图 17-41 所示的

"性能"管理窗口。

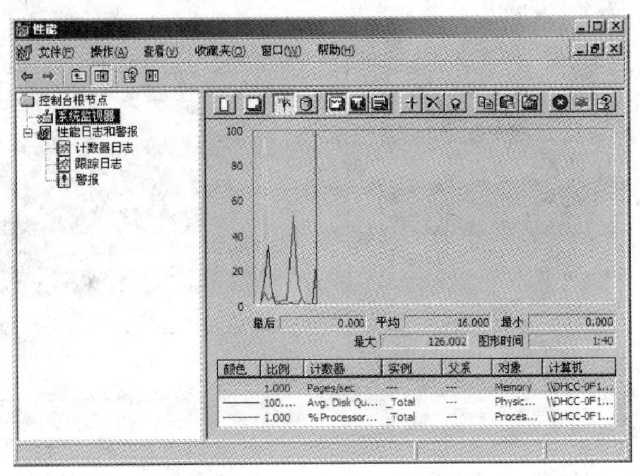

图 17-41 Windows 性能管理窗口

性能管理工具窗口中的控制台根节点由系统监控器、性能日志和警报组成。其中系统监控器以图表、直方图和报告的方式显示系统的状态。性能日志和警报用于追踪系统的性能参数，并提供自动报警。

性能日志和警报由计数器日志、跟踪日志和警报 3 项组成。通过选择其中 1 项，然后单击鼠标右键，并在弹出的快捷菜单中选择"新建日志设置"或"新建警报设置"命令可以添加监控项，这里以"警报"为例说明如何添加监控项。

(2) 在 Windows 性能管理窗口中，选中"警报"选项，单击鼠标右键，并在弹出的快捷菜单中选择"新建警报设置"命令，如图 17-42 所示。

(3) 选择"新建警报设置"命令后，出现"新建警报设置"对话框，输入报警名称，如"远程连接"，单击"确定"按钮，会出现"远程连接"对话框。

(4) 在"远程连接"对话框中，单击"添加"按钮，出现如图 17-43 所示的"添加计数器"对话框。

(5) 在"性能对象"下拉列表框中选择"RAS Total（远程访问汇总）"，然后在"从列表选择计算器"列表框中选择"Total Connections（总连接数）"，然后单击"添加"按钮。

(6) 单击"关闭"按钮，返回到"远程连接"对话框。在"限制"文本框中输入"10"，即限制用户的连接数，即用户的连接数超过 10 个则报警，如图 17-44 所示。

(7) 选择"操作"选项卡，出现如图 17-45 所示的对话框。选中"发送网络信息到"复选框，然后在下面的文本框中输入服务器 IP 地址或系统管理员的计算机 IP 地址；选中"启动性能数据日志"复选框，并从下拉列表框中选择日志文件

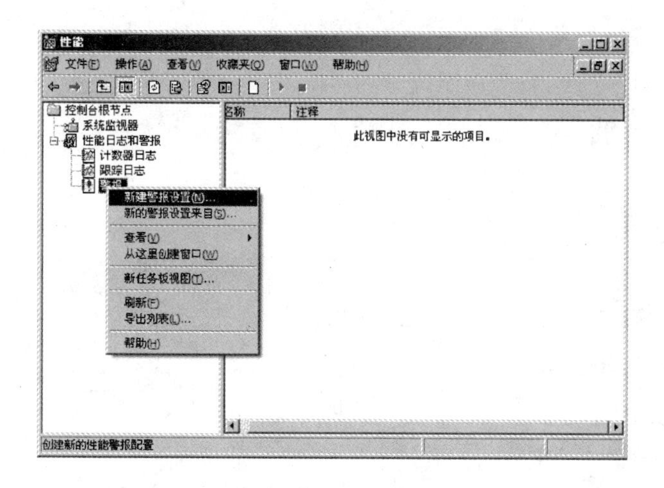

图 17-42　选择“新建警报设置”命令

“System Overview”。也可以选中“执行这个程序”复选框，并选择一个出错后运行的报警文件，报警文件可以是可执行文件、文本文件或声音文件等。

(8) 完成设置后，单击“确定”按钮，完成新建报警设置。当远程连接用户数达到 10 个后，就会发出报警信息。

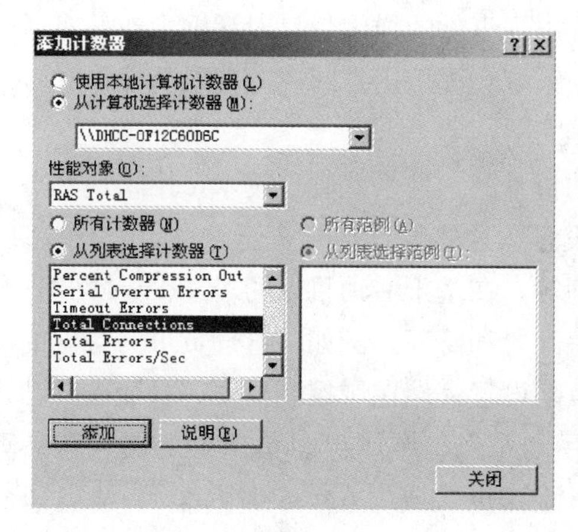

图 17-43　添加计数器

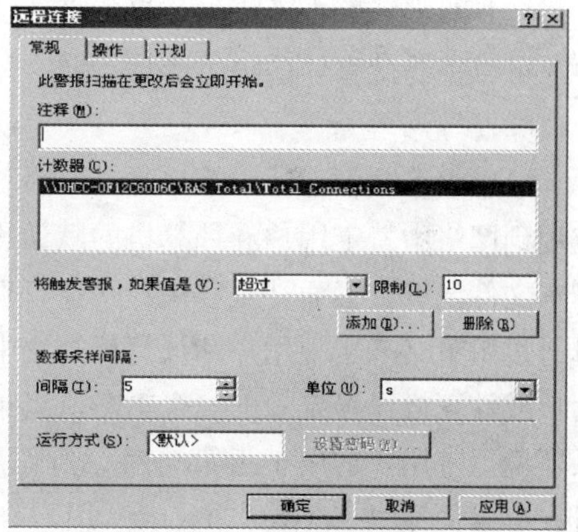

图 17-44　设置连接数限制

5. 事件日志监视

在 Windows Server 2003 中启用安全审核策略后，管理人员应该经常查看各类事件日志记录，以及时发现系统存在的隐患和故障。使用“事件查看器”可以监视事件日志中记录的事件。通常，计算机会存储“应用程序”、“安全性”和“系统”

日志。根据计算机的角色和所安装的应用程序，还可能包括其他日志，使用事件查看器进行事件日志监视的步骤如下：

（1）选择菜单“开始”→“管理工具”→“事件查看器”命令，出现如图17-46所示的事件查看器窗口。

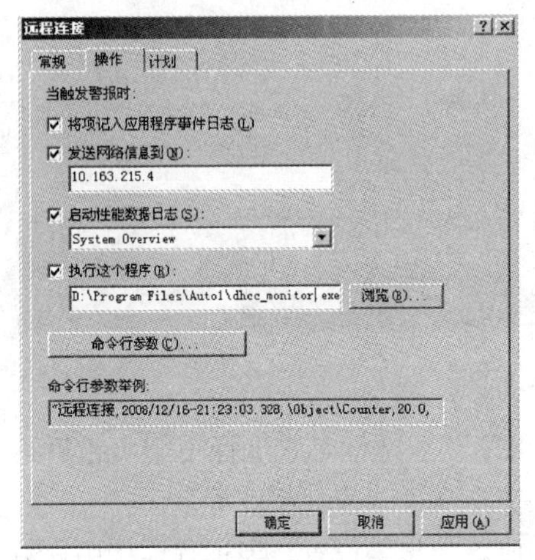

图17-45　设置触发警报时的选项

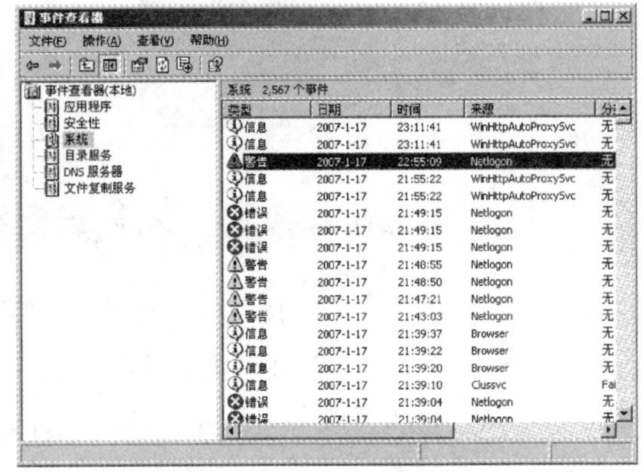

图17-46　事件查看器窗口

（2）双击需要查看详细信息的事件，出现事件的详细信息对话框。在此对话框中，可以查看此事件的描述信息，同时，系统会提示用户解决此问题的操作方法。

6. 系统安全管理

（1）组策略管理。组策略是基于活动目录的一种系统管理技术，用来定义自动应用到网络中特定用户和计算机的默认设置，这些设置包括安全选项、软件安装、脚本文件设置、桌面外观和用户文件管理等。在基于活动目录的Windows网络中，可通过组策略来实现用户和计算机的集中配置和管理。例如，管理员可为特定的域用户或计算机设置统一的安全策略。组策略设置存储在域控制器中，只能在活动目录环境下使用，适用于组策略对象所作用的站点、域或组织单位中的用户和计算机。可以使用“Active Directory 用户和计算机”或“Active Directory 站点和服务”控制台来配置组策略，“Active Directory 用户和计算机”适合域或组织单位的组策略设置，“Active Directory 站点和服务”适合站点的组策略设置，这里以“Active Directory 用户和计算机”控制台为例讲解如何配置组策略对象。

1）在“Active Directory 用户和计算机”控制台树中，右键单击要设置组策略的域或组织单位（这里以域“system. com”为例），从快捷菜单中选择“属性”命令，打开属性设置对话框。

2）切换到“组策略”选项卡，在组策略对象链接列表中已有一个默认的组策略对象。选中该对象，单击“编辑”按钮，打开要编辑的组策略对象。

3）如图 17-47 所示，每个组策略对象包括计算机配置和用户配置两个部分，分别对应所谓的计算机策略和用户策略，图 17-47 中显示的是账户的密码策略。

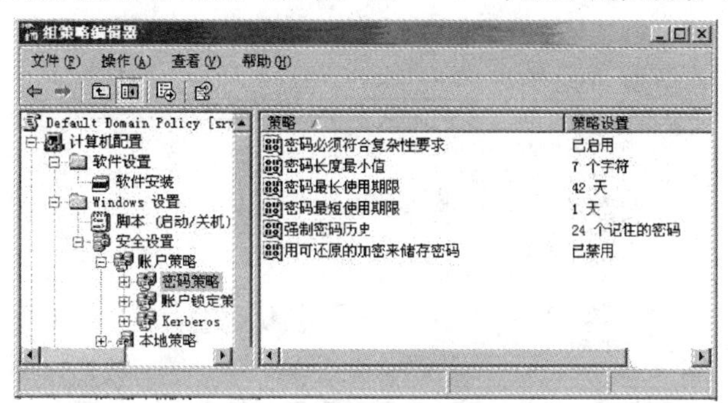

图 17-47　编辑组策略

4）设置相应的组策略对象后，返回到“组策略”选项卡，再单击“确定”按钮。新建和编辑组策略对象后，还要添加组策略对象链接，即将当前容器（域或组织单位）链接到已有的组策略对象。在“组策略”选项卡中单击“添加”按钮，打开组策略对象选择对话框，从现存于站点、域或组织单位的组策略对象中选择。

在计算机重新启动和用户重新登录时，计算机策略和用户策略按下列顺序应用到计算机和用户：

a. 获得计算机组策略对象列表，如果组策略对象列表没有更改，则不进行处理。

b. 显示计算机组策略已得到应用。

c. 启动脚本开始运行。

d. 用户按 Ctrl＋Alt＋Del 键登录。

e. 用户验证身份之后，将加载由当前生效的策略设置控制的用户配置文件。

f. 用户可获得用户组策略对象列表，如果组策略对象列表没有更改，则不进行处理。

g. 显示用户策略已被应用。

h. 登录脚本，开始运行，最后将显示由组策略预定义的操作系统用户界面。

（2）共享连接管理。计算机资源的共享设置可能被非法入侵和破坏行为所利用，因此，监视本机的共享连接是非常重要的。

监视本机共享连接的具体步骤如下：

1）选择菜单“开始”→“管理工具”→“计算机管理”命令，出现“计算机管理”窗口。

2）展开“共享文件夹”，单击“共享”选项，从窗口右边的列表框中，可以检查是否有新的可疑共享，如图17-48所示。

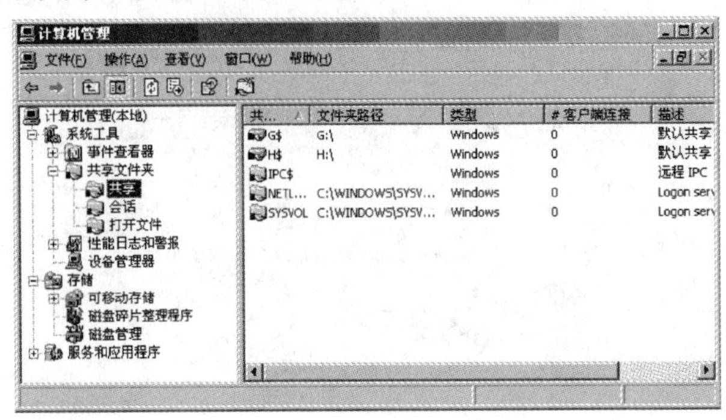

图17-48 计算机管理的“共享文件夹”窗口

3）选中不需要共享的名称，单击鼠标右键，并在弹出的快捷菜单中选择“停止共享”命令。

（3）监视开放的端口和连接。为了发现正在进行的非法入侵和破坏行为，可以使用一些网络实时监视命令或者实用程序来监视端口和连接的情况，例如，netstat命令可以进行会话状态的检查，并查看已经打开的端口和已经建立的连接。

（三）服务器的维护

由于服务器在网络管理和安全运行方面的特殊性和重要性，其维护内容与工作站有一定的区别，服务器的常规维护，如磁盘清理、反病毒、备份等可以参考工作站的相关内容，下面将介绍服务器维护的特殊要求和方法。

1. 备份活动目录数据库

活动目录对于网络的意义已经在前面作了详细的描述，因此，维护活动目录数据库安全的重要性也就不言而喻。

通过备份向导来完成备份操作的步骤如下：

（1）点击“开始”→“程序”→“附件”→“系统工具”→“备份”，在打开的“备份或还原向导”对话框中点击“下一步”按钮，进入“备份或还原”选择对话框。

（2）在选择“备份文件和设置”项后，点击“下一步”按钮，进入“要备份的内容”对话框，选择“让我选择要备份的内容”项，并点击“下一步”按钮。在“要备份的项目”对话框中依次展开“桌面”→“我的电脑”，选择“System State”项。

（3）在“备份类型、目标和名称”对话框中根据提示选择好备份文件的存储路径，并设置好备份文件的名称，点击“下一步”按钮。接着在打开的对话框中点击“完成”按钮，活动目录数据库的备份操作就会开始。

2. 还原活动目录数据库

因为活动目录服务正常运行时，是不能够进行活动目录数据库还原操作的，所以活动目录数据库的还原操作显得较为复杂，步骤如下：

（1）进入目录服务还原模式。重新启动计算机，按 F8 键进入 Windows Server 2003 高级选项菜单界面，可以通过键盘上的上、下方向键选择“目录服务还原模式（只用于 Windows）”项，回车确认后，使用具有管理员权限的账户登录系统，此时，系统处于安全模式。

（2）在进入目录服务还原模式后，依次点击“开始”→“程序”→“附件”→“系统工具”→“备份”，在打开的“备份或还原向导”对话框中点击“下一步”按钮。

（3）在进入“备份或还原”选择对话框后，选择“还原文件和设置”，在“还原项目”对话框中选择备份文件。

（4）在弹出的画面中点击“完成”按钮，系统将弹出一个警告提示框，点击“确定”按钮，确认数据库的覆盖操作始活动目录数据库的还原。

（5）在完成还原操作后，点击对话框中的“关闭”按钮，会弹出一个“备份工具”提示框，点击“是”按钮，计算机重新启动。

3. 转移 FSMO 角色

FSMO 即灵活单一主机操作，在 Win2003 活动目录域中，FSMO 有 5 种角色，分别是架构主机、域命名主机、PDC 模拟器、RID 主机、结构主机，拥有这些角色的主机被称为 FSMO 角色主机。

（1）在以下情况可以转移 FSMO 角色：

1）当前角色担任者可以运行，并且新的 FSMO 所有者可以通过网络访问它。

2）正在正常降级一台域控制器，它目前担任着要分配给活动目录林中某个特定域控制器的 FSMO 角色。

3）由于要进行定期维护，需要使目前担任 FSMO 角色的域控制器脱机，并且需要将特定的 FSMO 角色分配给一台“活动的”域控制器。

（2）使用 Ntdsutil 实用工具可以转移 FSMO 角色，操作步骤如下：

1）用管理员组用户账户登录到基于 Windows Server 2003 的成员服务器或林中的其他域控制器，建议登录到要为其分配 FSMO 角色的域控制器。

2）单击“开始”，单击“运行”，在“打开”框中键入 ntdsutil，然后单击“确

定”。

3）键入 roles，然后按 Enter。

4）键入 connections，然后按 Enter。

5）键入 connect to server servername，然后按 Enter，其中 servername 是要赋予其 FSMO 角色的域控制器的名称。

6）在“server connections”提示符处，键入 quit，然后按 Enter。

7）键入 transfer role，其中 role 是要转移的角色。例如，要转移 RID 主机角色，键入 transfer rid master；要转移 PDC 模拟器角色，键 transfer pdc。

8）在“fsmo maintenance”提示符处，键入 quit，然后按 Enter，以进入“ntdsutil”提示符。键入 quit，然后按 Enter，退出 Ntdsutil 实用工具。

4. 捕获 FSMO 角色

（1）在以下情况时可以捕获 FSMO 角色：

1）当前角色担任者遇到一个操作错误，导致 FSMO 相关操作无法成功完成，并且无法转移该角色。

2）使用 dcpromo/forceremoval 命令强制降级担任 FSMO 角色的域控制器。

3）原来担任某个特定角色的计算机上的操作系统不再存在或者已被重新安装。

（2）使用 Ntdsutil 实用工具可以捕获 FSMO 角色，操作步骤如下：

1）用管理员组用户账户登录到 Windows Server 2003 的成员服务器或者林中的域控制器，建议登录要赋予其 FSMO 角色的域控制器。

2）单击“开始”，单击“运行”，在“打开”框中键入 ntdsutil，然后单击“确定”。

3）键入 roles，然后按 Enter。

4）键入 connections，然后按 Enter。

5）键入 connect to server servername，然后按 Enter，其中 servername 是要为其分配 FSMO 角色的域控制器的名称。

6）在“server connections”提示符处，键入 quit，然后按 Enter。

7）键入 seize role，其中 role 是要捕获的角色。例如，要捕获 RID 主机角色，可键入 seize rid master；要捕获 PDC 模拟器角色，键入 seize pdc。

8）在“fsmo maintenance”提示符处，键入 quit，然后按 Enter，以进入“ntdsutil”提示符。键入 quit，然后按 Enter，退出 Ntdsutil 实用工具。

5. 服务器开、关机操作

（1）主域控制器和额外域控制器的开、关机操作。如果网络配置了主域控制器和额外域控制器，那么启动时必须先启动主域控制器，然后再启动额外域控制器。

关机时如果只关闭主域控制器，而没有把额外域控制器升为主域控制器，则会出现相关错误信息提示。

通常，当额外域控制器升级为主域控制器时，不需要采取任何特殊的操作，系统会自动将先前的主域控制器降为额外域控制器；如果原来的主域控制器失效，在将一台额外域控制器升级为主域控制器之后，如果原来的主域控制器又恢复了服务，必须将其降级，在它降级前不会运行 NETLOGON 服务，也不会参加用户登录确认，同时，它在“服务器管理器”窗口中的图标会变成灰色。

（2）服务器开机操作。

1）打开总电源。

2）打开计算机机柜电源。

3）打开外部设备电源（如磁盘阵列、磁带库等）。

4）待外部设备自检完成后，最后打开主机电源。

（3）服务器关机操作。

1）关闭操作系统。

2）关闭主机电源。

3）关闭外设电源（如磁盘阵列，磁带库等）。

4）关闭其他设备电源和机柜电源。

5）关闭总电源。

6. 主、备系统切换试验

服务器无论以主域控制器和额外域控制器方式配置，还是以 FSMO 主机（建议角色转移时以域控制器作为 FSMO 主机）集群方式配置，都要进行角色切换和系统数据库（Windows 2000 以上为活动目录）同步试验，试验步骤和要求如下：

（1）手工切换。

（2）模拟故障切换。

（3）切换两次后，主域控制器和额外域控制器（或者 FSMO 主机）恢复原来的角色。

（4）主域控制器与额外域控制器（或者 FSMO 主机）系统数据（或者活动目录数据库）同步检查。

以上试验要求响应快、切换平稳、管理和网络服务中断现象，域内设备无错误提示。

三、操作注意事项

（1）在实施服务器管理时，不允许中断服务器的网络服务。

（2）备份重要数据。

模块6 数据库管理与维护

一、操作说明

数据库就是有组织的数据集合，在水电厂计算机监控系统中可以使用数据库来存储历史和实时生产数据。大型企业普遍使用的关系数据库系统如 Microsoft SQL Server、Oracle、Sybase，工厂实时历史数据库系统如 Wonderware ActiveFactory InSQL Server、GE Intellution iHistorian 等，本模块将以 Microsoft SQL Server 2000 为例介绍数据库的管理与维护。

SQL Server 2000 的完整数据库文件包括数据文件和事务日志文件两部分，比如有一个叫做 Factory 的工厂数据库，在默认情况下它会以 Factory _ data. mdf 和 Factory _ log. ldf 两个文件的格式存储在磁盘上。事务日志就是记录对数据库进行修改的历史记录，不管何时创建数据库，SQL 都自动地创建一个对应的数据库事务日志，SQL Server 2000 使用该日志来确认事件的完整性和逐步恢复经过修改的数据。SQL Server 2000 自动使用预写类型的事务日志，也就是说数据库内容的变化首先要写入事务日志中，接着再把数据写入数据库。

数据库管理与维护的中心工作是确保数据库服务器正常运行并在需要访问数据库时能提供相应的服务，而核心任务是使数据损失的可能性降到最低。

1. 数据库管理和维护的具体工作

数据库管理与维护的具体工作主要包括下列几个方面：

(1) 监控数据库服务器的工作状态并进行相应的优化。

(2) 确保服务器在最佳状态下运行，监控错误日志和事件日志中记录的数据库错误，对数据库进行定期维护。

(3) 正确配置使用存储设备。监督用户数据对存储空间的需求并在需要时对存储设备的容量进行及时扩充。

(4) 备份和恢复数据。为数据库备份建立标准和进度表，为每个数据库准备恢复过程，确保备份进度能满足恢复的要求。

(5) 管理数据库用户和安全。

(6) 转移和复制数据。即数据的导入、导出、转移与合并。

(7) 提供数据服务。指对出现的问题要及时排除故障。

(8) 使用操作系统的事件浏览器和性能监视器跟踪事件和统计信息。

2. 管理和查询数据库的实用工具

SQL Server 2000 提供下列实用工具用来协助用户管理和查询数据库。

（1）SQL 服务管理器。能够在服务中检查 SQL Server（MSSQLServer）、SQL Server 代理（SQLServerAgent）、分布事务协调管理器（MSDTC）、Microsoft Serch（MSSerch）的运行状态，也可以对这些程序执行启动、停止、暂停等操作。

（2）SQL 企业管理器。是控制 SQL Server 的主要工具，大多数的管理工作在这里进行，能够启动、停止、暂停服务，备份和管理数据库、表、视图、索引等，维护和管理登录权限、访问权限、任务调度等。

（3）SQL 查询分析器。能够执行和调试 SQL 脚本，显示和查询统计信息、分析索引等。

在前面所提到的数据库管理与维护主要工作中，备份和恢复是维护数据库稳定性和安全性最重要的手段。通过备份和恢复，可以保障系统一直处于比较正常的运行状态，在出现灾难性事故后，可以使用备份文件恢复数据库，从而最大程度地减少损失。因此，良好的备份策略是保证数据库安全运行的保证，是数据库管理人员必须认真调查和仔细规划才能完成的任务。

备份是从数据库中保存数据和日志，以备将来使用。在备份过程中，数据从数据库复制并保存到另外一个位置，备份操作可以在数据库正常运转时进行。需要备份的数据库主要有主数据库（即 master 数据库）、用户数据库。

3. 数据库的恢复模式

如何更好地备份数据库通常由数据库还原和恢复的需求决定，数据库的备份方法决定了在发生数据库故障后，数据库可恢复的程度和数据丢失的损失，数据库的恢复模式有以下几点：

（1）简单恢复模式。数据库可恢复到最近一次的备份点。

（2）完全恢复模式。数据库可恢复到故障点。

（3）批量恢复模式。数据库可恢复到故障点，虽然提供了高速数据载入性能，但不能实现点即时恢复。

4. 选择恢复模式时应该权衡的因素

每一种恢复模式都与业务需求、性能、备份设备和数据重要性相关，因此，在选择恢复模式时，应该权衡以下因素：

（1）数据库性能。

（2）数据丢失容忍程度。

（3）事务日志存储空间需求。

（4）备份和恢复的易操作性。

5. 备份策略

针对不同的数据库还原和恢复需求，可供选择的备份策略如下：

（1）数据库备份。对全部数据进行复制。

（2）差异备份。一种增量数据库备份，只对上次备份操作以来被修改了的数据备份。

（3）事务日志备份。复制事务日志的非活动部分并清除非活动部分。

（4）文件与文件组备份。在因时间来不及不能使用上述备份的情况下，采用该种备份方式。

出于易学、简单、实用的原则，本模块将介绍使用 SQL Server 图形化实用工具进行数据库管理和维护的方法，有关使用 SQL 脚本和 SQL 查询分析器管理和维护数据库的内容请自行扩展阅读有关资料。

二、操作步骤

（一）SQL Server 基本操作

1. 启动、暂停或退出 SQL Server

在 SQL Server 程序组窗口中双击 Service Manager 图标，将显示 SQL Server 服务管理器对话框，在该对话框中可以执行启动、暂停或退出 SQL Server 的操作。

2. 运行 SQL Server 企业管理器

双击 Microsoft SQL Server 程序组中的 Enterprise Manager 图标可启动该管理器，在该管理器中可以图形化界面方式实现对数据库系统的大多数管理和维护工作。

3. 对服务器进行注册

注册服务器需要向企业管理器提供服务器名称和用户登录名来与 SQL Server 数据库引擎建立连接，下面是注册一个服务器所需的步骤：

（1）在企业管理器中单击 Register Server 图标，打开注册 SQL Server 服务器向导对话框。

（2）在对话框中单击 Next 按钮。

（3）在 SQL Server 对话框中选择一个服务器名并单击 Add 按钮来把该服务器加入到服务列表中，接着单击 Next 按钮。

（4）选择要使用的身份认证方式：Windows 身份认证或 SQL Server 身份认证。Windows 身份认证的优点是只需维护一个网络登录账户和口令。如果选择 SQL Server 身份认证方式，则管理员就必须在维护一个网络账户的同时还要维护一个 SQL Server 账户和口令。如果使用了 SQL Server 身份认证方式，则要输入登录 ID 和口令。

输入合法的身份认证信息后，单击 Next 按钮，进入下一步。

(5) 选择一个服务器组或创建一个新的服务器组，接着单击 Next 按钮。

(6) 在对话框中单击 Finish 按钮，结束 SQL Server 服务器的注册。

(7) 在注册 SQL Server 结束对话框中，单击 Close 按钮，结束操作。

4. 连接服务器

在打开注册 SQL Server 企业管理器并运行 SQL Server 后，执行下列操作来建立与服务器的连接。

(1) 单击位于 SQL Server 文件夹旁的加号（+）。

(2) 单击位于包括希望与其连接的已注册服务器在内的程序组附近的加号（+）。

(3) 单击该服务器名称附近的加号（+）。如果成功地实现了连接，则服务器文件夹中将显示该服务器名称。

(4) 断开服务器连接。为了断开与某个服务器的连接，选择并右击该服务器，接着从显示的快捷菜单中选择 Dsiconnect。

5. 启动、退出及配置 SQL Server 代理

启动、退出及配置 SQL Server 代理的操作步骤如下：

(1) 在 SQL Server 企业管理器中单击该服务器旁的加号（+），展开 SQL Server 代理。

(2) 单击 Management 文件夹。

(3) 右击 SQL Server 代理图标，从显示的菜单中选择 Start，运行该服务，或者选择 Stop，退出该服务，如果选择 Properties 命令，则可对 SQL Server 代理属性对话框中的服务属性进行配置。

6. 启动、退出及配置 SQL Mail 邮件程序

启动、退出及配置 SQL Server 邮件程序的步骤如下：

(1) 在 SQL Server 企业管理器中单击位于该服务器附近的加号（+），选择邮件程序。

(2) 单击 Support Services 文件夹。

(3) 右击 SQL Mail 图标，在其显示的快捷菜单中选择 Start，运行服务，或者选择 Stop，结束该服务，如果选择 Properties 命令，则可对 SQL Mail 属性对话框中的服务属性进行配置。

8. 配置服务器

配置服务器的基本步骤如下：

(1) 在企业管理器中右击要配置的服务器。

（2）从显示的右键菜单中选择 Properties，从弹出的 SQL Server 属性对话框中通过选择相应的标签来配置该服务器的属性。

8. 管理登录

管理登录的操作步骤如下：

（1）在企业管理器中单击所选服务器旁的加号（+），展开管理登录文件夹。

（2）单击 Security 文件夹。

（3）单击 Logins 图标，这时显示的结果窗格将给出登录信息。在该窗格中右击相应的图标可实现登录信息的追加、编辑和删除等操作。

9. 管理服务器角色

服务器角色适用于服务器端的各种操作，按照下面的步骤来管理服务器角色：

（1）在企业管理器中单击服务器旁的加号（+），展开服务器角色。

（2）单击 Security 文件夹。

（3）单击 Server Roles 图标，这时显示的结果窗格中会带有该服务器角色信息，接着双击某个服务器角色图标，将会显示相应的服务器角色属性对话框，在该对话框中可以对服务器角色成员进行追加、编辑和删除操作。

10. 管理数据库

创建、管理和删除数据库的操作步骤如下：

（1）在企业管理器中单击位于服务器旁边的加号（+）。

（2）单击 Database 文件夹旁边的加号（+），打开数据库文件夹，在该文件夹中，右击数据库可创建新数据库、对现存的数据库进行编辑或删除该数据库。

11. 管理数据库用户和对象

下面的步骤可用来创建、管理或删除诸如数据库用户、数据库角色、表、SQL Server 视图、存储过程、规则、默认、自定义数据类型、数据图表和全文目录等数据库对象。

（1）在企业管理器中单击服务器旁边的加号（+），展开数据库用户和对象的管理目录。

（2）单击 Database 文件夹旁边的加号（+），打开数据库文件夹，接着单击对应数据库旁边的加号（+），打开包含希望处理对象的数据库。

（3）借助于该文件夹，可对数据库图表、数据库表、视图、存储过程、用户、角色、规则、默认、自定义数据类型和全文目录等进行操作。例如，单击 Tables 文件夹可对数据库表进行管理，在结果窗格中双击某个表，并在所显示的菜单中选择所需的表处理项将会打开一个可创建新表或修改表结构的设计图表对话框。

12. 生成 SQL 脚本

SQL Server 企业管理器可用来生成包括用于创建数据库对象数据定义语言在内的 SQL 脚本，该功能允许对现存的对象进行修改。生成 SQL 脚本的步骤如下：

（1）在企业管理器中单击服务器旁边的加号（＋）。

（2）单击 Database 文件夹旁边的加号（＋）来展开数据库文件夹，右击包括希望处理对象的数据库。

（3）在接着显示的菜单中选中 All Tasks。

（4）在 All Tasks 选项中选择生成 SQL 脚本，该选择将激活生成 SQL 脚本对话框。接着可利用该对话框来生成相应的语法，单击上述对话框中的 Preview 命令按钮可预览已经生成的 SQL 脚本。

（二）管理数据库

1. 对数据库和日志进行扩充

创建数据库后可根据实际需要快速地对数据库及其日志的容量进行扩充，SQL Server 提供了以下几种增加数据库及其日志容量的方法。

（1）由 SQL Server 自动对数据库和日志进行扩充。可以通过配置来使数据库及其日志根据需要自动进行扩充，这种配置免去了手工调整数据库长度的操作。当需要数据库和日志自动增长时，从属性对话框中选择 Automatically Grow file 选项。当该项被选中，该对话框将显示文件增长设置项以兆字节或百分比的形式接收指定的参数。

（2）手工扩展数据库和日志的长度。扩展数据库和日志也可以通过手工方式增加正在使用的文件的长度，操作步骤如下：

1）在 SQL Server 企业管理器中单击希望浏览或设置参数的数据库所属服务器旁的加号（＋）。

2）单击某个数据库文件夹旁的加号（＋）来展开该数据库。

3）右击该数据库，接着从其右键菜单中选择 Properties 菜单项，这时将显示该数据库的属性对话框。

4）在该对话框中选择 Data Files 或 Transaction Log 标签，在所选的标签中的 Space Allocatel 部分指定文件的长度。

5）单击 OK 键按钮来保存修改。

（3）指定一个新的文件扩展数据库和日志的长度。增加数据库或日志容量的另一种方法是指定一个新的物理文件，这种方法可把一个数据库或日志跨越多个硬盘驱动器存储，为数据库指定一个新文件的步骤如下：

1）从 SQL Server 企业管理器中单击希望浏览或设置参数的数据库所属服务器

旁的加号（+）。

2）单击该数据库文件夹旁的加号（+）来打开该数据库。

3）右击该数据库。接着从其右键菜单中选择 Properties 菜单项，这时将显示该数据库的属性对话框。

4）在该对话框中选择 Data Files 或 Transaction Log 标签，在所选的标签中输入一个或多个附加文件名称。

5）单击 OK 按钮，保存修改。

2. 对数据库和日志进行压缩

通过对数据库和日志的压缩处理可减少该数据库和日志所占用的磁盘空间，SQL Server 可自动压缩数据库长度，也可以通过手工操作来压缩数据库。

(1) 自动压缩数据库和日志。在需要自动压缩数据库和日志的情况下，可以将数据库选项 autoshrink 设为真，下面是为数据库 pubs 设置 autoshrink 选项的 SQL 脚本：

Sp _ dboption ‘pubs’，‘autoshrink’，TRUE。

(2) 手工压缩数据库和日志。操作步骤如下：

1）从 SQL Server 企业管理器中单击希望浏览或设置参数的数据库所属服务器旁的加号（+）。

2）单击该数据库文件夹旁的加号（+），打开该数据库文件夹。

3）右击要压缩的数据库，从其右键菜单中选择 All Tasks 菜单项，接着再选择 Shrink Database 菜单项，这时将显示压缩数据库对话框。

4）在该对话框中进行压缩设置并单击 OK 按钮。

3. 实现数据库备份

本例使用数据库备份向导实现，步骤如下：

(1) 在 SQL Server 企业管理器的主菜单中选择 Tools 项以及 Wizards 项。

(2) 选择向导对话框并单击向导管理，扩展向导的清单，在向导清单中选择 Backup Wizard 并单击 OK 按钮，这时将显示创建数据库备份向导的对话框。

(3) 单击 Next 按钮，在弹出的选择备份数据库对话框中，应用组合框选择要备份的数据库并单击 Next 按钮。

(4) 在备份文件名和描述对话框中输入备份数据库的名称和对该备份的简单说明信息，然后单击 Next 按钮。

(5) 在选择备份类型对话框中单击相应的单选按钮，选择希望使用的备份类型，单击 Next 按钮。

(6) 在选择备份目标和方式对话框中选择要创建的备份文件的位置或复选

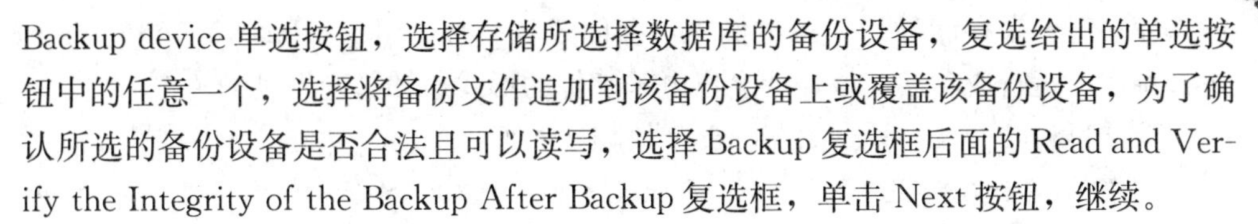

Backup device 单选按钮，选择存储所选择数据库的备份设备，复选给出的单选按钮中的任意一个，选择将备份文件追加到该备份设备上或覆盖该备份设备，为了确认所选的备份设备是否合法且可以读写，选择 Backup 复选框后面的 Read and Verify the Integrity of the Backup After Backup 复选框，单击 Next 按钮，继续。

(7) 接下来会显示备份验证和调度对话框，该对话框让用户确认所选的备份设备是否已过期并且确定是否可写。除此之外，还可以为该备份指定一个介质组名称及对该备份进行预定，在完成上述选择后，单击 Next 按钮。

(8) 此时将显示已选项目对话框，该对话框列出了用户选择的所有选项。如果要对这些项目进行调整，可单击 Back 按钮，倒退该向导并作出修改。单击 Finish 按钮将开始执行备份任务。向导会向用户显示备份进度对话框，如果选择了 Verify Backup 选项，还将显示一个校验对话框。

类似地，也可以实现事务日志备份、差异备份、文件和文件组备份。

4. 实现数据库恢复

可使用 SQL Server 备份工具实现数据库的恢复，步骤如下：

(1) 在 SQL Server 企业管理器中选择 Tools 并选择要恢复的数据库，屏幕上将显示恢复数据库对话框。

(2) 使用恢复数据库组合框选择要恢复的数据库。

(3) 为了选择恢复数据库的类型，可以在恢复标签中选择相应的备份类型单选按钮。

(4) 在参数框中，使用数据库备份下拉组合框来选择，其中会显示最近进行了数据库备份操作的数据库。

(5) 单击 Options 标签，设置其他的恢复选项。

(6) 该选择标签可以有如下的设置选择：在恢复每个数据库后弹出磁带、在开始恢复每个备份之前提示、强迫覆盖现存的数据库、变更数据库文件属性、恢复结束状态图文框。

(7) 在选择了备份文件和设置选项之后，单击 OK 按钮，开始恢复数据库。当数据库成功恢复后，屏幕上将显示一个恢复结束的对话框。

类似地，也可以对事务日志、文件和文件组进行恢复。

5. 作业管理

所谓作业就是按预设时间间隔自动运行的任务。SQL Server 代理是用来管理作业的专门工具。数据库备份、事务日志备份及 DBCC 命令等都是管理类型的作业，它们都可由 SQL Server 代理自动地调度运行。

下面的例子要求在每天夜里 3 点运行一个名称为 Remove _ Old _ Data 的作业，

该作业将对一个存储过程（在本例中，存储过程名称为 del _ remove _ old _ date）进行调度，运行成功后，该作业会以电子邮件的形式通知管理人员。

存储过程 del _ remove _ old _ date 的脚本如下：

```
CREATE PROCEDURE del _ remove _ old _ date AS
DELETE
FROM temperature
WHERE DATEDIFF（dd，ord _ data，getdate（））>=7
```

该存储过程的功能是对生产数据库 Factory 的温度量表 temperature 中 7 天以前的数据进行删除。

（1）作业建立。下面的步骤将介绍建立作业 Remove _ Old _ Data 的完整过程，该作业被用来调度执行前面编制的存储过程 del _ remove _ old _ date：

1）在 SQL Server 企业管理器中单击将要执行的该作业的服务器旁的加号（+）。

2）单击 Management 文件夹旁的加号（+）。

3）单击 SQL Server Agent 旁的加号（+）。

4）右键单击 Jobs 图标。接着从右键菜单中选择 New Job 项。这时将显示新作业属性对话框。

5）在新作业属性对话框中选择 General 标签。接着在该标签中输入该作业的名称。该名称的长度可达 128 个字符，本例用 Remove _ Old _ Data 作为该作业的名称。

6）选择 Steps 标签。单击 New 按钮，将显示新作业对话框。

7）在新作业对话框中，输入以下信息：单步名称（本例为 Call Delete Procedure）、单步类型（本例为 TSQL）、数据库名（本例为 Factory）、可运行命令（本例为 exec del _ remove _ old _ date）。

8）单击 Advanced 标签输入下面的选项：成功后的动作、重试次数和重试间隔、失败后的动作、输出文件名、用户名称。单击 OK 按钮，显示新作业属性对话框。

9）选择 Schedule 标签，单击 New Schedule 按钮，弹出新作业调度对话框窗口，在该窗口中输入下面信息：进度表名称、进度类型。

10）单击新作业进度对话框中的 Change 按钮，将出现循环作业进度编辑对话框，在该对话框中输入作业执行的时间，单击 OK 按钮，将返回新作业调度对话框。

11）在该对话框中，单击 OK 按钮，再返回到新作业属性对话框中。

12）在新作业属性对话框中，单击 Notifications 标签。在 Notifications 标签中选择通知方式：电子邮件通知、寻呼、通过网络通知、写入事件日志、自动删除作业。本例选择电子邮件通知。

13）单击 OK 按钮，保存设置的作业。

（2）作业测试。创建作业后，要用手工方式测试能否正确运行，步骤如下：

1）在 SQL Server 企业管理器中单击执行该作业的服务器旁的加号（+）。

2）单击 Management 文件夹旁的加号（+）。

3）单击 SQL Server Agent 旁的加号（+）。

4）单击 Jobs 图标。在结果窗口中显示作业列表。

5）右键点击前面创建的作业，在菜单中选择 Start Job 选项，该作业开始执行。

6）右键点击该作业，在菜单中选择 Refresh Job 项，刷新该作业的状态。

7）在最后运行窗口中检查该作业运行是否成功。

6. 报警管理

所谓报警就是对发生的错误和预定义条件进行通报。报警信息可以借助于电子邮件和预定义条件的页面来通知操作人员，SQL Server 代理加强对报警进行管理，报警的目的就是提醒管理人员采取预防途径。

报警管理器可定义在事件发生时自动执行的警报，报警执行时，能够通知工作人员，还能够执行作业，报警管理器可以创建三种类型的警报：事件警报、性能条件警报、常规警报。

下面列举一个事件警报配置的例子，该警报的作用是，在数据库 Factory 的日志文件出现容量满时以电子邮件方式通知管理人员。

（1）在 SQL Server 企业管理器中单击将执行该作业的服务器旁的加号（+）。

（2）单击 Management 文件夹旁的加号（+）。

（3）单击 SQL Server Agent 旁的加号（+）。

（4）右键点击 Alert 图标，在菜单中选择 New Alert，将显示新警报属性对话框。

（5）选择 General 标签，输入下面信息：报警名称、报警类型、警报错误号或严重程度、说明文本。

（6）单击 Error Number 单选按钮，可以对一个错误代号进行定义，在新警报属性对话框 Avent alert definition 段中单击错误代号附近的 Error Number 按钮，将显示管理 SQL Server 消息对话框。

（7）在该对话框中可以查找、增加、删除、编辑错误。例如，当数据库 Factory

的日志文件满时，将会显示下列信息：

Server：Msg 9002，Level 17，State 2.

The log file for database ‘Factory’ is full. Back up the transaction Log for the database to free up some log space.

为了找到对应错误信息的错误代号，在对话框消息文本部分输入下列 SQL 脚本：

Log file for database.

然后单击 find 按钮，将列出所有匹配的错误信息。

（8）如果希望该报警与错误代号 9002 对应，则点亮带有错误代号为 9002 所在的行，并单击 OK 按钮，将显示带有所选错误代号的新报警属性对话框。

（9）选择数据库名 Factory。

（10）在新报警属性对话框中，选择 Response 标签，输入下列信息：执行作业名称、通知方式、报警错误文本、附加通知、循环报警之间的延迟。

（11）单击 OK 按钮，保存新建警报。

（三）SQL Server 数据库维护

SQL Server 数据库的主要维护项目如下：

1. SQL Server 数据库的维护

SQL Server 数据库引擎一级的维护内容包括监视错误日志、记录配置参数、登录管理。

其中使用频率最高的就是监视错误日志，经常查看 SQL Server 错误日志的内容是管理人员的主要任务之一。在浏览错误日志的过程中要注意那些在正常状态下不应出现的错误消息，由于错误日志的内容不只是提供错误消息，该日志中还带有大量有关事件状态、版权信息等各类消息，这就要求管理人员必须学会扫描错误日志，下面是浏览错误日志时要注意的关键字：

错误（error）、故障（failed）、表崩溃（table corrupt）；

16 错误（level 16）、17 错误（level 17）、21 错误（level 21）；

严重错误 16（Severity ：16）、严重错误 17（Severity ：17）、严重错误 21（Severity ：21）。

错误日志提供了有关 SQL Server 的详细信息，这类信息主要用来排除 SQL Server 存在的故障和问题。可以在企业管理器中展开位于想要查看服务器上的管理文件夹中的错误日志目录树，接着再展开 SQL Server 日志图标，并选择希望浏览的错误日志。

利用 SQL Server 企业管理器进行 SQL Server 错误日志管理的操作步骤如下：

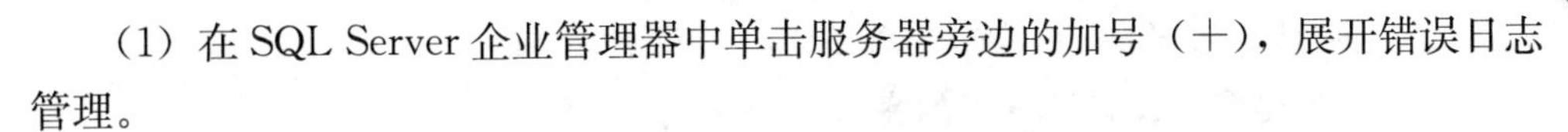

（1）在 SQL Server 企业管理器中单击服务器旁边的加号（+），展开错误日志管理。

（2）单击 Data Transformation Services 文件夹旁边的加号（+）。

（3）单击 SQL Server Logs 文件夹，结果窗格将显示有关的错误信息，双击一个错误日志将显示其内容。

另外，SQL Server 还同时把日志信息和错误信息记录在 Windows 操作系统的事件日志中，可以使用 Windows 的事件浏览工具查看。

2. 数据库的维护

数据库维护内容包括备份数据库和事务日志、对备份和恢复计划进行测试、审计数据库的访问。

3. 维护

表和对象的维护内容包括监视记录计数、审计对象权限。

4. 作业维护

需要对经常受到调度的作业进行检查，以便了解这些作业的执行结果情况。有关作业维护的项目和观察内容包括作业状态、进度、持续时间、输出。

在 SQL Server 企业管理器中，管理作业的步骤如下：

（1）在 SQL Server 企业管理器中单击服务器旁边的加号（+），展开管理作业项。

（2）单击位于 Management 文件夹旁边的加号（+）。

（3）单击 SQL Server 代理图标旁的加号（+）。

（4）单击 Jobs 图标。在结果窗格中将显示作业的有关信息，右击该结果窗格中的作业可对所选择的作业进行启动、停止、追加、编辑和删除操作。

5. 维护

Windows 操作系统的维护内容包括监视事件日志、备份注册表、保存当前可用的紧急修复盘、运行磁盘整理工具、监视磁盘可用空间、监视 CPU 和内存的使用情况。

（四）主、备数据库切换试验

主、备数据库无论以镜像方式配置，还是集群方式配置，都要求进行角色切换和同步试验，试验步骤和要求如下：

（1）主数据库模拟故障，启动镜像或备份数据库。

（2）主数据库恢复运行，镜像或备份数据库退出运行。

（3）通过集群部署或仲裁方式实现自动切换的要求，基本无数据丢失，恢复后数据库要保持同步。

（4）手动切换时间小于180s，自动切换时间小于90s。

以上试验要求保证各数据库的完整性和一致性。

三、操作注意事项

（1）在实施数据库管理时，不允许中断数据库服务器的数据服务。

（2）备份重要数据。

模块7　容灾备份系统维护

一、操作说明

（一）容灾备份

数据是企业的命脉，数据安全的重要性不言而喻。为了保证数据的安全和系统的可用性，发展出了许多技术，例如RAID技术、高可用系统、数据备份等。

导致系统崩溃、数据丢失的灾难包括自然灾害，如地震、洪水、火灾、飓风等，也包括人为破坏及错误操作失误。容灾的本质是对数据的备份，根据数据备份介质的不同，容灾可以分为离线容灾（磁带备份）和在线容灾（磁盘备份）。例如，采用离线磁带备份，备份后的磁带一般要运到数据中心以外的其他地方存放，人们在实践中发现这种磁带备份的方式经常到了关键时刻需要恢复时由于种种原因而失败，如磁带介质的保存条件不妥就会造成介质失效，同时即使从磁带可以顺利恢复数据，但其恢复时间也往往较长，这只能算作数据级容灾。

在线容灾要求生产中心和灾备中心同时工作，生产中心和灾备中心之间有传输链路连接，数据自生产中心实时复制传送到灾备中心。在此基础上，可以在应用层进行集群管理。在生产中心现场整体发生瘫痪故障，备份中心不但保证数据的完整性和一致性，还要以适当方式接管生产中心工作，从而保证业务连续性的一种解决方案。这也可以称为系统级容灾系统。系统级容灾要求数据在本地和远程之间做到实时镜像、完全同步，一旦灾难发生，整个系统还要完成网络、主机及应用系统等在远程中心对生产中心的接管。

（二）容灾备份技术

1. 存储技术

目前，存储主要有三种技术，分别是直接连接存储（DAS）、网络连接存储（NAS）和存储区域网（SAN）。其中SAN比较适合大数据量的存储，这是因为：

（1）可利用存储设备的大容量Cache提高磁盘阵列的性能，现代存储阵列可以配置大容量Cache，提升性能。

（2）多平台之间的数据共享。SAN存储可以支持多主机平台之间的数据共享，

可以配置整个 SAN 统一作为备用磁盘。在 SAN 中，当任何一台主机的磁盘需要扩容时，直接将磁盘空间调拨给那个主机，业务不中断，磁盘阵列不停机。

（3）更高的可用性。一般情况下，SAN 存储的结构都是冗余的，配置内置电源，大大提高了可靠性，其可用性随着存储设备硬件结构的冗余大幅提高。

2. 备份技术

在建立容灾备份系统时会涉及多种技术，如远程镜像技术、快照技术、基于 SAN 的互连技术等。

（1）远程镜像技术。远程镜像技术在实现主数据中心和备援中心之间的数据备份时用到。镜像是在两个或多个磁盘或磁盘子系统上产生同一个数据的镜像视图的信息存储过程，一个叫主镜像系统，另一个叫从镜像系统。按主、从镜像存储系统所处的位置可分为本地镜像和远程镜像，远程镜像又叫远程复制，是容灾备份的核心技术，同时也是保持远程数据同步和实现灾难恢复的基础。远程镜像按请求镜像的主机是否需要远程镜像站点的确认信息，又可分为同步远程镜像和异步远程镜像。

同步远程镜像是指通过远程镜像软件，将本地数据以完全同步的方式复制到异地，每一个本地的 I/O 事务均需等待远程复制操作的完成，确认信息，方予以释放。异步远程镜像保证在更新远程存储视图前完成向本地存储系统的基本 I/O 操作，而由本地存储系统给请求镜像主机的 I/O 操作提供完成确认信息。

（2）快照技术。远程镜像技术往往同快照技术结合起来实现远程备份，即通过镜像技术把数据备份到远程存储系统中，再用快照技术把远程存储系统中的信息备份到远程的磁带库、光盘库中。

（3）互连技术。主数据中心和备援数据中心之间的数据备份一是基于 SAN 的远程复制（镜像），即通过光纤通道 FC，把两个 SAN 连接起来，进行远程镜像，当灾难发生时，由备援数据中心代替主数据中心保证系统工作的连续性。二是基于 IP SAN 的互连协议，将主数据中心 SAN 中的信息通过现有的 TCP/IP 网络，远程复制到备援中心 SAN 中，当备援中心存储的数据量过大时，可利用快照技术将其备份到磁带库或光盘库中。

3. 磁盘阵列（RAID）技术

RAID 是英文独立磁盘冗余阵列（redundant array of independent disks）的缩写，现在常被简称为磁盘阵列。简单地说，RAID 技术是一种把多块硬盘按不同的方式组合起来形成一个磁盘组，从而提供比单个硬盘更高的存储性能和数据存储安全性的技术。但从用户的角度看起来，组成的磁盘组就像是一个硬盘，用户可以对它进行分区、格式化等操作，RAID 技术通常是由硬盘阵列中的控制器或计算机中

的 RAID 卡来实现的。

RAID 技术有两大特点：一是速度快，二是安全性好。正是由于这两项优点的促进，RAID 技术早期被应用于高级服务器中的 SCSI 接口硬盘系统中，随着近年来计算机技术的发展，一些厂商又相继推出了 IDE 接口的 RAID 技术，例如 ATA66 和 ATA100 硬盘。

组成磁盘阵列的不同方式称为 RAID 级别，随着 RAID 技术的不断发展，目前已有 RAID 0～RAID7 七个 RAID 基本级别。另外，还有一些由 RAID 基本级别组合而成的技术，如 RAID 0 与 RAID 1 组合形成的 RAID 10（也叫做 RAID 0+1），RAID 0 与 RAID 5 组合形成的 RAID 50 等。不同 RAID 级别代表着不同的存储性能、数据安全性和存储成本。最常用的 RAID 级别有 RAID 0、RAID 1、RAID 10、RAID 5，下面分别介绍它们的特点。

（1）RAID 0。这种级别连续以位或字节为单位分割数据，并行读/写于多个磁盘上，因此具有很高的数据传输率，但它没有数据冗余，因此并不能算是真正的 RAID 结构。RAID 0 只是单纯地提高性能，并没有为数据的可靠性提供保证，而且其中的一个磁盘失效将影响到所有数据，因此，RAID 0 不适合应用于数据安全性要求高的场合。

（2）RAID 1。RAID 1 通过磁盘数据镜像实现数据冗余，在成对的独立磁盘上产生互为备份的数据。当一个磁盘失效时，系统可以自动切换到镜像磁盘上读写，而不需要重组失效的数据。RAID 1 把用户写入硬盘的数据百分之百地自动复制到另外一个硬盘上，由于对存储的数据进行百分之百的备份，在所有的 RAID 级别中，RAID 1 提供最高的数据安全保障，同样，由于数据的百分之百备份，备份数据占用了总存储空间的一半，因而磁盘空间利用率低，存储成本也高。由于 RAID 1 具有较高的数据安全性，特别适合用于存放重要数据的场合，如服务器和数据库的存储。

（3）RAID 10。该级别也称为 RAID 0+1 标准，是将 RAID 0 和 RAID 1 标准结合的产物，即存储性能和数据安全兼顾的方案。在连续地以位或字节为单位分割数据并且并行读/写多个磁盘的同时，为每一块磁盘生成磁盘镜像冗余。它在提供与 RAID 1 一样的数据安全保障的同时，也提供了与 RAID 0 近似的存储性能，但是对 CPU 的占用率同样也更高，而且磁盘的利用率也比较低。RAID 0+1 的特点使其特别适用于既有大量数据需要存取，同时又对数据安全性要求严格的场合。

（4）RAID 5。RAID 5 是一种存储性能、数据安全和存储成本兼顾的存储解决方案。RAID 5 不对存储的数据进行备份，而是把数据和相对应的奇偶校验信息存储到组成RAID 5的各个磁盘上，并且将奇偶校验信息和相对应的数据分别存储于不同的磁盘上。当RAID 5的一个磁盘数据发生损坏后，可以利用剩下的数据和相应的奇偶校验信息去恢复被损坏的数据。在RAID 5中有“写损失”，即每一次写操作将产生四个实际的读/写操作，其中两次读旧的数据及奇偶信息，两次写新的数据及奇偶信息。

RAID虽然具备诸多优点，但也不可避免地有自己的局限性，例如RAID 0虽然读写速度最快，磁盘利用率最高，但却不提供数据冗余，所以可靠性最差，其中任何一块硬盘损坏都会造成整个磁盘阵列的故障。最常用的RAID 5，在一块硬盘发生故障后，磁盘阵列的读写不受影响，但如果在第一块硬盘故障未处理之前又有第二块硬盘故障，那么整个磁盘阵列的数据将丢失。所以，在实际应用中，应综合考虑各方面的性能与安全要求，选择合适的配置方式。

（三）备份硬件和软件

下面以HP公司的容灾备份产品为例介绍备份硬件、软件及其性能。

1. 备份硬件

（1）磁盘阵列柜。较典型的磁盘阵列柜如HP StorageWorks 2000fc模块化智能阵列，是一款具有最新功能和技术且价格经济的SAN产品，可以实现高效的存储整合。它允许用户根据需要扩展存储容量，MSA2000fc能够兼容3.5英寸企业级双端口SAS硬盘和存档级别的SATA硬盘，基本机柜中的最大原始容量为3.6TB SAS或9TB SATA，最高可扩展至14.4 TB SAS或36 TB SATA。MSA2000fc的每个控制器都配备了两个4 Gb/s的光纤通道接口，光纤通道连接最多可支持64个主机。MSA2000fc支持HP的相关快照软件，该软件提供了基于控制器的快照和克隆功能，无需占用主机资源。MSA2000fc也支持用户可更换的热插拔组件，如驱动器、控制器、风扇和电源等。

（2）磁带库。其代表为HP StorageWorks MSL6000磁带库，当采用多单元堆栈时，该磁带库最多可扩展至16台磁带机和240个插槽，能够满足不断变化的存储需求。最大容量（压缩可达到）384TB，借助易于使用的GUI控制面板和Web界面，用户可以轻松地从远程或本地站点对磁带库进行管理，该磁带库支持SCSI接口或者4Gb/s光纤通道接口，支持从SCSI迁移至光纤SAN环境。

（3）光盘库。HP surestore光盘库系统可以读取工业标准为5.25英寸的磁光介质（包括650MB和1.3GB光盘），并可读写2.6GB、5.2GB和9.1GB的光盘。可同时支持可擦写和WORM（一次写入多次读取）光盘格式，可擦写光盘只允许写入，并使用永久性嵌入编码，可防止擦除或覆盖操作，无需预防性的保护措施，

支持 SCSI 接口以及使用光纤通道 SCSI 桥产品的光纤通道连接。

(4) SAN 交换机。HP StorageWorks 4/16 SAN 交换机和 4/16 SAN 交换机 Power Pack 能够为 SAN 提供灵活的 4Gb/s 连接速率，两种交换机都配有 16 个高性能自适应 1、2 或 4Gb/s 的光纤通道接口，新的互联功能可以使之集成到核心架构或置于 SAN 基础设施架构的边缘。

2. 备份软件

(1) 远程复制和灾难恢复软件。HP Continuous Access License 是高度可用的远程复制和灾难恢复解决方案，可以在 HP 磁盘阵列之间进行独立于主机的实时远程数据复制。通过与全面的基于远程复制的解决方案实现无缝集成，HP Continuous Access License 软件可以在数据迁移、高可用性服务器集群等多种解决方案中进行部署。

(2) 数据备份与恢复软件。HP Data Protector 软件。能够实现自动化的高性能备份与恢复，支持通过磁盘和磁带进行备份和恢复，并且没有距离限制，可实现每周 7 天并且每天 24h（即 24×7）全天候业务连续性，提高 IT 资源利用率。借助快速安装、日常任务自动化及易于使用等特性，Data Protector 能够大大简化复杂的备份和恢复流程。

(3) 本地快照软件。HP Business Copy License 软件可以创建本地数据复制，满足企业在业务连续性方面的需求，同时帮助企业降低数据备份成本，加快故障恢复速度，简化部署和测试过程。

(四) 高可用系统配置技术

常见的提高系统高可用性和容灾水平的方法有：

(1) 磁带、光盘备份技术。

(2) 磁盘阵列（RAID）技术。

(3) 双机热备技术。

(4) 操作系统的软 RAID 功能。

(5) 操作系统或数据库系统自带的备份、恢复功能。

(6) 使用专业克隆软件，如 Symantec Ghost 进行计算机系统的备份与恢复。

从应用实践来看，磁盘阵列和数据备份都是很重要的。但是，磁盘阵列技术只能解决硬盘的问题，备份只能解决系统出现问题后的恢复问题，而一旦服务器本身出现问题，不论是设备的硬件问题还是软件问题，都会造成网络服务的中断。可见，磁盘阵列和数据备份技术不能解决网络服务中断的问题，对于需要持续可靠地提供网络服务的系统，双机热备就成为一个必然的选择。

常见的双机热备应用有主域控制器与额外域控制器、主数据库与备份数据库等。双机热备作为一种有效的故障转移方法已经历了很长的应用周期，但双机热备从网络负荷平衡和资源整合利用上来说却显得乏善可陈，因此，随着技术的发展，一种新的可以大幅提高服务器的安全性和高可用性的故障转移方法就应运而生，这就是集群（cluster，也译作群集）。

集群技术定义如下：一组相互独立的服务器在网络中表现为单一的系统，并以单一系统的模式加以管理，此单一系统能够为客户工作站提供高可靠性的服务。

一个集群包含多台（至少两台）拥有共享数据存储空间的服务器，任何一台服务器运行一个应用时，应用数据都被存储在共享的数据空间内，但每台服务器的操作系统和应用程序文件存储在其各自的本地储存空间上。集群内各节点服务器通过内部局域网相互通信，当一台节点服务器发生故障时，这台服务器上所运行的应用程序将在另一节点服务器上被自动接管，同样，当一个应用服务发生故障时，应用服务将被重新启动或被另一台服务器接管。

集群服务器的共享数据存储空间一般采用磁盘阵列，例如 IBM、HP 等公司生产的磁盘阵列柜，在磁盘阵列柜中安装有磁盘阵列控制卡，阵列柜可以直接将柜中的硬盘配置成逻辑盘阵。磁盘阵列柜通过 SCSI 电缆或光纤通道与服务器相连，维护人员可以直接在磁盘柜上配置磁盘阵列。

集群技术必须由专门的集群软件来实现，例如基于 NT 平台的集群软件，有 Microsoft 的 MSCS，VINCA 的 STANDBY SERVER 以及 NSI 的 DOUBLE TAKE 等。

下面介绍一个基于光纤集群系统的容灾备份解决方案的例子，解决方案拓扑图如 17-49 所示。

方案配置说明如下（仅供参考）：

（1）2 台网络服务器（域控制器、数据库服务器等）安装 Windows Server 2003 Enterprise Edition（数据库要求 SQL Server 2000 Enterprise Edition 及以上）、MSDTC、MSCS 等。

（2）2 套服务器操作系统 RAID 硬盘。

（3）4 块网络服务网卡（两块用于专用网络，两块用于公用以太网络）。

（4）2 块光纤适配卡。

（5）1 台 HP 2000fc 磁盘阵列（2 个 4Gbit/s 光纤通道端口，HP Business Copy License 或 HP MSA2000 快照软件）。

（6）1 台 MSL6030 磁带库（1 个 FC 接口 LTO3 驱动器，30 盘 LTO3 数据磁带，1 盘清洗带）。

（7）1 台 4/16 SAN 交换机（激活 4 个 4Gbit/s FC 端口，4 根 FC 光纤）。

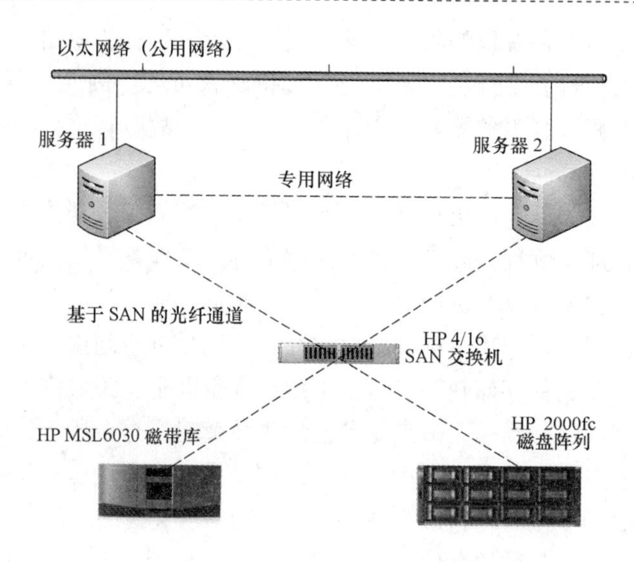

图 17-49　基于光纤集群系统的容灾备份解决方案拓扑图

（8）4 根光纤磁盘柜专用光纤电缆。

（9）1 套数据备份软件 HP Data Protector。

二、操作步骤

1. 磁盘阵列维护

（1）开、关机顺序。

1）开机顺序为 SAN 交换机、SCSI 桥接器、磁盘阵列柜、服务器。

2）关机顺序为服务器、磁盘阵列柜、SAN 交换机、SCSI 桥接器。

注意：这里的开、关机顺序未考虑服务器的角色和软件因素，有关服务器的开、关机顺序可参考“服务器管理与维护”的相关内容。另外，服务器内置的硬盘阵列由服务器自行管理。

（2）通道检查。包括 SCSI 通道、光纤通道、SCSI 桥接器、SAN 交换机等，无论是本地通道还是远程通道都不能中断。分别检查通道介质是否完好、接口插件是否牢固，同时应通过其面板指示和管理软件检查通道的连通性。

（3）工作状态检查。通过服务器管理控制台程序、专用管理程序检查工作状态正确无异常，还必须观察磁盘阵列柜上的警示灯有没有报警指示，如果有报警指示应确认是否有硬盘损坏以及哪一个硬盘损坏。

（4）清洁。磁盘阵列柜的清洁应在停机状态进行，清洁时要使用合格的清洁剂，不能使用腐蚀性清洁剂，硬盘轻拿轻放、防止静电。如果磁盘阵列有顺序要求，将硬盘取出做清洁时一定要做好顺序标记，并以原来的排列顺序将硬盘插回磁

盘阵列中。

(5) 阵列扩容。扩容之前建议必须做好可靠的数据备份和运行安全措施，然后核对磁盘阵列配置级别，确定是否具有扩容功能。如果当前阵列具有扩容功能并且阵列中还有空余的插槽，那么对阵列进行扩容。注意：禁止在阵列扩容还没有完成时就往阵列写数据（例如 RAID 0 的情况），否则，会导致阵列崩溃。

(6) 硬盘故障处理。下列步骤适用于 RAID 冗余级别，例如 RAID 5、RAID 50 等。

1）在排除故障前，建议做好可靠的数据备份。

2）一旦出现硬盘故障，必须更换该硬盘，更换下来的硬盘绝对不能再次在阵列中使用，有时虽然硬盘警示灯不再报警，但是该硬盘已经是极不可靠的了。

3）更换损坏硬盘前，必须查看阵列的当前状态，除损坏的硬盘外，确认其他硬盘处于正常的在线状态。

4）更换时要使用同型号的硬盘，并且更换的新硬盘必须是完好的。

5）操作步骤要规范。冗余级别阵列一般允许硬盘热插拔，在更换损坏的硬盘时，首先拔下硬盘托架（硬盘固定在托架上），从托架上卸下损坏的硬盘，然后把完好的硬盘安装在托架上，再把托架插入阵列。如果一切正常，这时阵列会马上自动进入数据重建状态（例如 RAID 5），这个过程可能会持续几到几十个小时。

6）及时更换故障硬盘。确定故障现象后，应及时进行故障硬盘的更换，防止阵列中出现故障的硬盘达到两块及以上（例如 RAID 5），造成磁盘阵列崩溃。

7）在阵列数据重建完成之前，不能插拔任何硬盘。

8）即使磁盘阵列有防掉电功能，在故障处理过程中，也要防止突然断电造成 RAID 磁盘阵列卡信息的丢失。

9）出现故障时需要恢复数据时，尽量不要自行做数据恢复尝试，应该保持原状，并联系磁盘阵列厂商或者专业数据恢复公司进行数据恢复工作。

10）只有经过培训的专业人员才能进行故障情况下磁盘的更换、重构和同步等操作，非专业人员绝对不允许进行这些操作。

2. 磁带库维护

(1) 开、关机顺序。

1）开机顺序为 SAN 交换机、SCSI 桥接器、磁带库、服务器。

2）关机顺序为服务器、磁带库、SAN 交换机、SCSI 桥接器。

注：这里的开、关机顺序未考虑服务器的角色和软件因素，有关服务器的开、关机顺序可参考“服务器管理与维护”的相关内容。另外，服务器内置的磁带机由服务器自行管理。

（2）通道检查。包括 SCSI、光纤通道、SCSI 桥接器、SAN 交换机等，无论是本地通道还是远程通道都不能中断。分别检查通道介质是否完好、接口插件是否牢固，同时应通过其面板指示和管理软件检查通道的连通性。

（3）工作状态检查。通过服务器管理控制台程序、专用管理程序检查磁带库及其驱动程序的工作状态是否正确无异常，还必须观察磁带库上的警示灯有没有报警指示，如果有报警指示应检查是磁带剩余容量不足还是没有磁带或者出现内部故障等，如果是磁带问题，应及时放入空白磁带，并将已经存满数据的磁带做好标记和记录。磁带备份应异地存放，存放条件要符合环境、安全方面的要求。

（4）清洁。应定期使用清洗带清洗每一个磁带机，磁带库清洗可以在运行状态下进行，但要尽量安排在没有备份任务的时间段内进行，有恢复任务时暂停磁带库清洗工作。

（5）备份。定期检查自动备份任务是否能够完整、正确执行，还要定期进行手工备份试验，要求执行一次成功备份过程。

（6）恢复。恢复试验一般安排在大修阶段，在试验服务器或者实际运行的服务器上进行，并确保恢复过程不被随意中断。

3. 光盘库维护

（1）与磁带库相比，光盘库的存储介质是光盘，且单张光盘容量比磁带要小。

（2）光盘库的清洁要求在停机状态下进行。

（3）其他维护步骤可参考磁带库维护内容。

4. 高可用系统维护

（1）在服务器上使用管理控制台程序或者专用管理软件检查各服务器的工作状态和角色是否正确。

（2）故障转移或者故障模拟切换试验。在大修期间要进行手工和故障模拟切换（即故障转移）试验，也可以根据需要安排定期切换试验。切换要求和步骤见“服务器管理与维护”及“数据库管理与维护”模块的相关内容。

三、操作注意事项

（1）在进行容灾与备份设备检修时，不允许中断网络服务和生产数据存储任务。

（2）备份重要数据。

模块8　网络设备运行管理

一、操作说明

计算机监控系统运行过程中，技术人员的日常维护工作是必不可少的，同时由

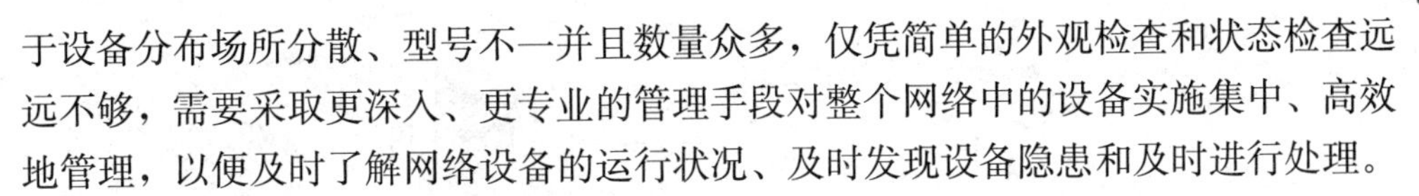

于设备分布场所分散、型号不一并且数量众多，仅凭简单的外观检查和状态检查远远不够，需要采取更深入、更专业的管理手段对整个网络中的设备实施集中、高效地管理，以便及时了解网络设备的运行状况、及时发现设备隐患和及时进行处理。

1. 网络设备运行的管理内容

（1）监视网络性能。可以跟踪网络设备的处理速度和网络吞吐量，并收集关于数据传输成功的信息。

（2）检测网络故障或不适当的访问。可以配置某些事件发生时网络上的触发警告。在警告触发时，设备将事件消息转发给管理系统。常见的警告类型包括设备被关闭和重启、路由器上检测到失败的链接及非法访问。

（3）配置远程设备。配置信息可以从管理系统发送到每台网络主机。

（4）审核网络使用。可以监测网络的总体使用情况以识别用户或组权限，以及网络设备和服务的使用类型。

2. 简单网络管理协议（SNMP）的工作原理

网络设备的处理器管理和监视自身各部分的工作状态，当管理软件发来数据请求时，网络设备按照请求向管理软件返回自身的工作信息。管理软件和网络设备的跨网络交流需要制定统一的会话规则，这个规则就是简单网络管理协议（SNMP），SNMP 是 TCP/IP 网络中广泛使用的网络管理标准，管理软件要实现对网络设备的管理，要求设备必须支持 SNMP 协议，不支持 SNMP 协议的设备（如普通的集线器、中继器）也就不能被管理。在所有网络设备中，服务器、工作站、路由器、防火墙、网桥一般都支持 SNMP 协议，但交换机和集线器只有网管型和智能型才支持 SNMP 协议。因此，为了实现网络设备的远程实时管理，在设备选型时就要考虑日后的管理需求。

SNMP 提供了从运行网络管理软件的中央计算机来管理网络设备的方法，SNMP 执行管理服务，方法是使用管理软件和代理（即设备）组成的分布式体系结构。管理软件和代理都使用 SNMP 消息来交换设备信息，代理接收到管理软件的消息后，对访问者的身份和权限进行验证，然后决定是接受管理软件的操作请求，还是拒绝请求后把身份验证失败消息发送到陷阱目标计算机进行报警。管理软件把所需的信息包含在管理信息数据库（MIB）中，此数据库包含关于网络设备的各类信息。如图 17-50 显示代理对管理软件信息请求的响应方式。

（1）管理软件（在主机 A 上）使用代理名称、IP 地址将 SNMP 消息发送到代理（这里是主机 B）。

（2）代理接收 SNMP 消息并验证管理软件所属的团体名，如果团体名不正确，并且代理配置了身份验证陷阱目标主机，则该代理会向其陷阱目标主机 C 和 D 发

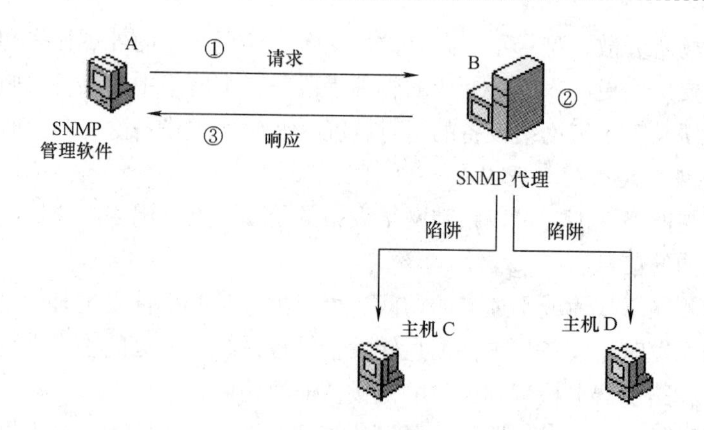

图 17-50　代理对管理软件信息请求的响应方式

送“身份验证失败”消息。

(3) 如果团体名有效，则代理会将所请求的信息返回到管理软件。

二、操作步骤

(一) 给网络设备配置 SNMP 协议

1. 服务器和工作站配置方法

以 Microsoft Windows 2000 操作系统为例说明配置过程，其他操作系统的配置过程与此类似。

(1) 以管理员或管理员组成员的身份登录服务器和工作站，必要时修改网络策略设置以允许完成此步骤。

(2) 在“控制面板”中，双击“添加或删除程序”，单击“添加/删除 Windows 组件”，弹出如图 17-51 所示对话框。

(3) 选中“管理和监视工具”，单击“详细信息”，弹出如图 17-52 所示对

图 17-51　添加/删除 Windows 组件对话框

话框。

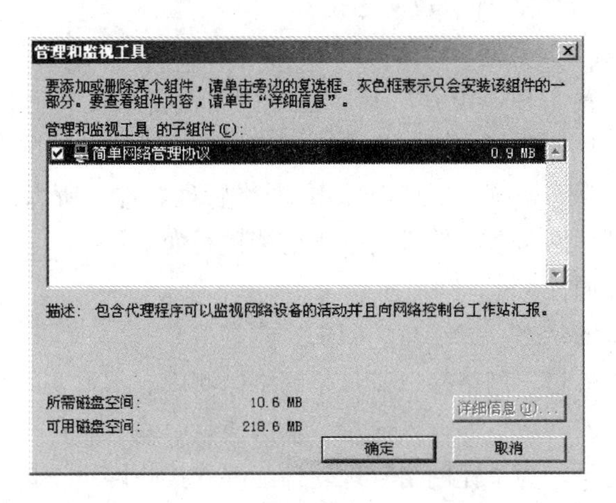

图 17-52　管理和监视工具对话框

（4）选中“简单网络管理协议”，复选框后单击“确定”→“下一步”，并按照提示插入操作系统光盘进行安装，安装完成后重新启动计算机。

（5）在该计算机上安装完 SNMP 之后，就要配置 SNMP 代理属性、陷阱目标和安全属性。在“控制面板”、“管理程序”、“服务”中双击“SNMP Service”，在“代理”选项卡中选择需要的服务，如“点对点”、“物理”等；在“安全”选项卡中添加权利为“只读”的团体名“public”，选中“接受来自这些主机的 SNMP 包”，添加网络管理工作站主机名或 IP 地址；在“陷阱”项卡中添加团体名“public”，在陷阱目标主机填写网络管理工作站主机名或 IP 地址。

2. 其他网络设备的配置方法

以 Cisco Catalyst 2950 交换机为例说明配置过程，其他设备的配置过程与此类似。

Cisco Catalyst 2950 交换机配置步骤如下：

（1）Switch＃configure terminal（进入配置模式）。

（2）Switch（config）＃snmp-server community public RO（使用 public 为只读团体名，RO 表示操作权限为“只读”）。

（3）Switch（config）＃snmp-server community private RW（使用 private 为读写团体名，RW 表示操作权限为“读写”）。

（4）Switch（config）＃exit（退出配置模式）。

（5）Switch＃write memory（保存配置）。

出于网络安全的考虑，一是团体名要使用较安全的名称，二是操作权限不要设置为读写。

（二）使用网络管理软件管理网络设备

1. 网络管理软件的监测

给网络设备配置完SNMP协议后，这些网络设备就支持远程实时管理，负责收集和处理设备信息的工作由管理软件来承担，管理软件一般配置在专门的网络管理工作站上。由于操作系统不提供SNMP网络管理软件，所以需要使用第三方软件来实现网络管理，网络管理软件的基本监测项目如下：

（1）网络的连通性。

（2）网络设备的状态。如端口、CPU、内存等。

（3）网络接口流量。网络接口流量是网络监测中非常重要的一个指标，它包括四个衡量网络性能的参数，即输入流量、输出流量、输入丢包率、输出丢包率。

要特别指出的是，为了让网络管理软件能够在接收网络设备信息的同时，能够接收其他代理发送的陷阱消息，应在网络管理工作站启动“SNMP Trap Service”服务。

2. SiteView NNM网络管理软件

这里以国产SiteView NNM网络设备管理软件为例说明SNMP网络管理软件的功能。SiteView NNM网络设备管理软件能够监控所有支持SNMP协议的设备，包括服务器、工作站、交换机、路由器、防火墙、数据存储设备（如NAS、磁带库产品）等各类安全设备和系统。该软件基于SNMP和ICMP等协议，提供了广泛的网络监测，管理员可以全面监测整个网络体系，SiteView NNM通过发送SNMP请求并接受来自被监测的网络设备的数据响应。

SiteView NNM的主要功能如下：

（1）网络拓扑自动发现。SiteView NNM支持SNMPV1～SNMPV V3、RMON1.2和ICMP等协议，可以从任一节点动态搜索整个网络内的所有子网和网段，全面呈现网络的拓扑结构，可提供多层次级别的管理视图、IP子网视图、物理连接视图等。

（2）提供真实的设备面板图。SiteView NNM内置多个设备MIB库，兼容管理众多品牌和型号的网络设备。SiteView NNM能够逼真显示Cisco、HuaWei、3COM各品牌网络设备面板图，能在设备面板图上真实、实时地显示设备各端口连接状态，对于某个具体端口，还提供与该端口连接的主机名称、相对应的IP地址、MAC物理地址、端口关闭与启用操作。

（3）链路管理。从中可以得知。SiteView NNM可自动发现链路的最新动态与变化，并自动发现设备之间端口连接情况。通过网络拓扑图，SiteView NNM可实时显示网络链路的运行状况和运行方向，各链路的连接状态、链接层次、逻辑关系

都一目了然。

（4）IP-MAC地址绑定。利用IP-MAC绑定以及未分配IP锁定技术阻止对IP地址的随意更改，如果IP-MAC异动以及锁定IP地址被占用，系统将进行告警。

（5）实时监测端口状态。SiteView NNM除了实时展现各端口的流量情况，并在设备面板图上实时显示设备端口连接状态以外，还提供设备端口状态分析，能以数据表或图形时间曲线的形式协助网络管理人员进行数据分析，SiteView NNM提供连接到设备的所有端口信息，如MAC地址、物理端口编号、端口描述、对应用户的IP地址、对应用户的主机名称等。

（6）实时监控网络流量。在SiteView NNM拓扑图中选中线路流量显示，则在拓扑图中的线路会有相关的流量显示，使网络管理人员对各网络段、时段的流量一目了然，能在故障发生前及时排除。同时，SiteView NNM还提供流量的历史对比和横向对比，帮助网络管理人员掌控网络流量的变化情况。

（7）实时监测网络设备运行状况。SiteView NNM监测和管理的网络设备主要包括路由器、交换机、防火墙，通过对网络设备的运行状况进行监测，用户可及时了解设备使用情况。SiteView NNM能对网络进行智能轮询，可以不同的周期对同一设备的不同端口进行轮询。

（8）实时监测工作站、服务器运行状况。SiteView NNM还可监测工作站和服务器的运行状态，如工作站和服务器的启停、CPU、内存、磁盘、进程及指定的服务等。

SiteView NNM对工作站、服务器的监测内容包括：

1）CPU的使用情况，如占有率等。

2）磁盘的详细使用情况，包括已用空间、剩余空间、占有比例情况等。

3）任务列表，即服务进程的详细情况。

4）服务器及网络配置情况，如网络链接状况、端口链接状况等。

5）侦听所有端口状况。

6）被监测服务器和工作站的所有账户情况。

（9）全方位的警告监测。SiteView NNM根据设置对网络中的异常会及时发送警告。当网络中出现超出正常阈值的以下情况时，SiteView NNM会启动警报系统。

1）被管理设备连通情况。

2）被管理设备SNMP管理是否有效。

3）设备的CPU负载、内存利用率是否超标。

4）设备端口是否发生异常关闭或开启。

5）设备端口流量是否超标。

6）是否有IP带宽使用超出合理比率的连接。

7）是否有大幅度的信息包流动。

8）TCP、Web、FTP、ODBC等端口服务是否打开或关闭。

9）指定的IP-MAC绑定关系是否改变。

10）是否捕捉到跨网段的扫描行为。

三、操作注意事项

（1）首次调试网络设备管理软件时，计算机监控系统应停止担负监控任务，监控方式可切换到常规监控或现地监控。

（2）网络设备管理软件的操作要经过周密考虑，防止造成不良后果。

（3）试验完成后，要仔细核对软件的设置和设备工作状态是否正确。

模块9　系统安全管理

一、操作说明

本模块介绍维护系统安全运行的主要项目和要求，维护人员应经常检查这些项目，及时发现设备安全漏洞和管理漏洞，并向上级技术主管部门提出合理化建议，改善设备运行状况，保证系统的安全稳定运行。

二、操作步骤

1. 未用功能和风险功能的关闭

为了计算机监控系统运行的安全性和稳定性，应限制一些带有风险和与本设备运行和检修无关的软、硬件的使用，具体如下：

（1）运行过程未使用的硬件应当拆除（如声卡、音箱等）。

（2）不必要的软件应当卸载（如额外的操作系统、应用程序、协议等）。

（3）未使用的内置功能应当禁用。为了隔离外部移动无线设备的恶意连接和侵入，如果系统未要求启用该设备的红外（IrDA）、蓝牙（BlueTooth）、无线网卡（Wireless）、射频（HomeRF）等无线功能，就应当禁止这些功能。方法是进入“控制面板”和“网络连接”，在要禁止的设备上按鼠标右键，选择“停用”，或者在“设备管理器”中选中要禁止的设备，按鼠标右键，选择“停用”。

（4）及时关闭各类资源共享设置。

1）关闭默认共享。

2）关闭“文件和打印共享”。用鼠标右击“网络邻居”，选择“属性”，然后单击“文件和打印共享”按钮，在弹出的“文件和打印共享”对话框中取消两个复选

框选中状态。

3）关闭用户文件夹共享。用鼠标右击用户共享文件夹，在“属性”、“共享”中取消复选框，“在网络上共享这个文件夹”的选中状态，按“确定”按钮。

(5) 如果网络管理软件未对防火墙设置作特殊要求，本设备的防火墙应当启用。

(6) 除管理和运行以外，未使用的设备端口（如交换机、路由器）应当关闭。

(7) 设备运行未要求的网络服务（如 NetDDE、NetDDE DSDM 等）和端口服务（如 FTP、Telnet、HTTP 等）应当禁用。

在管理记录上详细记录以上变动。

2. 安全策略管理

安全策略就是为了维护系统的安全，对用户账户、权限、角色、系统安全、网络访问等各类事件或行为进行监视和限制。

可以使用“组策略”来为组织单元的系统服务设置安全性，执行系统服务方面的安全措施时，可以控制谁能够在工作站、成员服务器或域控制器上管理服务。目前，更改系统服务的唯一方法是使用“组策略”计算机设置。如果将“组策略”作为“默认域策略”实施，该策略就会应用到域内的所有计算机。如果将“组策略”作为“默认域控制器策略”实施，该策略将只应用于域控制器的组织单元内的服务器，也可以创建包含可应用策略的工作站计算机的组织单元。

维护人员应经常使用网络管理软件或事件查看器对系统、应用程序、安全日志和事件进行审核，发现警告和错误事件后要进行具体分析和情况汇总，对各类故障和错误进行处理，有时可能需要对安全策略进行必要的调整。

要查看事件的详细信息，可在“管理工具”中打开事件查看器，在控制台树中，单击要查看的日志。在详细信息窗格中，单击要查看的事件。在“操作”菜单上，单击“属性”。查看事件时，注意以下几个方面：

(1)“事件 ID”。这些编号与消息文件中的说明匹配，它可以由产品支持代表使用以了解系统中所发生的情况。

(2)“硬件问题”。如果怀疑系统问题是硬件组件引起的，请筛选系统日志只显示由该组件产生的事件。

(3)“系统问题”。如果某个事件看上去与系统问题有关，请搜索该事件日志查找该事件的其他实例，或者判断错误出现的频率。

为避免历史事件日志过多地占用存储空间，察看完成后要及时清除事件日志。方法是：打开事件查看器，在控制台树中，单击要清除的日志。在“操作”菜单上，单击“清除所有事件”。单击“是”，在清除之前保存该日志。单击“否”，永久丢弃当前事件记录，并开始记录新的事件。

3. 用户权限与账户管理

在系统安装阶段或安装完成后要对默认管理员账户 Administrator 重新配置，首先是为管理员账户设置一个健壮的密码，然后重命名 Administrator 账户。

系统管理人员应根据工作任务和性质的不同，给不同级别的用户账户赋予相应级别的权限，同时用户账户的数量要严格控制。

加强对各类用户账户的安全和保密管理，防止泄露给无关人员。特别是管理员账户，应当严格保密，使用范围仅限于系统管理员或网络管理员。

临时账户应当及时、主动撤销，来宾账户 Guest 应当禁用。

建立和撤销用户账户，为账户分配权限的工作只能由系统管理员来实施，禁止其他人员以管理员身份进行用户账户的相关操作。

经常使用系统管理工具检查用户权限和账户，确保没有非法账户存在，确保没有权限被非法变更的行为。

4. 反病毒和反侵入检查

为了保证监控系统的安全运行，严禁在监控系统上使用盗版软件，严禁私自安装与控制无关的软件，在监控系统上安装的每一套软件都要进行登记注册，只有经过上级主管部门书面批准并使用上级主管部门书面确认的查毒杀毒软件经过病毒检测后的软件才能在监控系统上安装运行。

反病毒和反侵入检查的内容包括病毒、木马、广告、非法访问、系统安全漏洞扫描。

使用反病毒软件对系统进行定期或不定期扫描，对于扫描到的病毒（包括木马、广告等）要进行清除。同时对病毒的名称、发生时间、感染文件类型（可选）、破坏程度（可选）、查杀结果、工作人员等进行详细记录，作为日后维护的参考。对不能准确识别的疑似病毒或虽然能够识别但无法清除的病毒要进行分析和记录，及时向上级主管部门汇报，以确定下一步处理方案。对于发现的系统安全漏洞要使用最新的软件补丁进行修补，然后再次进行漏洞扫描，确保漏洞已被弥补，同时进行详细记录。

经过反病毒和反侵入检查后，要对工作站和服务器的完整性和主要功能进行核对和试验，确保安全生产的正常运行。

5. 软件管理

软件包括存储在永久媒体（如磁盘、磁鼓、光盘、磁带、闪存等）上的操作系统、应用程序、安全软件、用户数据、电子文档，还包括纸媒体上的图纸、产品说明书、试验记录等技术资料。

对监控系统软件的使用、存放、报废有以下要求：

（1）软件在投入使用前和变更后要履行反病毒程序。

（2）软件投入使用和修改时要经过上级主管部门的技术审查和书面同意。

（3）跟踪软件发展状况，及时获取补丁，进行更新、升级。

（4）根据软件运行过程中发现的问题，及时报告，争取及时修正或更换。

（5）及时对软件进行分类和整理，内容包括内部编号、名称、类别、应用平台或环境、发布日期、投运日期、功能简介等。

（6）及时对软件进行备份或复制，在符合环境要求的场所异地存放。

部分媒体对存放环境的要求如表 17-1 所示。

表 17-1　　部分媒体对存放环境的要求

媒体指标 / 项目	磁盘		磁带		纸媒体
	已记录	未记录	已记录	未记录	
温度（℃）	4～51.5		<32	5～50	5～50
相对湿度（%）	8～80		20～80		40～70
磁场强度（A/m）	—		<3200	<4000	—

（7）对淘汰和废止的软件根据有关资料和财产管理规定办理报废手续、注明报废日期、报废原因，并由上级主管部门签字认可，被淘汰和废止的软件不能再次安装到监控系统运行。

三、操作注意事项

（1）要对相关的系统、程序、数据备份。

（2）安全设置要经过试验，确保不影响正常的监控系统通信。

科　目　小　结

本科目面向水电自动装置现场维护和检修工作，按照培训目标，以自动装置维护和检修工作中的基本技能操作为主要培训内容，对水电监控系统布线系统的安装、基本网络设备的安装、PLC 的安装、工作站系统的备份与还原、UPS 的安装与操作等专业技能操作项目进行了详细的阐述。

参加本科目内容的学习以前，要求学员必须初步了解现场设备及其检修规程，熟悉电气安全规程，并具有一定的计算机软、硬件、网络理论基础。要求检修和维护人员能够全面、深入地认识、掌握有关计算机监控系统上位机、数据库、服务器、高级网络设备的管理和维护，尤其计算机监控系统运行管理方面的内容较多。

由于该科目涉及的内容专业性较强、安全性要求较严格，对相关知识的储备要求较高，限于篇幅和编写者水平，对一些重要内容只是进行了简明、扼要的讲解，建议在培训过程中，应根据学员和现场的实际需求有选择地补充和扩展相关培训内容，同时对本科目的内容进行深化和细化，争取使学员的检修水平和技能有更大的提升。

通过本科目的技能操作培训，使水电自动装置检修工能正确运用安全规程和维护检修规程，掌握自动装置维护检修工作中规范的维护检修工艺，标准的测量、检查步骤，正确的安装、调试方法。

练 习 题

1. 路由器的主要作用有哪些？
2. 设置防火墙的目的是什么？
3. 简述路由器配置的一般步骤。
4. 简述路由器的安装和检修步骤。
5. 简述网络设备日常维护和检查的内容。
6. 以 iFIX 3.5 为例阐述上位机编程软件的功能和编程步骤。
7. 哪些开关量必须实现顺序记录？
8. 哪些电气量必须实现事故追忆？
9. 机组工况转换命令有哪些？
10. 有功功率控制有哪几种方式？
11. 网络会话丢失是什么原因造成的，如何才能避免？
12. 什么是域？域的作用有哪些？
13. 当一台计算机接入网络时，域控制器如何工作？
14. 如何配置域用户账户？
15. 如何使用委托账户将一台计算机加入域中？
16. 建立一个警报，当对方计算机 Ping 本地计算机 5 次以上开始报警，并且通知管理计算机。
17. 数据库管理与维护的中心工作与核心任务是什么？
18. 简述 SQL Server 2000 数据库管理与维护的主要工作。
19. SQL Server 2000 数据库有哪些恢复模式和备份策略？
20. 如何启动、暂停或退出 SQL Server？
21. 怎样对数据库和日志进行扩充？
22. 如何备份数据库？

23. 如何恢复数据库?

24. 试建立一个每天中午 12 点向管理人员发送“当前时间”的作业，要求以网络方式通知。

25. 试建立一个监视 pubs 数据库事务日志满的警报，要求以电子邮件方式通知用户，错误代号为 9018。

26. 什么是 RAID 技术? 有什么特点? 目前 RAID 有哪些基本级别?

27. 磁盘阵列（例如 RAID 5）出现硬盘故障时的处理方法有哪些?

28. 简述网络设备运行管理的主要内容。

29. 网络管理软件的基本监测项目有哪些?

30. 出于安全的目的，通常需要关闭哪些共享设置?

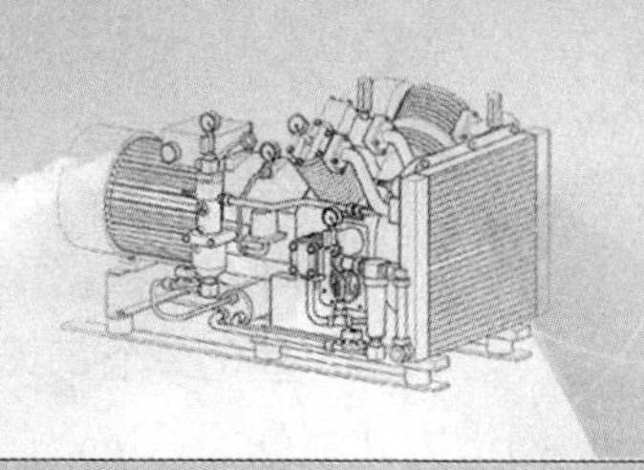

科目十八

水电同期系统设备的维护、检修及故障处理操作

水电同期系统设备的维护、检修及故障处理操作培训规范

科目名称	水电同期系统设备的维护、 检修及故障处理操作	类别	专业技能
培训方式	实践性/脱产培训	培训学时	实践性48学时/ 脱产培训24学时
培训目标	1. 掌握同期回路组成及检查步骤、方法及标准。 2. 掌握同期控制器参数修改，电压整定，现场调试方法、步骤、标准。 3. 掌握同期装置的试验步骤、方法及标准。 4. 掌握同期装置与上位机连接方法。		
培训内容	模块1 同步控制器测量断路器导前时间 模块2 同步检查继电器整组试验 模块3 同步控制器的调试 模块4 假并列试验 模块5 开机并列试验 模块6 同期装置与上位机连接		
场地、主要设施、设备和工器具、材料	1. 场地：中控室、同期设备现场及同期地点。 2. 主要设施和设备：同期设备、同期回路及自动化元件等。 3. 主要工器具：TG2000水轮机调速器和机组同期测试系统测试仪、电工组合工具、清洁工具包、数字万用表、验电笔、绝缘电阻表、吸尘器；毛刷、试验电源盘、温度计、湿度计等。 4. 主要材料：控制电缆、双绞线、酒精、标签、尼龙扎带、抹布等		
安全事项、防护措施	1. 检修前交代作业内容、作业范围、危险点告知、安全措施和注意事项。 2. 戴安全帽、穿工作服（防静电服）、穿绝缘鞋、高空作业需佩戴安全带。 3. 加强监护，严格执行电业安全工作规程。 4. 对于需停电检修的设备，要认真进行验电检查，确保无电及安全措施完善后才能开始检修工作。 5. 系统侧同期回路端子带电，做好防护措施，工作时设专人监护。		
考核方式	笔试：120分钟 操作：120分钟 完成维护和检修任务后，针对模块技能操作评分标准进行考核。		

模块1　同步控制器测量断路器导前时间

一、操作说明

在同步控制器及其合闸回路继电器或断路器更换后，合闸回路的固有动作时间发生改变，即同步控制器合闸导前时间将改变，为保证同期并列，必须重新测量合闸回路的导前时间，然后在同步控制器中对此参数进行重新设置，以满足设备运行的实际需要。同步控制器测量断路器主触头闭合时的反馈信号，是准确测量断路器合闸动作时间的一种方法，此方法比断路器辅助触点作为反馈信号的精确度要高。

同期装置的导前时间应按发电机出口断路器的合闸时间加上合闸引出回路时间，导前时间可用式（18-1）表示。即

$$dL = t_{zs} + t_{ks}$$

式中　dL——装置的导前时间整定值；

t_{zs}——装置合闸引出回路的总延时；

t_{ks}——开关本身合闸时间实测值。

二、操作步骤

（1）由运行值班员进行操作，拉开断路器两侧隔离开关。

（2）使用专用屏蔽测试线及测试挂钩。由变电班工作人员使用绝缘杆，在并列点断路器断口两端挂接断路器主触头，闭合反馈信号试验接线。试验导线应为屏蔽导线，在同步控制器侧屏蔽导线的屏蔽层应可靠接地，防止外部干扰造成测量不准确。

（3）原同步控制器测量导前时间端子接线断引，防止与其他带电部分接触，包好绝缘。

（4）在同步控制器的JK3-9、JK3-10端子接入断路器主触头闭合反馈信号导线。

（5）发电机TV、系统TV投入。

（6）同期点断路器合闸操作，220V直流电源投入。

（7）监控系统操作员站半自动开机，在发电机达到额定转速和额定电压后，由监控系统操作员站下发指令投入同期工作电源，同步控制器开始工作，在满足同期条件时，同步控制器发出合闸脉冲，断路器主触头闭合，将断路器闭合信号引入同步控制器，同步控制器自动记录合闸导前时间。

（8）连续作2次合闸试验，观察同步控制器合闸情况。在同步控制器上察看自动测量导前时间，并与断路器、合闸继电器动作的固有时间之和进行比较。

(9) 试验完毕，接线拆线，首先将断路器一侧的试验接线拆除，然后，再拆除同步控制器一侧的接线。

(10) 将导前时间参数在同步控制器导前时间参数项中进行修改，修改完毕按“确认”键进行确认。

(11) 导前时间参数修改完毕，除试验接线拆除外，其他安全措施保持不变，重新进行断路器的合闸试验，通过整步表观察并网过程及合闸效果，检查断路器合闸时的相位角。

(12) 写出同步控制器测量断路器导前时间工作报告。

三、操作注意事项

(1) 测量导线应为屏蔽导线，在同步控制器侧屏蔽导线的屏蔽层应可靠接地。

(2) 并列点断路器断口两端挂试验接线时，应由电气一次班组协作完成，防止误入带电间隔。

(3) 试验接线应挂牢固，接线应进行固定，防止脱落。

(4) 开机后，并列前测量发电机、系统电压互感器二次侧电压和相序时，禁止将电压互感器二次侧短路或接地。

(5) 本装置采用微机控制，设有自动校正功能，当装置异常或需要时，可将工作电源关闭，然后重新投入工作电源，并按“RESET”键，即可自动校正。

(6) 做好断引及接线记录。

模块 2　同步检查继电器整组试验

一、操作说明

同步检查继电器是在两端供电系统的自动重合闸线路中作为有无线电压和同期的检查元件。其型号有多种，其中 BT-1CF 为集成电路式同步检查继电器，BT-1B 型、BT-1E 型均为晶体管式同步检查继电器。继电器在结构上有所不同，原理上完全一样，以 BT-1B 型为例进行操作。

同期闭锁继电器整组试验通常有两种方法，一是采用传统的移相器接线方式，该方式使用试验仪器、仪表多，接线复杂，试验时间长。二是利用继电保护试验仪，该方式接线简单，角度变化直接在液晶屏上显示，使之图形化，动作角度直接在液晶屏上读出，使校验接线大大简化，节约了大量时间。

二、操作步骤

(一) 移相器法校验同期闭锁继电器

(1) 动作角度的测定。加额定电压（或电流），将移相器调到 δ_1，使继电器动作，然后反方向转动移相器调到 δ_2，使继电器动作。继电器动作角度为：$\delta_{cp}=1/2(\delta_1+\delta_2)$。闭锁继电器动作和返回角度试验接线如图 18-1 所示。

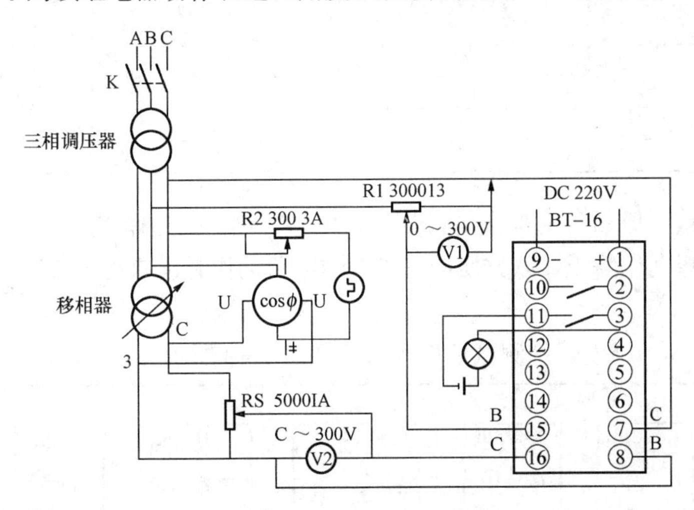

图 18-1　闭锁继电器动作和返回角度试验接线

(2) 定值计算及整定范围：用相位表读取的数值求反余弦函数，即为闭锁继电器的闭锁角度整定值，整定范围为±15°。如闭锁角不合格可改变电位器，即可改变动作角度。

(二) 继电保护测试仪法校验

采用 PW436 A 型继电保护测试仪对 BT-1B 型同步检查继电器进行检测，外接笔记本电脑，通过操作继电保护测试仪专用测试软件进行检测工作。

1. 外部接线

(1) 继电保护测试仪工作电源：AC220V。

(2) 继电保护测试仪面板电压输出插孔的 V_a-V_n 接同步检查继电器的系统电压接线端子；V_b-V_n 接同步检查继电器的发电机电压接线端子。

(3) 继电保护测试仪面板接地插孔应可靠接地。

(4) 为读取同步检查继电器动作角度数值，也可将同步检查继电器触点接入继电保护测试仪面板开关量输入端子，当同步检查继电器动作时，画面中的发电机电压相量停止转动，即刻显示继电器动作角度数值。此种方法测量时需外部接线，一般采用软件设置动作停止。

2. 软件设置

(1) 电压数值的设置：在测试软件的“测试窗—新试验”视窗进行电压数值的设置，电压数值的设置如表 18-1 所示，V_a 为系统电压，V_b 为发电机电压。

表 18-1 电压数值的设置表

参数 \ 单位	幅值（V）	相位（°）	频率（Hz）
V_a	100	0	50
V_b	100	0	50
V_c	0	0	0
V_z	0	0	0

（2）变量选择 φ_b，对应发电机相位角度。变化步长选择 1°。

（3）选择动作停止，以方便同步检查继电器动作时读取动作角度。

3. 面板布置

PW436 A 型继电保护测试仪面板布置如图 18-2 所示。

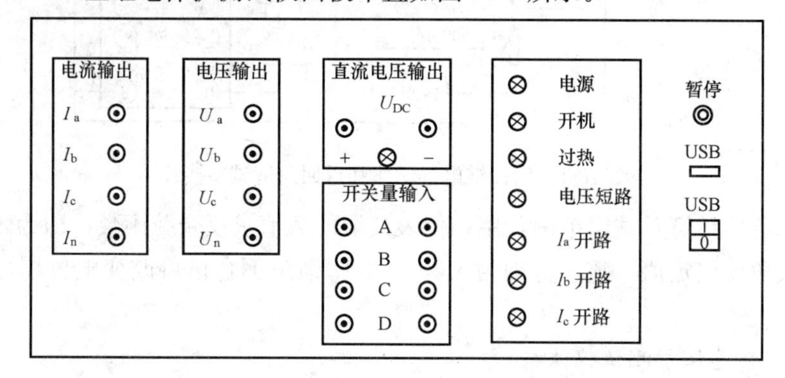

图 18-2 PW436 A 型继电保护测试仪面板布置

4. 检验过程

同步检查继电器的检验全部是通过软件操作实现的，在测试软件操作界面选择“开始测量”，手动按“光标移动键”，使输出角度幅值增加或减少，继电保护测试仪输出的角度幅值应选择较小值，使闭锁继电器动作更精确，观察模拟闭锁继电器系统电压和发电机电压向量动作过程，使继电器从不动做到动作，记录闭锁角度。

（三）试验恢复

试验拆线，检查所拆动过的端子或部件是否恢复，清理现场。

（四）试验记录

根据试验数据（试验时间、天气、试验主要仪器及精度、试验数据、试验人等）进行记录及分析。

（五）试验报告

出具同步检查继电器整组试验报告。

三、操作注意事项

（1）试验用隔离开关应有熔丝并带罩，被检修设备及试验仪器禁止从运行设备上直接取用试验电源，熔丝配合要适当，试验接线应经第二人复查后，方可通电。

（2）试验接线鳄鱼夹包好绝缘，防止工作人员触电、电源短路。

（3）采用移相器法校验时，相位表选择正确，读数准确。

（4）采用继电保护测试仪法校验时，系统电压、发电机电压输出选择正确，变量及变化步长选择要小。

（5）防止直流电源短路、接地。

（6）做好试验记录。

模块3　同步控制器的调试

一、操作说明

一般微机同步控制器内部都内置一块试验模块，可完成对控制器的无压空合闸、并网过程，被控对象传动、装置测试试验。无压空合闸是检验断路器及其合闸控制回路是否正常；并网过程只检验装置在正常进行并网操作的全过程，包含对压差、频差、相角差的检测；均频均压的控制；合闸控制及测量断路器合闸时间等。被控对象传动是检验通过依次启动对外的控制继电器，检查外接电缆和中间继电器接线正确性。装置测试是校验装置对频率、电压相位角的测量精度，检查各输入开关量的接触是否良好和接线正确性。调试前，应先检查装置外观无破损，面板各按键、开关操作自如，背面板各航空插座内的连接针柱无弯曲或高低不一，各熔断器座内的保险管无熔断。

现以SID-2CM型同步控制器为例进行操作说明。

二、操作步骤

（1）试验之前将控制器从控制屏上拆下，应用随装置配备的试验电缆把背板上的JK2、JK3、JK4、JK5连通，JK1、JK7接上220V AC电源，然后将面板的方式选择开关投向“测试”侧。合上JK1、JK7电源后装置即进入测试状态，如图18-3所示。

进入参数设置有以下两种方法：

1）在系统通电状态下，将工作方式开关投在“设置”位置（此时设置灯亮），然后按复位键。

2）在控制器未通电状态下，先将工作方式开关投在“设置”位置，然后再接通电源。

（2）通过控制器内置试验模块可完成对控制器如下校验和检测。

1）无压空合闸检验。按下“确认”键，装置发出一个持续1s的合闸脉冲，以检验断路器合闸回路是否完好。如图18-4所示。

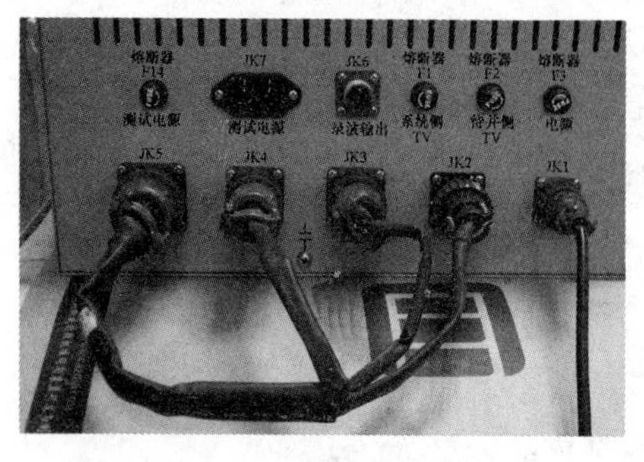

图18-3　试验电缆背板接线

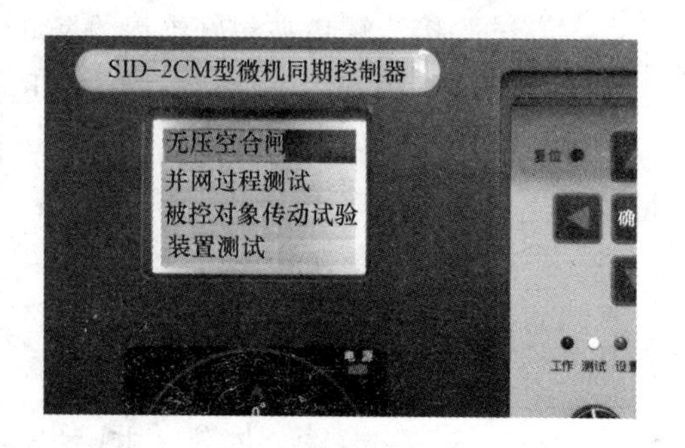

图18-4　无压空合闸

2）并网过程测试。检测频差、压差、实施均频、均压控制，能否发出合闸命令。此时，在液晶显示屏上将显示待并点两侧的频率及电压实测值，当满足并网条件时发出合闸命令，但显示屏上则显示“合闸出口已闭锁”。如图18-5所示。

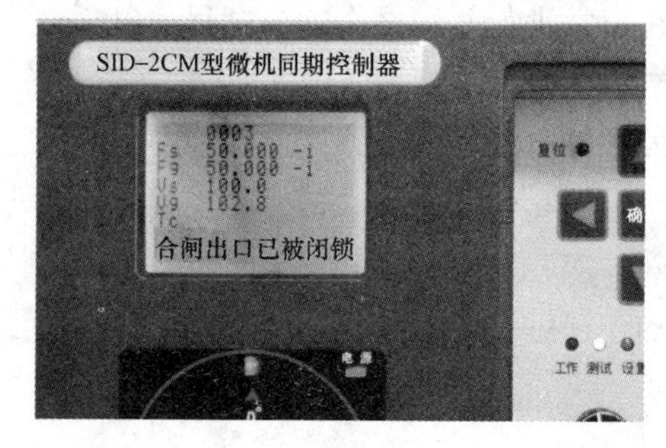

图18-5　并网过程测试

3）被控对象传动试验。检测测量加速、合闸、报警、失电的电缆接线是否正确。进入菜单，此时降压继电器被启动，逐次按“下”键，加速继电器＋F启动、＋F继电器返回；合闸继电器SW启动、SW继电器返回；报警继电器ALM启动、ALM继电器返回。如驱动的外对象不对应，则应改正对外接线。按“退出”键可退出测试。失电信号继电器的测试是通过断开JK1送入控制器的电源实现的。同期并列断路器辅助触点应可靠接入。

（3）装置测试。用以校验控制器对频率、电压、相位角的测量精度，检查各按键的完好性及各开关量信号的对称性。进入“装置测试”菜单，通过按“上”、“下”键选择菜单项，按“确认”键进入该菜单项。

1）测试频率、电压、相位角。在系统参数整定中的第一页确定待并测及系统侧的信号来源，选择“外部”则为来自试验模块的市电信号，即接近50Hz的电压信号。选择“内部”则为来自内部通过软件产生的电压信号，对于待并侧，此信号的频率可以通过“上”、“下”键调高或调低。测试前应合上测试模块的8或12个并列点，

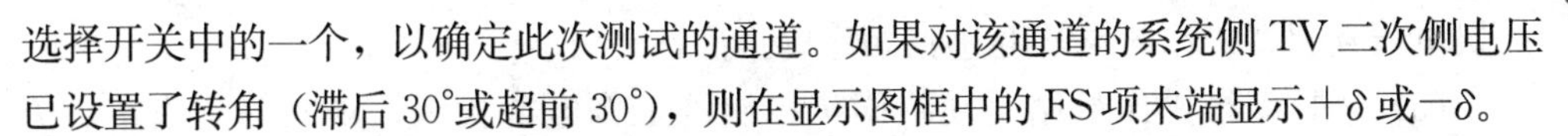

选择开关中的一个，以确定此次测试的通道。如果对该通道的系统侧 TV 二次侧电压已设置了转角（滞后 30°或超前 30°），则在显示图框中的 FS 项末端显示 $+\delta$ 或 $-\delta$。

2）测试开入各通道。进入菜单项，画面中的 P1～P12 对应 8 或 12 个并列点选择状况，当第 n 个并列点被试验模块的该并列点选中时（开关拨向上方），则该位 Pn 在显示屏上反转显示。

3）测试按键、开关。进入菜单项，可以检查的对象是“上键”、“下键”、“左键”、“右键”、“确认键”、“退出键”，按“退出键”时程序能回到“测试按键、开关菜单”，表明该按键正常。

4）测试电压互感器 TV 二次断线。测试模块下部的电压互感器 TV 二次断线试验开关 SF、SA、SB、SC、GF、GA、GB、GC 分别代表并列点系统侧及待并侧的电压互感器 TV 二次电压输入端，开关拨向上方为断线，如断线，显示反转。

（4）出具同步控制器的调试报告。

三、操作注意事项

（1）试验用隔离开关应有熔丝并带罩，被检修设备及试验仪器禁止从运行设备上直接取用试验电源，熔丝配合要适当，试验接线应经第二人复查后，方可通电。

（2）试验时按照说明书进行操作，防止修改设置参数。

（3）“工作/测试/设置”工作方式切换把手，应切换至“测试”工作位置，调试完毕应切回“工作”位置。

（4）做好试验记录。

模块 4　假并列试验

一、操作说明

在同期回路导前时间测量试验完成，并将测量的导前时间设置在同步控制器内，拉开并列点断路器两侧隔离开关，使断路器与带电部分完全隔离，将系统电压互感器、发电机电压互感器投入，机组半自动开机，采用“假并网”法进行断路器合闸试验，以检验同期并列发电机电压和系统电压的频率、发电机电压和系统电压的相角差等参数是否符合同期并列要求，发电机电压和系统电压的相序是否相同。

二、操作步骤

（1）监控系统操作员站半自动开机、空载运行工况，在发电机达到额定转速、电压达到额定电压的 80%以上时，将同期回路切手动操作回路。

（2）观察整步表旋转方向，调整发电机频率大于系统频率时，整步表向“快”方向旋转，调整发电机频率小于系统频率时，整步表向“慢”方向旋转，以检查发电机电压互感器、系统电压互感器相序的正确性。

（3）监控系统操作员站手动将同步控制器工作电源投入，观察整步表旋转方向。为加快机组并网速度，可对发电机电压和机组转速作调节，当发电机转速、发电机电压满足同期并列的条件时同步控制器发出合闸脉冲，将断路器投入。

（4）断路器合闸后，检查断路器合闸时间、合闸相角等参数。

（5）进行两次断路器假并试验，在监控系统操作员站计算机同期并网通信画面及在同步控制器液晶屏察看同期参数（系统频率、发电机频率、系统电压、发电机电压、导前时间、合闸相角等参数）。

（6）对比两次断路器合闸时间、合闸相角等参数，确认断路器合闸稳定性及准确性。

（7）试验拆线，检查所拆动过的端子或部件是否恢复，清理现场。

（8）根据试验数据（试验时间、天气、试验主要仪器及精度、试验数据、试验人等）进行试验记录并分析。

（9）出具假并列试验报告。

三、操作注意事项

（1）检查测量断路器导前时间试验线全部拆除，同步控制器端引的测量断路器导前时间接线已恢复为正常接线。

（2）由运行值班员进行操作，检修班组做好检查和试验工作。

（3）做好试验记录。

模块5 开机并列试验

一、操作说明

开机并列试验是同步控制器及其控制回路经过假并列试验无误后所进行的开机试验。假并列试验所作的一次设备安全措施应全部恢复到正常运行状态。

具备发电机全自动开机条件。

二、操作步骤

（1）监控系统操作员站全自动开机，在发电机达到额定转速、电压达到额定电压的80%以上时，自动投入同步控制器电源，同步控制器开始工作。

（2）若电压差相差较大时，及时调整发电机电压。有以下两种调整电压操作方式：

1）手动调整励磁调节器或励磁系统变阻器。

2）根据现场设计，同步控制器设置自动调压功能时，由同步控制器发出调压

脉冲，操作励磁调节器，进行电压调节。

（3）发电机并网过程中出现同频时，同步控制器自动输出加速指令，使调速器增加导叶开度，破坏同步控制器同频状态。

（4）在满足同期条件时，同步控制器发出合闸脉冲。

（5）并网后在监控系统操作员站计算机同期并网通信画面或在同步控制器液晶屏察看同期参数（系统频率、发电机频率、系统电压、发电机电压、导前时间、合闸相角等参数）是否合格，做好记录。

（6）与假并列测量的导前时间进行比较，并同“TG2000 系列水轮机调速器和机组同期测试系统”录制的断路器同期并列波形图对比，检查同期并列结果。

（7）断路器合闸试验 2 次，记录断路器合闸参数，并检查同步控制器与监控系统操作员站计算机通信报文画面数据。通信报文画面数据显示如表 18-2 所示。

表 18-2　　通信报文画面数据显示

项目	原始密码	SZZN	使用密码	0000	通道 1	通道 2
					1	2
设置状态	各通道参数整定	输入口令	输入通道号	对象类型	发电机	发电机
				合闸时间（ms）	100	95
				允许频差（Hz）	±0.1	±0.1
				允许压差（%）	±13	±12
				均频控制系数	0.30	0.30
				均压控制系数	0.30	0.30
				允许功角（°）	30	30
				待并侧 TV 二次电压额定值（V）	100	100
				系统侧 TV 二次电压额定值（V）	100	100
				过电压保护值（%）	115	115
				自动调频（YES/NO）	NO	NO
				自动调压（YES/NO）	NO	NO
				同频调频脉宽	100	100
				并列点代号	0001	0002
				系统侧应转角（°）	0	0
				单侧无压合闸（YES/NO）	NO	NO
				无压空合闸（YES/NO）	NO	NO
				同步表（YES/NO）	YES	YES
	系统参数整定	输入口令		待并侧信号源（外部/内部）	外部	

续表

项目	原始密码	SZZN	使用密码	0000	通道 1	通道 2
				系统侧信号源（外部/内部）	外部	
				低压闭锁	80%	
				同频阈值（高/中/低）	中	
				控制方式（现场/遥控）	现场	
				设备号	01	
				波特率	9600	
				接口方式（RS-232/RS-485）	RS-232	

（8）断路器同期合闸录波图图形说明

如图 18-6 所示，是利用“TG2000 系列水轮机调速器和机组同期测试系统”录制的断路器同期并列波形图。

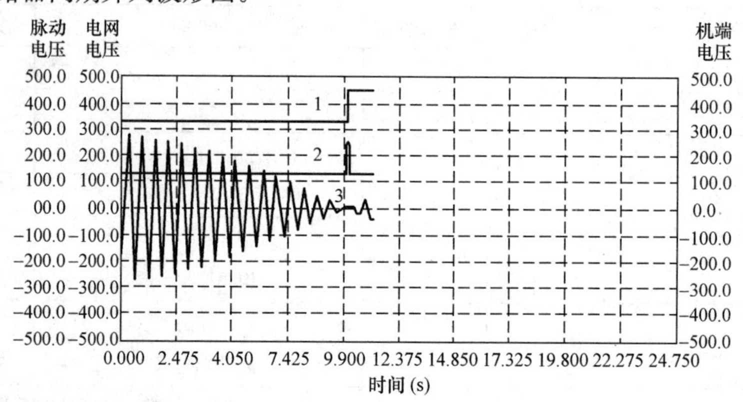

图 18-6　断路器同期并列波形图

1—油开关；2—合闸命令；3—脉动电压（V）

利用“TG2000 系列水轮机调速器和机组同期测试系统”录制断路器同期并列波形图，有三条曲线：1. 油开关状态；2. 合闸命令；3. 脉动电压。当同期条件满足时，从波形图中可以看出，脉动电压最小，同步控制器按设置的导前时间发出合闸命令，油开关按延时导前时间合闸。

同期手动并列操作时，要求相角差不大于 20°，自动控制时要求相角差不大于 3.6°。频率差一般要求控制在 0.2Hz 或 0.1Hz 以内。

（9）试验拆线，检查所拆动过的端子或部件是否恢复，清理现场。

（10）根据试验数据（试验时间、天气、试验主要仪器及精度、试验数据、试验人等）进行试验记录并分析。

（11）出具开机并列试验报告。

三、操作注意事项

（1）检查断路器高、低压侧隔离开关已恢复为正常运行状态。

（2）开机并列试验的所有操作由运行值班员进行操作，各项试验按试验方案进行。

（3）检修班组工作人员配合运行值班员进行试验工作，并做好试验记录。

模块 6　同期装置与上位机连接

一、操作说明

上位机的 RS-232 接口通过 RS-232/RS-485 接口转换器连接到屏蔽双绞线上，屏蔽双绞线引出的 RS-485 接口“＋”、“－”和屏蔽地分别与同步控制器 RS-485 接口“＋”、“－”连接。SID-2CM 型同期装置采用 RS-485 转 RS-232 串行接口与监控系统 IoServer 服务器进行通信，并配有同期监控软件。其通信协议的构架采用主从方式，由上位机向同期装置发送命令，指定同期装置在接到上位机的命令后，向上位机发回响应数据，本协议符合 Modbus 标准 RTU 格式。

同期装置通过通信电缆与 IoServer 服务器直连，监控系统操作员站 InTouch 读取 IoServer 服务器同期数据，同期操作画面可直观的显示在操作员站计算机屏幕上，使监控室操作员实时观察断路器合闸信息。RS-485 现场总线如图 18-7 所示。

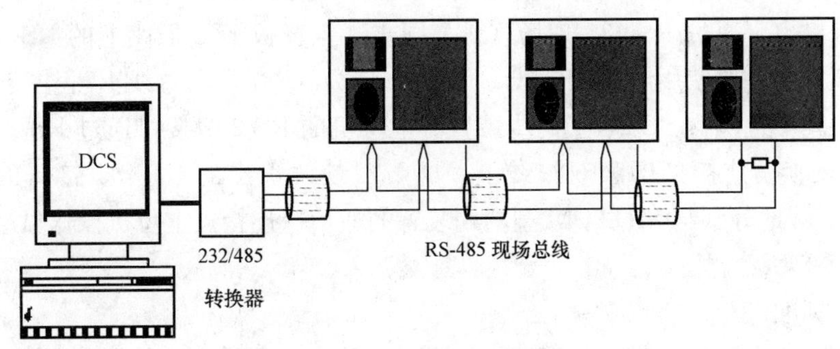

图 18-7　RS-485 现场总线

二、操作步骤

（1）使用 RS-485 接口自动准同期装置可通过 RS-232 或 RS-485 串行接口与上位机通信。准备一条 RS-232 通信电缆和一个 RS-232/RS-485 转换器、转换器供电电源及屏蔽双绞线。

（2）同期装置的方式选择开关应放在“工作”状态，控制方式设置为“遥控”

方式。

(3) 上位机可对同步装置下达读并列点通道参数命令，读系统参数命令，发启动同步命令及读并网状态命令。当同步控制器方式选择开关放在“设置”或“测试”位置时可接收上位机发来的读通道参数命令和读系统参数命令。

(4) 当上位机向同步装置发出启动同步令后，装置即开始进入同步操作程序，在此期间上位机可以获取所有整定参数及随机参数（频率、电压、相角差等）的信息，直到同步装置发出合闸命令后（不论断路器合上与否），上位机收到相应的状态信息，通信即结束。

(5) 用户可根据通信协议在上位机上做出数据表格和画面，使运行人员在显示器上能清晰看到并网的全过程。如果同步装置的控制方式设置为“现场”方式，在并网过程中上位机也能读到各种整定参数信息和随机参数信息。

(6) 与 SID-2CM 同期装置配套使用的同步监控软件，可在上位机显示器上直接显示同步过程，中间为相位表，红色指针不动，代表系统侧电压相量，蓝色指针代表待并侧电压相量，在同步过程中它将按频差的大小及符号旋转，相位表的内圈半径与额定电压对应，当电压相量的长度超过或不足此半径时，其差值就反映该电压对额定值的压差。左边用一个刻度计表示频差，当不超过允许频差时，用绿色条块表示，当超过允许频差时，用红色条块表示。右边的刻度计表示压差。在同步装置合闸后，画面的下方还显示理想的合闸导前角和实际合闸角。

(7) 上位机可选择与同步装置面板上的 RS-232 串口通信，例如，用笔记本电脑就地设置或检查同步装置，通信电缆长度应不超过 15m。

上位机也可通过 RS-485 现场总线与同步装置背板 JK3 插座上的 RS-485 串口通信。该总线一般使用屏蔽双绞线，可延伸 1.2km。在现场总线上可挂接 99 台智能仪表，其中也包含 SE-2C 型同步装置。上位机的 RS-232 接口通过 RS-232、RS-485 接口转换器连接到屏蔽双绞线上，屏蔽双绞线引出的 RS-485 接口的“+”、“−”和屏蔽地分别与 SID-2CM 型同期装置的通信口连接。上位机操作员站通信画面如图 18-8 所示。

(8) 标准。

1) 自动准同步控制器与监控系统通信画面数据与同步控制器显示数据一致，通信画面清晰。

2) 每次开机并列时，自动准同步控制器与监控系统通信画面自动更新。

(9) 出具同期装置与上位机连接项目工作终结报告。

三、操作注意事项

(1) 检查 RS-232/RS-485 转换器工作正常。

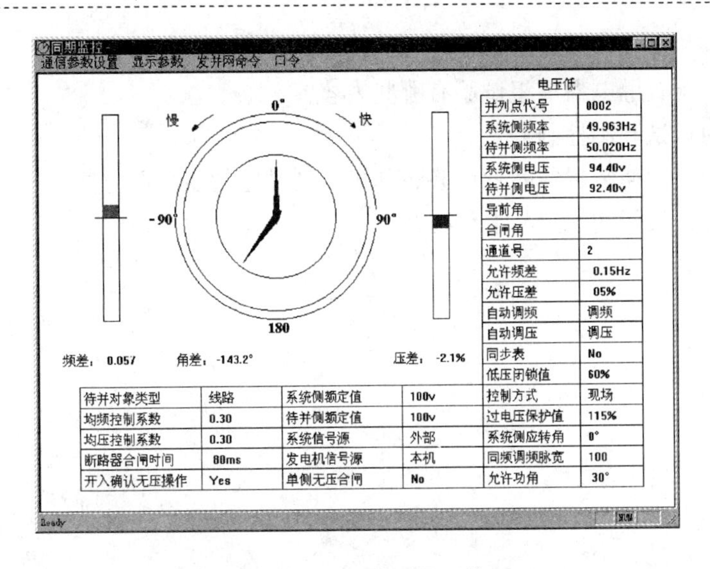

图 18-8　上位机操作员站通信画面

（2）通信屏蔽双绞线接线牢固。

（3）控制器的无压空合闸、并网过程、被控对象传动、装置测试等各项试验动作正确，均符合设备说明书的要求。

科 目 小 结

本科目面向水电厂同期设备现场维护和检修工作，按照培训目标，以同期系统自动装置维护和检修工作中的技能操作为主要培训内容，对断路器导前时间的测量；同步检查继电器的整组试验；同步控制器的调试；同期装置的假并列、开机并列试验；同期装置与上位机的连接等专业技能操作项目进行了详细的阐述。注重安全施工、安全操作。

通过本科目的技能操作培训，使水电自动装置检修工能正确运用安全规程和维护检修规程，掌握自动装置维护检修工作中规范的维护检修工艺，标准的测量、检查步骤，正确的安装、调试方法，准确的设备故障排查。

练 习 题

1. 合闸导前时间在什么情况下需要重新设置？
2. 合闸导前时间需要修改时首先要确定何种参数？
3. 同步控制器的调试的目的是什么？
4. 如何进行断路器导前时间的测量？

5. 用移相器校验闭锁继电器时如何计算闭锁角度整定值?
6. 同步检查继电器整组试验有哪些内容?
7. 如何调试同步控制器?
8. 试叙述同期装置假并列试验、开机并列试验的步骤和方法?
9. 怎样连接同期装置与上位机?

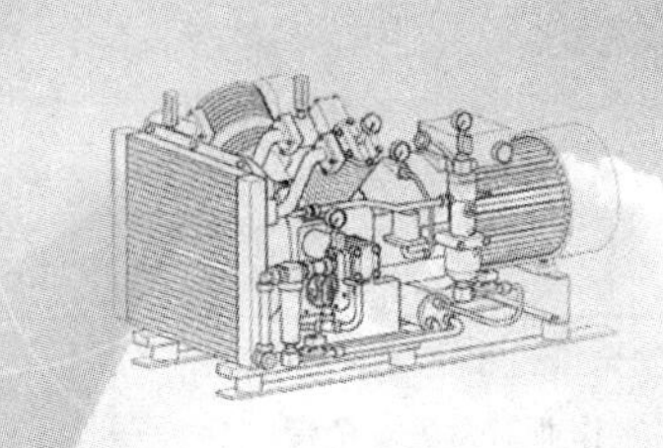

科目十九

水电水力机械自动化系统设备的维护、检修及故障处理

水电水力机械自动化系统设备的维护、检修及故障处理培训规范

科目名称	水电水力机械自动化系统设备的维护、检修及故障处理	类别	专业技能
培训方式	实践性/脱产培训	培训学时	实践性 80 学时/ 脱产培训 40 学时
培训目标	1. 掌握水力机械自动化系统的组成、设备的结构，熟知技术图纸。 2. 掌握水力机械自动化元件、设备的检测方法和步骤。 3. 能根据相关标准对水力机械自动化元件、设备进行调试和检修。 4. 掌握水力机械自动设备特性试验、模拟试验、运行试验的方法、步骤及标准。 5. 能对状态监测装置进行预警信息分析。 6. 能分析解决水力机械自动化元件、设备出现的复杂性故障。		
培训内容	模块 1　自动化元件振动、摆度及轴向位移监测装置的检测 模块 2　测温仪表零点、满度的校准 模块 3　测温系统的调试 模块 4　测速装置的调试 模块 5　状态监测装置的预警信息分析 模块 6　火灾报警系统的检修和调试 模块 7　快速门的检修和调试 模块 8　机组检修后特性试验 模块 9　变压器冷却系统控制回路的动态试验 模块 10　桥式起重机的维护和常见故障的排查		
场地、主要设施、设备和工器具、材料	1. 场地：现场设备所在地、培训室。 2. 主要设施和设备：灭火装置、桥式起重机、测速装置、液位监测元件、变压器冷却系统、测温系统、压油装置、主令开关、示流信号器、温度信号器、压力信号器、剪断信号器、磁翻柱液位计、顶盖泵、低压空气压缩机、电磁阀、水泵、尾水门机、快速闸门、状态监测装置等。 3. 主要工器具：二次常用的电工工具一套、对线灯一只、行灯、二相/三相刀开关及插座板、绝缘电阻表、数字万用表、指针式万用表、清洁工具包、验电笔、温度计、湿度计等。 4. 主要材料：控制电缆、绝缘软导线、绝缘硬导线、标签、尼龙扎带、抹布等。		

续表

安全事项、防护措施	1. 检修前交代作业内容、作业范围、危险点告知、安全措施和注意事项。 2. 戴安全帽、穿工作服（防静电服）、穿绝缘鞋、高空作业需佩戴安全带。 3. 加强监护，严格执行电业安全工作规程。 4. 对于需停电检修的设备，要认真进行验电检查，确保无电及安全措施完善后才能开始检修工作。
考核方式	笔试：120 分钟 操作：120 分钟 完成维护和检修任务后，针对模块技能操作评分标准进行考核。

模块1　自动化元件振动、摆度及轴向位移监测装置的检测

一、操作说明

为了提高水电机组的经济效益，延长检修周期，减少检修费用，增加可发电时间，状态检修已经成为发展趋势。开展水电机组的状态检修需要可靠的在线监测装置，凭借人们的经验，充分利用现代化工具和手段，即在线监测分析软件，准确地判断机组的各部件故障、运行状况和劣化趋势。

监测装置组成分为硬件和软件两个部分，硬件包括各种传感器层，信号采集装置，信号处理装置，服务器层，BS浏览器终端等。

二、操作步骤

（1）检修后按照技术要求调整测试元件的间隙。

（2）使用手动测量值核对监测装置指示的正确性，监测装置指示值应与实测值相符。

（3）监测装置指示值与实测值不相符的，调整传感器测试距离，调整的范围是0.4～2.4mm。

（4）传感器探头安装时距离大轴为1.4mm，松动探头的固定螺母，或近或远稍微改变距离，不能超出调整范围，比对显示数据与实际人工测量值，在最准确的位置固定探头。

（5）出具振动、摆度及轴向位移监测装置的检测报告。

三、操作注意事项

（1）调整传感器探头时设专人监护。

（2）若测量结果与额定值误差超过规定值，则更换传感器。

模块2　测温仪表零点、满度的校准

一、操作说明

测温系统由DAS-Ⅳ型多功能巡测子站、各个测点的测温元件组成。

运行人员实时监视定子绕组、上导轴承、上导瓦、推力瓦、上导油槽、推力油槽、冷风、热风等温度，有利于掌控机组的运行状况。水电厂一般根据机组的设计都设有温度过高作用于事故停机跳闸的保护，经过多年的运行实践证明，由于测温元件基本是电阻式的，当元件开路时，阻值无穷大，造成误跳闸现象时有发生，且正常情况下机组各部件的温度没有极为快速上升的现象，因此，现在的水电站都取消温度过高停机跳闸的回路，一般只设有温度高和温度过高报警。以便于用来分析判断实际运行状况。

该装置能完成温度巡测及温度升高和过高的报警功能，且具有现地显示功能，通过串口与上位机交换数据，能够直接与各种 PLC 或其他监控系统实现通信，方便了运行及维护人员的监视和及时发现机组的运行状况。

巡测子站对不同类型的被测信号需要分别调整零点和满度，但同类信号只要调其中一个就可以了。电阻信号只要将锰铜热电阻（Cu50）的零点和满度调准即可，铂热电阻（Pt100）就不需要再调准。具体调准方法以校正 Cu50 为例说明。

二、操作步骤

1. 仪表零点的校准

（1）拧下后盖板上的四个固定螺钉，将仪表从外壳中抽出，接通电源。

（2）先将第一点的传感器型号设为锰铜热电阻（Cu50）。

（3）将热电阻第一点接到标准电阻箱，电阻箱调在 50Ω 上，即锰铜热电阻（Cu50）零点。

（4）按动“巡/定”键使巡测仪定测在第一点上，调整锰铜热电阻 Cu50 零点电位器 W1，使巡测仪第一点显示 000.0。

2. 仪表满度的校准

（1）将标准电阻箱调在 82.13Ω（满量程 150.00℃）。

（2）使巡测仪定测在第一点上，调节锰铜热电阻（Cu50）满度电位器 W4，使巡测仪显示 150.00，即完成了满度的校准。

（3）其他信号的调准方法和电阻一样。

（4）电位器调整如图 19-1 所示。

3. 校准报告

出具测温仪表零点、满度的校准工作报告。

图 19-1　电位器调整

W1—热电阻调零；W2—热电偶调零；W3—4-20MA 调零；W4—热电阻调满度；W5—热电偶调满度；W6—4-20MA 调满度。

三、操作注意事项

（1）不熟悉仪表的非技术人员不要操作仪表或打开仪表。

（2）仪表在安装、调试、使用过程中，严禁在输入信号端子上串入交、直

流高压，否则，将导致仪表损坏。

（3）仪表要按规定进行定期调校。

模块3　测温系统的调试

一、操作说明

以DAS-Ⅳ型测温系统说明，测温系统前面板如图19-2所示。

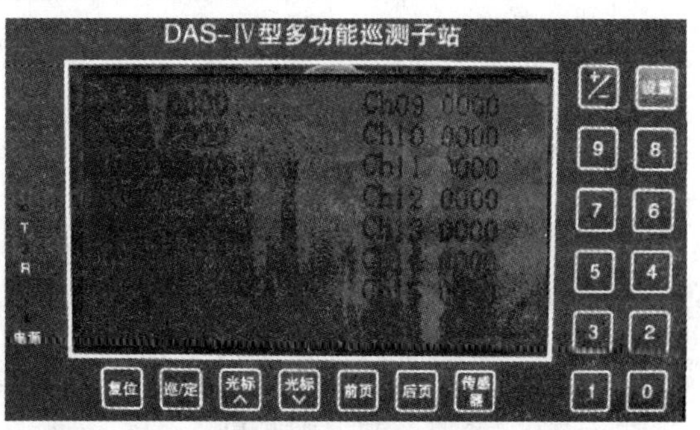

图19-2　测温系统前面板

T、R两个指示灯指示串口通信的状态。电源指示灯指示仪表输入电源有无接通。复位键是使仪表进入正常测量状态。巡/定键是改变测量显示为巡测或定测，按键时两种状态交替出现，定测时在定测点的后面有一光标显示，用光标键可以选择定测点，定测点超出当前显示页后，可用后页、前页键翻屏，找到定测点的位置。传感器键用于选择测量点传感器型号，按此键循环显示传感器型号，直到与所接传感器一致为止。设置键当仪表复位后自动进入巡测状态，只有按动此键才能将仪表退出测量状态。十个数字键，用来输入数字。+/-键是在设定报警限值或线路电阻补偿值时，选择负号用的，当要扣除线阻时，一定要将设定的线阻温度值前加“-”号，当报警限值小于0℃时，也要将前面加上“-”号。此键还有复制功能，在设置参数时，可将当前点参数复制到下一点。

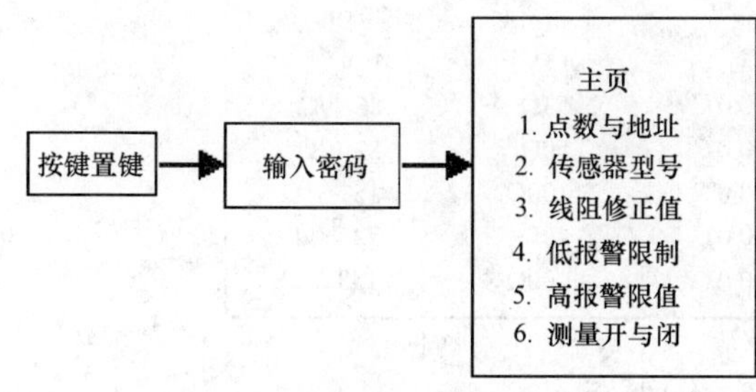

图19-3　仪表参数设定框图

二、操作步骤

1. 仪表参数设定方法

进入参数设定状态，在进入参数设定菜单前，为了防止他人误操作，仪表设定了一个不可更改的四位密码“1234”，正确输入此密码后仪表即进入参数设置主菜单。仪表参数设定框图如图19-3所示。

2. 采样点数和通信地址的设定

（1）进入主页后，用光标键选择“1点数与地址”，按设置键显示如图19-4

所示。

巡测点数	××
串口地址	××
网口地址	××××× ×××××

图 19-4 采样点数和通信地址

（2）××为上一次设置的参数，按数字键可修改光标指示位的数，按光标键可选择修改位。其中网口地址为仪表网口的本地 IP 地址，三位为一个字节，十进制，小于 100 的数必须在百位写“0”。如 IP 地址 190 255 20 178 应设置为 190255020178，否则会出错。

（3）设置完成后可按设置键回到主页，如果不需进行其他设置，可直接按复位键退出设置，进入巡测状态。

3. 传感器型号的设定

（1）进入主页后，用光标键选择“ 2 传感器型号”，按设置键显示如图 19-5 所示。

（2）“Ch01 Pt100”表示第一点接的传感器型号为铂热电阻 Pt100 ，按传感器键选择各通道的传感器型号，每一点传感器型号的选择必须与实际连接的传感器一致，否则不能正确测量。

（3）按光标键选择设置其他点，按前页键或后页键可翻页选择其他各点。设置完成后可按设置键回到主页，如果不需进行其他设置，可直接按复位键退出设置，进入巡测状态。如果下一点与当前点参数相同，可按＋/－键将当前参数复制到下一点。

Ch01	Pt100		Ch09	Pt100
Ch02	Pt100		Ch10	Pt100
Ch03	Pt100	传	Ch11	Pt100
Ch04	Pt100	感	Ch12	Pt100
Ch05	Pt100	器	Ch13	Pt100
Ch06	Pt100	型	Ch14	Pt100
Ch07	Pt100	号	Ch15	Pt100
Ch08	Pt100		Ch16	Pt100

图 19-5 传感器型号

（4）分度号定义如图 19-6 所示。

分度号	量程	传感器输出零点值	满度值
标 1(0～10mA)	任意设定	0 (mA)	10 (mA)
标 2(4～20mA)	任意设定	4 (mA)	20 (mA)
标 3(1～5mA)	任意设定	1 (V)	5 (V)
G	–99.9～150.0℃	53Ω	86.79Ω
Cu50	–99.9～150.0℃	50Ω	82.13Ω
Pt100	–99.9～150.0℃	100Ω	157.31Ω
BA1	–99.9～150.0℃	46Ω	72.78Ω
BA2	–99.9～150.0℃	100Ω	158.21Ω

图 19-6 分度号定义

4. 线阻修正值的设定

（1）进入主页后，用光标键选择“ 3 线阻修正值”，按设置键显示如图 19-7 所示。

（2）“Ch01 000.0”表示第一点设定的线阻修正值为000.0，可按数字键修改为想要设定的线阻修正值。

（3）按光标键选择设置其他点，按前页键或后页键可翻页选择其他各点。设置完成后可按设置键回到主页，如果不需进行其他设置，可直接按复位键退出设置，进入巡测状态。光标在第一位时，+/-键用来改变符号（0为加，-为减），在其他位时可用来复制参数到下一点。

5. 低报警限值的设定

（1）进入主页后，用光标键选择“4 低报警限值”，按设置键显示如图19-8所示。

Ch01	000.0		Ch09	000.0
Ch02	000.0		Ch10	000.0
Ch03	000.0	线	Ch11	000.0
Ch04	000.0	阻	Ch12	000.0
Ch05	000.0	修	Ch13	000.0
Ch06	000.0	正	Ch14	000.0
Ch07	000.0	值	Ch15	000.0
Ch08	000.0		Ch16	000.0

图19-7　线阻修正值

Ch01	111.1		Ch09	111.1
Ch02	111.1		Ch10	111.1
Ch03	111.1	低	Ch11	111.1
Ch04	111.1	报	Ch12	111.1
Ch05	111.1	警	Ch13	111.1
Ch06	111.1	限	Ch14	111.1
Ch07	111.1	值	Ch15	111.1
Ch08	111.1		Ch16	111.1

图19-8　低报警限值

（2）“Ch01 111.1”表示第一点设定的低报警限值为111.1℃，可按数字键修改为想要设定的报警限值。按光标键选择设置其他点，按前页键或后页键可翻页选择其他各点。设置完成后可按设置键回到主页，如果不需进行其他设置，可直接按复位键退出设置，进入巡测状态。光标在第一位时，+/-键用来改变符号（0为+，-为减），在其他位时可用来复制参数到下一点。

6. 高报警限值的设定

（1）进入主页后，用光标键选择“5 高报警限值”，按设置键显示如图19-9所示。

（2）“Ch01 211.1”表示第一点设定的高报警限值为211.1℃，可按数字键修改为想要设定的报警限值。按光标键选择设置其他点，按前页键或后页键可翻页选择其他各点。设置完成后可按设置键回到主页，如果不需进行其他设置，可直接按复位键退出设置，进入巡测状态。光标在第一位时，+/-键用来改变符号（0为+，-为

Ch01	211.1		Ch09	211.1
Ch02	211.1		Ch10	211.1
Ch03	211.1	高	Ch11	211.1
Ch04	211.1	报	Ch12	211.1
Ch05	211.1	警	Ch13	211.1
Ch06	211.1	限	Ch14	211.1
Ch07	211.1	值	Ch15	211.1
Ch08	211.1		Ch16	211.1

图19-9　高报警限值

减)，在其他位时可用来复制当前参数到下一点。

7. 测量开与闭的设定

(1) 可将测量点设置为“开”、“闭”两种状态，“开”为参与巡测，“闭”为不参与巡测。

进入主页后，用光标键选择“ 5 高报警限值”，按设置键显示如图 19-10 所示。

Ch01 On		Ch09 On
Ch02 On		Ch10 On
Ch03 On	测	Ch11 On
Ch04 On	量	Ch12 On
Ch05 On	开	Ch13 On
Ch06 On	与	Ch14 On
Ch07 On	闭	Ch15 On
Ch08 On		Ch16 On

图 19-10　测量开与闭

(2) “Ch01 0n”表示第一点为开（即参与巡测），Off 为闭（即不参与巡测），用数字键可修改开闭：0 为关闭（Off），其他数字键为开（On）。按光标键选择设置其他点，按前页键或后页键键可翻页选择其他各点。设置完成后可按设置键回到主页，如果不需进行其他设置，可直接按复位键退出设置，进入巡测状态。如果当前参数与下一点相同，可用＋/－键来复制参数到下一点。

8. 调试报告

出具测温系统调试报告。

三、操作注意事项

(1) 仪表在安装、调试、使用过程中，严禁在输入信号端子上串入交、直流高压。

(2) 检定时环境条件为 (20±5)℃，相对湿度为小于 75%。

模块 4　测速装置的调试

一、操作说明

微机测速装置由测速单元及外设机械转速传感器两部分。测速装置单元由独立的转速测量和控制系统组成。

微机测速装置一般配有机械转速传感器和电气转速传感器，同时测量机械转速脉冲信号和发电机机端电压频率，实现对发电机组转速的测量和保护控制。在一套装置中同时采用机械、电气两种测速原理，它们既可有机结合，又可单独使用。装置通过可靠的机械转速传感器和电气转速测量，实现对发电机组转速进行监视，并根据机组不同的转速发出不同的转速信号对机组进行保护和自动控制。

在水电厂机组控制中，以下方面必须用转速信号。

(1) 无论何种情况机组处于非停机态，只要机组转速急速上升至额定转速的 140%时，测速装置都会发出作用于紧急事故停机和关闭快速闸门的过速保护信号。

（2）当机组处于非停机态，转速达到额定转速的115%，并且遇到有调速器失灵信号时，发出事故停机信号。

（3）到机组转速达到80%～90%时（机组不同，要求不尽相同），发送给励磁装置启励信号。

（4）机组开机并网的条件之一为机组转速达到90%～95%（机组不同，要求不尽相同）。

（5）机组停机过程中，当转速下降到额定转速的25%时发出制动信号，进行机组刹车加闸。

二、操作步骤

（1）装置的机械测试。装置上电后，用带磁性的螺丝刀在机械探头前5～8mm处摆动，查看装置面板上机械运行灯是否闪亮，闪亮为正常。

（2）装置的电气测试。使开关切至关位，断开现场电气接入回路，接入工频电源，慢慢升高和降低工频电源的输出，对比装置的输出和返回是否符合装置运行要求。

（3）将低频正弦波信号发生器输出频率接到转速测控器TV和永磁极输入端及2路霍尔开关信号发生器输入端。

（4）调节低频正弦波信号发生器输出频率（0～70Hz，1～140V），以转速模式为例，记录转速装置与调节低频正弦波信号发生器输出值对照，检验装置的正确性，信号器输出2.5Hz，装置LED显示5%；信号器输出2.5Hz，装置LED显示25%；信号器输出17.5Hz，装置LED显示35%；信号器输出40Hz，装置LED显示80%；信号器输出45Hz，装置LED显示90%；信号器输出47.5Hz，装置LED显示95%；信号器输出55.5Hz，装置LED显示115%；信号器输出75Hz，装置LED显示140%。同时核对开关量动作值，如果偏差较大，进行检查处理。

（5）将转速调到额定转速，1s内突加≤140%额定转速，140%触点不误动。

（6）将转速再调到额定转速，显示恢复正常。

（7）1s内断开低频正弦波信号发生器，转速输出触点不动。

（8）上电和断电过程中140%触点不误动。

（9）出具测速装置调试报告。

三、操作注意事项

（1）操作时应派有经验的人进行。

（2）装置上拆除的输入信号裸露部分应用绝缘胶布包好，并做好标记。

模块 5　状态监测装置的预警信息分析

一、操作说明

为了提高水电机组的经济效益，延长检修周期，减少检修费用，增加可发电时间，状态检修已经成为发展趋势。开展水电机组的状态检修需要可靠的在线监测装置，凭借人们的经验，充分利用现代化工具和手段，即在线监测分析软件，准确地判断机组的各部件故障、运行状况和劣化趋势。

1. 状态监测装置 PSTA2000 硬件系统硬件组成及体系结构

PSTA2000 系统体系结构如图 19-11 所示。从网络结构上看，PSTA2000 系统由状态监测局域网和电厂局域网两套 TCP/IP 局域网组成，虽然电厂局域网并非由本项目的建设内容（其采用了电厂已建立的 MIS 系统的硬件和网络平台），所以也是 PSTA2000 系统的重要组成部分。

从信号处理的角度看，PSTA2000 系统由传感器层、信号采集、信号处理、服务器层、BS 浏览器终端五层结构组成。在某些地方，信号采集和信号预处理两层功能可能由同一个硬件完成。

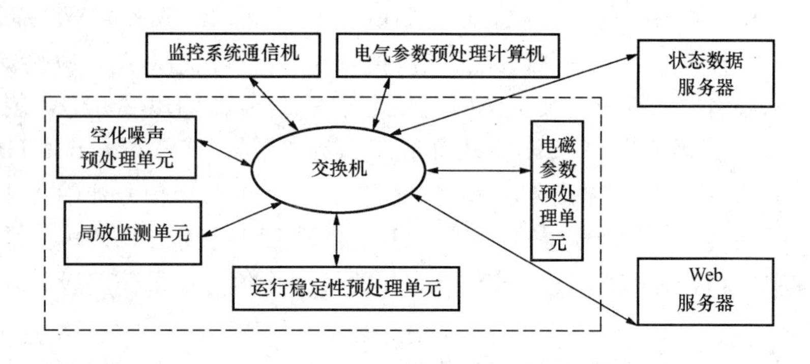

图 19-11　PSTA2000 系统体系结构

各预处理计算机与服务器之间的网络通信关系如图 19-12 所示。

2. 状态监测装置 PSTA2000 软件系统组成

PSTA2000 系统的软件主要有以下几个模块组成：数据采集及预处理、网络通信及数据转换、应用服务程序模块、系统配置程序模块、客户端软件模块、组态工具模块等。

现地单元分别由信号采集及预处理单元（SPU）、传感器工作电源箱、液晶显示器、共享器和 UPS 等单元组成。

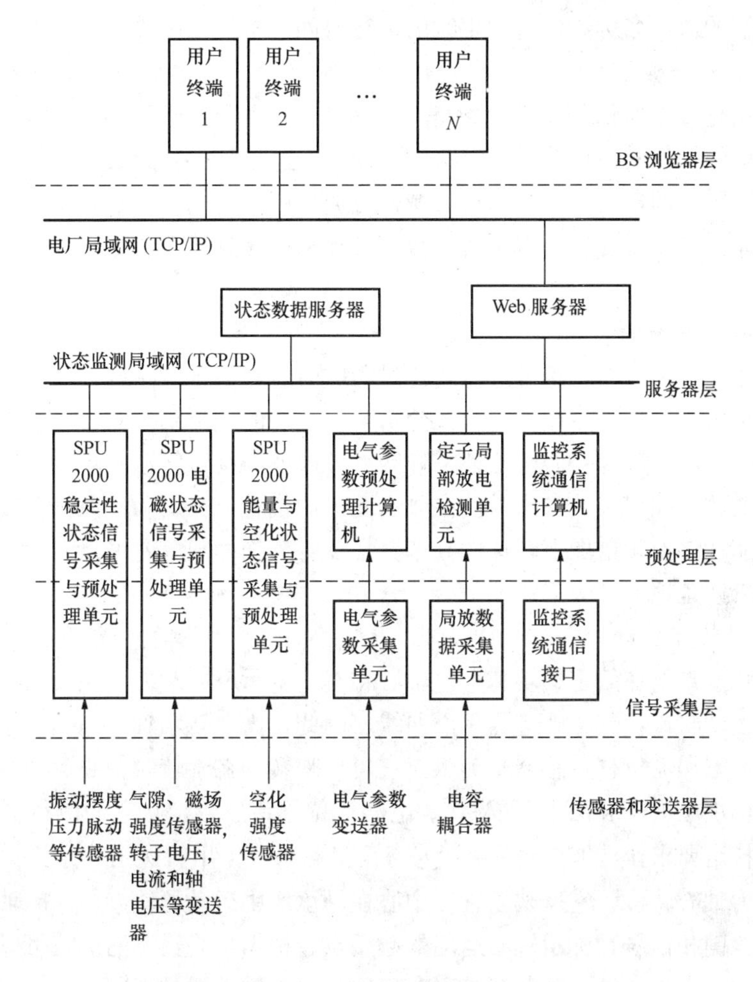

图 19-12　PSTA2000 系统网络通信关系

二、操作步骤

1. 预警分析

预警分析是指某通道信号相对于其历史信号而言发生了微弱变化时系统给出的机组状态变化提示信息。通常预警是把该通道信号的当前值与该通道对应的标准值进行比较，若两者之间的变化超过了系统给定的阈值范围，系统就给出预警信息。预警可分为基于振动谱分析、时域信号均值及其他组合参量的预警三种类型。

预警功能是系统的基本功能，它在系统启动后就一直处于运行或监视状态，一旦系统某通道的信号状态发生了超过系统预先设定或自动生成的阈值，系统就记录

下发生预警的通道名称，预警发生时的运行时间、机组工况等。

2. 时域图分析

时域图是传感器信号经放大、滤波、A/D变换等处理后，用所得到的离散数据作出的信号幅值随时间变化的图形或波形，这里的信号幅值可以代表位移、速度、加速度等物理量的大小。通过时域信号波形图，我们可以看到信号幅值随时间变化的规律，同时可提取出若干典型数字特征来描述其状态，如：均值、方差、最大峰峰值等。

3. 阶次比图分析

阶次比主要是针对机组升速或降速过程的时域数据进行频域分析的一种有效方法。当然也可以对稳态数据作阶次比分析，但这时的分析结果同功率谱分析没有大的区别。其基本原理是：假若能使采样频率的改变与旋转转速同步起来，那么此时分析显示的转速频率及其各次谐波在频谱图上的位置，会明确地保持在其确定的位置，因转速波动使频谱图上转速的频率分量变得模糊的现象就可以消除，各次谐波分量就可以清楚地区分开来。

4. 轴心轨迹分析

轴心轨迹是指在给定的转速下，轴心相对于轴承座或对地，在其与轴线垂直的平面内的运动轨迹，这一轨迹为平面曲线，因此，需在转轴轴承座相互垂直的方向上安装两个电涡流位移传感器来测量。它可反映转轴在旋转时轴心运动的轨迹。它是在转轴轴承座上安装两个互成90°的电涡流位移传感器，将它们测得的时域数据直接或按特定要求作滤波处理后在(XOY)直角坐标系中作出轨迹图，这样得到的二维图形，称为轴心轨迹，它反映了轴径中心在轴承座中运动的轨迹，一般轴心轨迹图中还应包含键相信号，标示轴心运动的起始点。根据轴心轨迹的形状可以判别轴颈中心的运动状态，如轴上预载荷是否有变化，轴与轴承孔是否同心、轴间隙正常否等。正常状态时，轴心轨迹应是圆形。所以通过观察、监视转子的轴心轨迹可以得到以下信息：

(1) 轴与轴承的同心度。

(2) 转子径向预载或外力的变化，以及碰磨情形等。

5. 频谱图分析

频谱图分析是信号分析中常用的一种频域分析方法。它是将时域信号通过FFT变换展开成若干频率成分之和，从而分析信号的频率成分及各分量的能量大小（通过幅值来衡量），这就相当于把问题从一个域转换到另一个域来分析，即换一个角度来看问题。我们一般用信号的幅值谱来分析一个具体问题。从功率谱图上我们可以看出信号中的频率成分，各已知特征频率处对应的幅值

(即相应时域信号中某频率成分的能量)，并且可以发现异常频率成分。若某一时期，某个传感器信号的功率谱图上出现某种故障的特征频率，则一定是有此故障发生。

6. 瀑布图分析

瀑布图分析是以时间、负荷、功率或温度等参量作为第三维坐标绘制的频谱曲线集合，取不同的第三维坐标绘制的瀑布图可形象地展现旋转机械振动信号频谱随上述各种参量的变化过程。简言之，瀑布图就是将不同转速或时间或负荷或功率下的若干个频谱图绘制在一张图上，以便观察、比较，找出随这些量变化显著或较明显的特征参量，它适用于有微小速度波动的稳态过程。

7. 级联图分析

级联图是以转速等参量作为第三维坐标绘制的频谱曲线集合，可形象地展现旋转机械振动信号频谱随转速的变化过程。简言之，级联图就是将不同转速下的若干个频谱图绘制在一张图上，以便观察、比较，找出变化显著或较明显的特征参量，它适用于升、降速过程。实现方法基本上与瀑布图相同，不同之处在于这里第三维坐标是时间，即一段时间内信号谱图随时间的变化情况，而且这里考虑的是机组的升、降速过程。

8. 相位图分析

在旋转机械监测系统以及动平衡工作中，相位是其中最重要的监测参数之一，而且在旋转机械振动测试中，相位具有特定的含义，它是指基频振动相对于转轴上某一确定标记的相位滞后。在动平衡工作中，它指明了加重或去重的方位角，在监测系统中，它可以帮助诊断机器故障。

9. 空间轴线图分析

空间轴线实质上是为了监测机组轴线的变化而加进系统的一个分析方法。主要实现方法是：利用安装间隙、轴颈半径以及各导轴承 X、Y 方向轴振信号的幅值平均值，求出轴径中心相对于轴承中心的偏心距及角度，从而确定出三个导轴承处轴中心的位置，把这三个中心连接起来，就得到轴径中心的连线，即空间轴线。实际作图时，同时作出了上导、下导及水导三个导轴承的轴心轨迹，以便更清楚地看到轴径空间轴线的变化情况，其本质就是轴中心线位置分析。

10. 分析报告

出具状态分析报告。

三、操作注意事项

状态监测装置的维护及操作，遵守计算机维护及操作的规定。

模块6 火灾报警系统的检修和调试

一、操作说明

火灾报警系统由安装于控制室的彩色CRT系统、现地控制器、各种类型的探测器、试验开关组成。火灾报警系统应能够及时发现整个厂房的各个部位是否出现火灾情况，做到及时发现，及时处理，减小火灾带来的损失。

火灾报警系统采用火灾探测器，探测器本身应能对采集到的环境参数信号进行分析判断，降低误报率。火灾报警控制器采用大屏幕汉字液晶显示。可显示各种报警信息，方便值班人员的判断。探测器与控制器采用无极性信号二总线。

火灾报警系统设备型号有彩色CRT系统、JB-QB-GST200型汉字液晶显示火灾报警控制器、JTY-GD-G3型智能光电感烟探测器、JTW-LDB-100型智能缆式线型感温探测器、JTY-GF-GST104非编码光电感烟探测器等。

二、操作步骤

(1) 工作电源的检查。输入电源正常。

(2) JTW-LDB-100型智能缆式线型感温探测器的测试。到现场拨动测试开关，通过控制器检验报警是否正常，若不正常，则检查、更换探测器。

(3) 光纤传输设备检查工作状态是否正常，若不正常则断电复归或者更换转换器。

(4) 彩色CRT系统按照软件说明进行操作，对软件实行备份，软件故障时进行恢复。

(5) 硬件故障时的处理同计算机检修。

(6) JB-QB-GST200型汉字液晶显示火灾报警控制器面板按键检查。

(7) 出具检修工作报告。

三、注意事项

(1) 更换、检查、试验时登高作业应系安全带。

(2) 彩色CRT系统检修时，检修人员应将手对地放电。

模块7 快速门的检修和调试

一、操作说明

正常运行情况下快速闸门处于全开位置。在机组需要检修时关闭快速闸门，排除闸门至机组中间的水便于检修工作。机组在紧急事故的情况下自动快速关闭闸

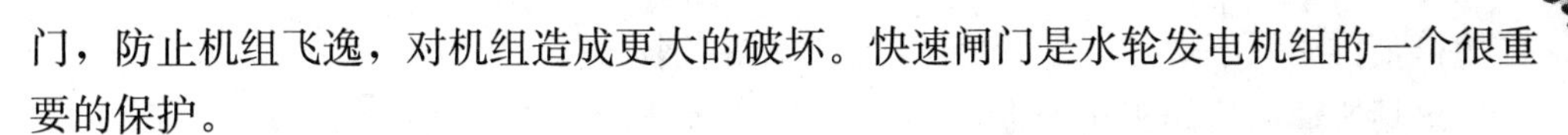

门，防止机组飞逸，对机组造成更大的破坏。快速闸门是水轮发电机组的一个很重要的保护。

快速闸门装置控制回路一般由两套PLC、一对通信模块、绝对式编码器(842D)、光纤转换器、中间继电器、双位置继电器、电触点压力表、电磁阀等组成。控制回路的工作是由小型的PLC完成的。

二、操作步骤

1. 快速门控制系统故障的处理

故障现象：快速闸门通信报警；检查发现快速闸门充水后，水压达到规定值，快速闸门不能自动提起；查看快速闸门指示牌和监控系统快速闸门的显示，通信故障时，现地双位置继电器动作，但不能将快速闸门落下和提起。

(1) 检查光纤转换器工作状态。

(2) 确认PLC无事故信号后，检查所有通信线及接口接触是否良好。

(3) 各部分均无故障时复归PLC，复归方法如下：

1) 确认PLC无事故信号后，按复归按钮。

2) 如通信故障仍然存在，确认PLC无事故信号后，将PLC断电复归，使PLC重新初始化；该项操作时必须检查各台机组的事故落门继电器的位置在提门位。

(4) 检查通信模块是否正常，如不正常更换该模块。

2. 快速闸门充水达到平压后快速闸门不能自动提起故障的处理

故障现象：检查时快速闸门充水后，水压达到规定值，快速闸门不能自动提起。

(1) 检查电器部分压力表平压节点是否接通。观察PLC开入灯是否点亮，灯点亮，触点接通，用万用表测量该节点是否有电压，电压值为直流+24V，说明节点未接通，处理压力表触点。

(2) 检查控制把手是否在自动位及把手触点状况。

(3) 检查现地PLC开出动作是否正确。

(4) 检查各电磁阀动作是否正确（用万用表测量或听电磁阀是否动作）。

(5) 检查快速闸门是否出现机械故障，检查电磁阀阀组。

3. 快速门落门时不能完全落下故障的处理

故障现象：快速门落门时不能完全落下。

由运行人员操作，首先提起快速闸门，再次落下，观察情况，还是不能落下，必要时落进口门，排水，由检修人员检查处理。

4. 快速门模拟量指示不正确故障的处理

用一字螺丝刀松开传感器固定位移钢丝绳，旋转指示盘使输出量与闸门实际位

置相符，再用一字螺丝刀紧固传感器固定位移钢丝绳。

出具快速门检修工作报告。

三、操作注意事项

（1）检修或者故障处理时，必须做好必要的检查，防止误落门情况发生。

（2）工作中需要设专人监护。

模块8 机组检修后特性试验

一、操作说明

机组在检修后需要做的试验包括发电机空载试验、发电机短路试验、频率特性试验、灭磁时间常数试验、励磁调节动态试验（如零起升压、±10%阶跃、主励磁机空载试验、主励磁机负载试验、通道切换试验）。用来检验相关设备检修后的性能是否符合正常运行的要求。

以下对励磁机空载特性试验、发电机零起升压试验及空载特性试验、发电机短路特性试验、主变压器递升加压试验的操作进行阐述。

二、操作步骤

（一）励磁机空载特性试验

（1）机组模拟试验交票，运行恢复措施操作完毕。

（2）根据试验方案做好励磁机空载特性试验准备工作及措施。

（3）做好无励自动开机措施，切开励磁调节器交、直流工作电源，切开励磁机开关LMK，切开发电机灭磁开关QF。

（4）断开监控系统“开机启励”回路，退出励磁装置“强励强减”功能，短接监控系统灭磁开关QF触点。

（5）用计算机自动开机至额定转速。

（6）进行励磁机空载特性试验。

（7）以上试验结束后，通过压油罐短接压力开关触点，模拟事故低油压、事故停机，检查事故流程动作情况。

（8）试验结束后，检查设备情况。

（二）发电机零起升压试验及空载特性试验

（1）机组模拟试验交票，运行恢复措施操作完毕。

（2）根据试验方案做好机组零起升压试验准备及措施。

（3）做好零起升压试验开机措施，投入励磁调节器交、直流工作电源，合上励磁机开关LMK，合上发电机灭磁开关QF。

（4）断开监控系统“开机启励”回路，退出励磁装置“强励强减”功能。

（5）用计算机自动开机至额定转速。

（6）进行零起升压试验，录制发电机空载特性曲线，监测各点电压、电流等参数。在试验过程中，监视励磁机各部，若发现励磁机换相器电刷打火，视火花等级，必要时停机查明原因后再开机重新试验。

（7）发电机电压升高到额定电压的30%时，测量各二次电压回路相序、相位，检查电压值是否正确。

（8）试验结束后，调整机组转速、电压为额定值，发电机空载运行，进行发电机空载工况下运行3min的转速摆动值测试，并做好记录。进行发电机转子一点接地保护测量整定。进行空载状态下发电机定子接地保护整定。

（9）试验结束后用计算机自动停机，对所辖设备进行检查。

（三）发电机短路特性试验

（1）机组模拟试验交票，运行恢复措施操作完毕。

（2）根据试验方案做好发电机短路特性试验准备及措施。

（3）发电机单元接线如图19-13所示，在643隔离开关处靠644开关侧设置三相短路点。

（4）做好短路特性试验准备及措施，做好开关防跳措施。

（5）断开监控系统“开机起励”回路，断开监控系统有功、无功调节回路，退出励磁装置“强励强减”功能，断开励磁调节器控制回路中的出口开关触点，断开调速器控制回路中出口开关触点。

（6）确认643隔离开关在切位，644开关在合位，将发电机、变压器保护退出运行，做好现地手动开机措施。

（7）在现地手动开机至额定转速。

（8）进行发电机短路特性试验，录制发电机短路特性曲线，与原始曲线相比较。试验时严密监测发电机三相电流平衡情况，如遇发电机电流摆动较大或发电机三相电流不平衡时，迅速将励磁电流减到零。

（9）试验过程中检查发电机、变压器差动保护差流是否正确。检查电流互感器极性是否正确。

（10）以上试验结束后，在现地手动停机，投入发电机、变压器差动保护。

（11）停机后拆除母线三相短路点，做好相关措施。

（四）主变压器递升加压试验

（1）机组模拟试验交票，运行恢复措施操作完毕。

（2）根据试验方案做好主变压器递升加压试验各项准备工作及措施。

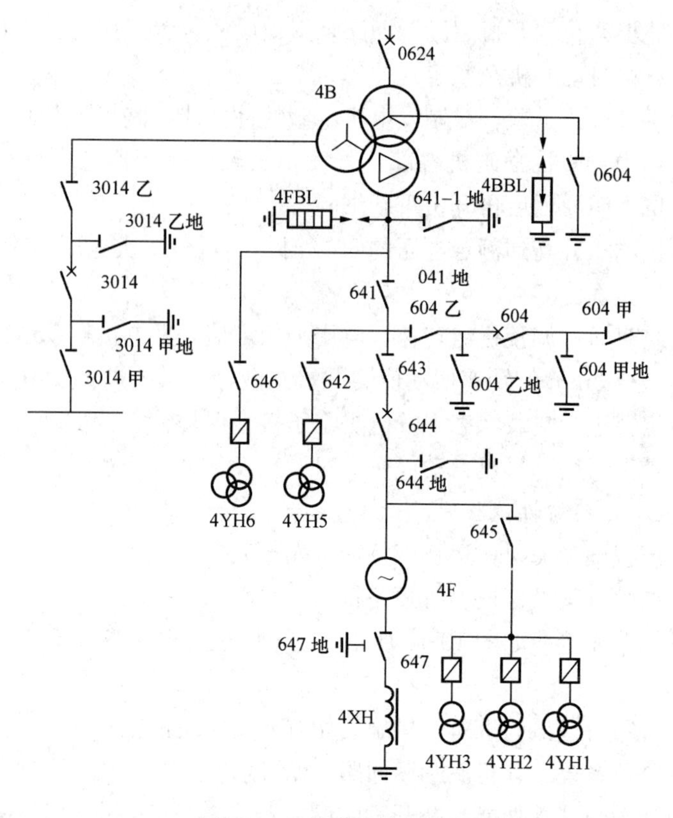

图 19-13　发电机单元接线

（3）检查 643 刀闸在合位，641 隔离开关在合位，604 开关及 604 甲、乙隔离开关在分位，主变压器中压侧 3014 开关及甲、乙隔离开关在分位，主变压器高压侧 0624 开关及 0624 上、下隔离开关在分位，做好远方计算机自动开机准备。联系调度，合上主变压器中性点隔离开关。

（4）断开监控系统“开机起励”回路，断开监控系统有功、无功调节回路，断开励磁调节器控制回路中的出口开关触点，退出励磁装置“强励强减”功能，断开调速器控制回路中出口开关触点。

（5）用计算机自动开机至额定转速。

（6）合 644 开关。

（7）手动调整励磁调节器，缓慢增加励磁，分别在发电机额定电压值的 25%、50%、75%、100%情况停顿，现场监视变压器升压过程中的运行情况，发现异常立即联系灭磁。

（8）试验结束后，使用计算机自动停机。

（五）试验工作结束

（1）试验拆线，检查所拆动过的端子或部件是否恢复，清理现场。

（2）根据试验数据（试验时间、天气、试验主要仪器及精度、试验数据、试验人等）进行试验记录并分析。

（3）出具机组检修后特性试验报告。

三、操作注意事项

（1）励磁系统试验按照励磁相关试验操作进行。

（2）假并试验按照监控系统试验的操作要求进行。

（3）所有试验项目中涉及自动化专业的都要进行认真检查、记录，发现问题及时处理。

模块 9　变压器冷却系统控制回路的动态试验

一、操作说明

变压器冷却系统控制回路的主要功能是用来冷却主变压器的油，降低主变压器的温度，使变压器能够安全稳定地运行，遇到变压器过负荷或者温度升高到危害变压器安全运行时，发出跳闸信号，使主变压器三侧开关跳开，达到保护变压器的目的。

（1）主变压器控制回路控制的设备有潜油泵、冷却用的风机。

（2）主变压器冷却器的冷却方式为强迫油循环风冷。

（3）由两段 400V 电源供电。两段电源互为备用，其中一段失去电源后，另一段能自动投入。

（4）主变压器冷却器有三种工作方式：自动、备用、辅助。当自动冷却器出现故障时，备用冷却器投入运行。

（5）潜油泵电动机设有电动机保护器，作为电动机的保护。

（6）当主变压器三侧中的某一侧开关合闸后，冷却器则可自动投入工作。

（7）当冷却器的两段电源均消失时，延时 20min，跳主变压器各侧断路器。

二、操作步骤

1. 绝缘检查

100V 以上的回路用 1000V 绝缘电阻表测试，要求绝缘电阻不小于 1MΩ。60V 以下回路用 500V 绝缘电阻表测试，绝缘电阻为 0.5 MΩ 及以上。

2. 两段工作电源切换试验

（1）工作电源把手在Ⅰ段位置，断开Ⅰ段工作电源熔丝 1RD，则Ⅰ段工作电源接触器失磁，Ⅱ段工作电源接触器励磁。有Ⅰ段工作电源故障光字牌亮及音响。

(2) 将Ⅰ段工作电源熔丝1RD恢复后，Ⅰ段工作电源接触器励磁、Ⅱ段工作电源接触器失磁。

(3) 工作电源把手在Ⅱ段位置，断开Ⅱ段工作电源熔丝2RD，则Ⅱ段工作电源接触器失磁，Ⅰ段工作电源接触器励磁。有Ⅱ段工作电源故障光字牌亮及音响。

(4) 将一段工作电源熔丝2RD恢复后，Ⅱ段工作电源接触器励磁、Ⅰ段工作电源接触器失磁。

(5) 试验完毕后，将工作电源把手恢复在原始Ⅰ段位置。

3. 单组冷却器工作试验（以下试验主变压器自动工作把手在自动位）

(1) 工作电源把手置Ⅰ段或Ⅱ段工作位置。

(2) 每组冷却器操作把手分别投入工作位，风机、油泵立即启动稳定运行，同时，过负荷延时启动继电器有短时的励磁，但励磁时间小于整定时间而返回，每组工作指示灯亮。

4. 主变压器过负荷、辅助冷却器投入运行试验

(1) 将所有的冷却器的操作把手置辅助位置。

(2) 短接温度信号器过负荷触点，辅助冷却器工作接触器励磁所有冷却器立即启动并稳定运行。

(3) 断开温度信号器控制辅助冷却器工作接触器的自保持触点，接触器失磁，所有冷却器停止。

(4) 短路保护装置接入过负荷引出触点，各组冷却器经一段延时后全部启动并稳定运行，将短路线断开，冷却器全停。

5. 备用冷却器投入试验

(1) 将一组冷却器置工作位置，其余各组均置备用位置。

(2) 短接工作位置冷却器的故障信号，过负荷继电器励磁经延时后备用冷却器全部投入，监控系统有光字及音响报警。

6. 冷却器全停事故跳闸试验

(1) 将工作电源操作把手置Ⅰ段或Ⅱ段。

(2) 旋下Ⅰ段工作电源熔丝1RD和Ⅱ段工作电源熔丝2RD，监控系统报警Ⅰ段、Ⅱ段工作电源故障及冷却器全停事故信号，经20min延时，跳闸继电器动作，跳主变压器各侧断路器。

7. 试验恢复

试验拆线，检查所拆动过的端子或部件是否恢复，清理现场。

8. 试验记录

根据试验数据（试验时间、天气、试验主要仪器及精度、试验数据、试验人等）进行试验记录并分析。

9. 试验报告

出具变压器冷却系统控制回路试验报告。

三、操作注意事项

（1）如果设备在运行，进行操作时，出现冷却器全停现象，必须在20min内恢复运行。

（2）所有工作必须2人以上完成。

模块10　桥式起重机的维护和常见故障的排查

一、操作说明

桥式起重机的电气系统由可编程控制器（PLC）、人机界面装置、变频器、主/副钩回馈单元、大/小车制动电阻、编码器、主令手柄开关、主令按钮开关、主令选择开关、限位开关、超速开关、抱闸制动器、空气开关、交流接触器及中间继电器等组成。

（1）可编程控制器。全系统的控制中心；判断控制指令的来源；输出相应的指令驱动变频器；检测系统的故障内容并进行相应的保护动作。

（2）人机界面装置。是操作人员与控制系统之间的桥梁；显示PLC的输入、输出状态；系统当前的主要故障信息；显示各变频器的备好信号；显示吊钩的高度等。

（3）变频器。是桥式起重机机运行的主要装置，通过输入端子接收PLC的控制信号，通过输出端子将变频器的状态发给PLC信号，通过U、V、W端子驱动电动机并进行调速。

（4）主/副钩回馈单元。在吊钩下降及减速停车过程中将变频器直流母线上的多余能量回馈到电网中，防止变频器直流母线上的电压上升。

（5）大/小车制动电阻。在大/小车减速停车过程中将变频器直流母线上的多余能量通过热能的形式散发掉，防止变频器直流母线上的电压上升。

（6）编码器。是变频器闭环矢量控制的检测元件，安装在电动机的尾部，将电动机的转速信号转换成脉冲信号，通过PG－B2反馈卡送到变频器内部，变频器通过它来检测电动机的转速是否正常。

（7）主令手柄开关、主令按钮开关、主令选择开关。是操作桥式起重机的主要元件，通过它可以启动、停止、急停桥式起重机。

（8）限位开关。对设备进行限位保护，主、副钩有2级上限开关；大车有左、

右限位开关；小车有前、后限位开关。

(9) 超速开关。主、副钩电动机的尾部均有超速开关，当电动机的转速超过800r/min，此开关动作，系统将切断相应抱闸的电源，进行吊钩保护。

二、操作步骤

1. 系统无法启动故障的处理

(1) 检查受电柜电压表指示是否异常，检查接线及系统电源，受电柜空气断路器是否闭合。

(2) 检查联动台电源指示灯是否点亮，检查控制变压器回路，受电柜空气断路器是否闭合。

(3) 检查各主令是否在零位，将各主令置零位。

(4) 检查各安全门是否关好，将各安全门关好。

(5) 检查钥匙开关是否置ON，将钥匙开关置ON。

(6) 检查急停开关是否解除，将急停开关旋转复位。

(7) 检查零位接触器控制回路。

2. 主钩不动故障的处理

(1) 主钩上升不动另外一个方向还可以动，证明变频器正常。

(2) 观察主钩上限继电器是否吸合。

(3) 观察Y40（2号小车前进）是否有输出（有指示灯）。

(4) 检查X02（吊钩2速度）、X03（吊钩3速度）是否有输入。

(5) 检查主钩上限位开关。

(6) 检查主令及主令连线。

3. 主钩无反应故障的处理方法

(1) 观察备好指示灯是否点亮。

(2) 主令的COM（PLC输入信号公共端）是否开路。

(3) 变频器的COM（PLC输入信号公共端）是否开路。

(4) 检查变频器面板的显示，若有异常信息，参照变频器异常处理说明处理。

4. 副钩不动故障的处理

(1) 副钩一个方向不动另外一个方向还可以动，证明变频器正常。

(2) 观察副钩上限继电器是否吸合、有指示灯指示，检查副钩上限位开关。

(3) 观察Y50（LANP异常）是否有输出（有指示灯），检查X02（吊钩2速度）、X03（吊钩3速度）是否有输入。

(4) 检查主令及主令连线。

5. 副钩无反应故障的处理

(1) 观察备好指示灯是否点亮。

(2) 变频器异常，检查变频器面板的显示，若有异常信息，参照变频器异常处理说明处理。

(3) 主令的 COM（PLC 输入信号公共端）是否开路，变频器的 COM（PLC 输入信号公共端）是否开路。

6. 大车一个方向不动故障的处理

(1) 观察限位继电器是否动作。

(2) 检查限位开关是否动作。

(3) 检查可编程控制器（PLC）至变频器的控制线是否开路。

(4) 检查主令线 X22（小车后退）、X23（小车 2 速）。

(5) 观察速度信号 Y61（一号钩抱闸）、Y62（抱闸安全接触器励磁）是否有输出。

7. 大车某个档位不动故障的处理

(1) 观察大车速度信号 Y61（一号钩抱闸）、Y62（抱闸安全接触器励磁）、Y63（二号钩抱闸）、Y66（前 2 钩风机接触器）、Y67（后 2 钩风机接触器）。

(2) 检查大车主令信号 X21（小车前进）、X22（小车后退）、X23（小车 2 速）、X24（小车 3 速）、X25（小车 4 速）、X26（前 2 钩闸接近 1）。

(3) 检查大车主令开关。

8. 大车每个档位都不动故障的处理

(1) 观察整车备好指示，参照整机无法启动处理。

(2) 观察速度信号 Y61（一号钩抱闸）、Y62（抱闸安全接触器励磁）是否输出。

(3) 检查可编程控制器（PLC）与变频器的控制线是否开路。

(4) 检查主令信号是否输入，依据动作原因解除。

9. 小车一个方向不动故障的处理

(1) 检查限位开关是否动作。

(2) 观察限位继电器是否动作。

(3) 检查可编程控制器（PLC）至变频器的控制线是否开路。

(4) 检查主令线 X32（一号钩异常）、X33（大车异常）。

(5) 观察 Y70（安全控制接触器位置）、Y71（零位接触器位置）是否有输出。

10. 小车某个档位不动故障的处理

(1) 观察小车速度信号 Y70（安全控制接触器位置）、Y71（零位接触器位

置)、Y75（小车正常)、Y76（L20正常)、Y77（异常)。

(2) 检查小车主令信号X32（一号钩异常)、X33（大车异常)、X34（一号小车异常)、X35（二号小车异常)、X36（回馈异常)。

(3) 检查小车主令开关。

11. 小车每个档位都不动故障的处理

(1) 观察整车备好指示，参照整机无法启动处理。

(2) 观察小车速度信号Y70（安全控制接触器位置)、Y71（零位接触器位置）是否输出。

(3) 检查可编程控制器（PLC）与变频器的控制线是否开路。

(4) 检查主令信号是否输入，依据动作原因解除。

12. 出具报告

出具桥式起重机的电气系统故障处理报告。

三、注意事项

(1) 检修、故障处理时属于高空作业，上、下传递物件应用绳索拴牢传递，严禁上、下抛掷物品。

(2) 工作时应使用工具袋。

(3) 检查时，一定要切断电源并待表面的LED全部熄灯后，经过1min（30kW以上的变频器3min以上）后再进行。若切断电源后立刻触摸端子，会有触电的危险。

(4) 变频器有很多零部件组装构成，为了使长时期持续正常动作，有必要根据这些零部件的使用寿命进行定期检查、保养及更换。

科 目 小 结

本科目面向水电自动装置现场维护和检修工作，按照培训目标，以自动装置维护和检修工作中的基本技能操作为主要培训内容，对水力机械自动化系统的组成、设备的结构；水力机械自动化元件、设备的检测方法和步骤；水力机械自动化元件、设备进行调试和检修；水力机械自动设备特性试验、模拟试验、运行试验的方法、步骤及标准；状态监测装置进行预警信息分析；水力机械自动化元件、设备出现的复杂性故障等专业技能操作项目进行了详细的阐述。

通过本科目的技能操作培训，使水电自动装置检修工能正确运用安全规程和维护检修规程，掌握自动装置维护检修工作中规范的维护检修工艺，标准的测量、检查步骤，正确的安装、调试方法。

练　习　题

1. 自动化元件振动、摆度及轴向位移监测装置的检测项目有哪些？

2. 怎样进行测温仪表零点、满度的校准？

3. 如何调试测温系统？

4. 如何调试测速装置？

5. 试叙述状态监测装置的预警信息分析过程？

6. 怎样进行火灾报警系统的检修和调试？

7. 怎样进行快速门的检修和调试？

8. 机组检修后特性试验包括哪些项目，其内容是什么？

9. 变压器冷却系统控制回路的动态试验方法、步骤是什么？

10. 如何进行桥式起重机系统无法启动、主钩不动、大车一个方向不动故障的排查？

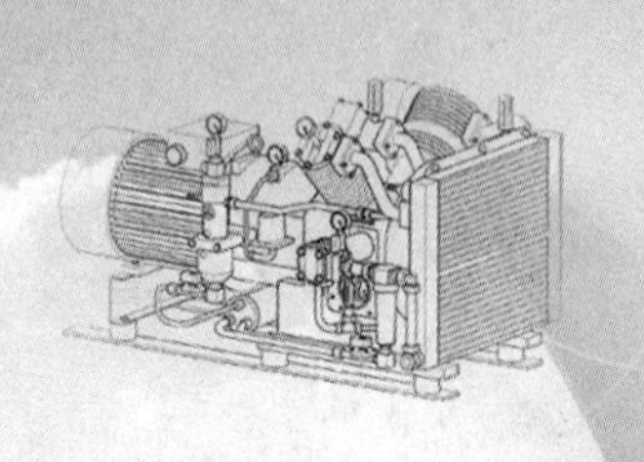

科目二十

水电自动装置的更换

水电自动装置的更换培训规范

科目名称	水电自动装置的更换	类别	专业技能
培训方式	实践性/脱产培训	培训学时	实践性 40 学时/ 脱产培训 20 学时
培训目标	1. 掌握水电自动装置改造的技术要求和工作流程。 2. 能对励磁系统、调速系统、同期系统的二次控制回路进行合理设计。 3. 能按照技术要求和工作流程安装水电自动装置并进行二次控制回路的施工和连接。 4. 掌握励磁系统、调速系统、同期系统调试及试验项目、方法、步骤及标准。 5. 掌握水电自动装置改造后的验收方法、步骤及标准。		
培训内容	模块 1　励磁设备的更换 模块 2　调速设备的更换 模块 3　同期设备的更换		
场地、主要设施、设备和工器具、材料	1. 场地：设备更换现场。 2. 主要设施和设备：励磁设备、调速设备、同期设备。 3. 主要工器具：专用施工工具、电工组合工具、钢锯、万用表、验电笔、绝缘电阻表、吸尘器；毛刷、试验电源盘、清洁工具包、温度计、湿度计等。 4. 主要材料：动力电缆、电缆卡子、电缆标示牌、钢锯锯条、穿管用的 8～10 号钢丝、电缆敷设的专用工具、放线架、足够长的厚壁钢管、爬梯、照明器具、控制电缆、双绞线、酒精、标签、尼龙扎带、抹布等。		
安全事项、防护措施	1. 检修前交代作业内容、作业范围、危险点告知、安全措施和注意事项。 2. 戴安全帽，穿工作服（防静电服），穿绝缘鞋，高空作业需佩戴安全带。 3. 加强监护，严格执行电业安全工作规程。 4. 对于需停电检修的设备，要认真进行验电检查，确保无电及安全措施完善后才能开始检修工作。		
考核方式	笔试：120 分钟 操作：120 分钟 完成维护和检修任务后。针对模块技能操作评分标准进行考核。		

模块1　励磁系统设备的更换

一、操作说明

励磁系统的设备由励磁调节器、功率柜、过电压保护装置、励磁变压器、电流互感器、电压互感器、交/直流电源及二次回路等组成。励磁系统设备更换就是针对上述设备而言的。

掌握励磁系统设备更换的方法、步骤及标准。

二、操作步骤

(1) 将励磁系统设备更新改造技术方案和施工方案报经上级部门审批。

(2) 订货时向厂家提供励磁设备的技术要求、发电机及励磁系统的参数。见表20-1～表20-4。

表20-1　发电机铭牌参数1

项　目	单　位
发电机额定电压U_n	kV
发电机额定视在功率S_n	MVA
发电机额定有功功率P_n	MW
发电机额定无功功率Q_n	MVA
发电机转子额定电压（满载）U_{fn}	V
发电机转子额定电流（满载）I_{fn}	A

表20-2　发电机铭牌参数2

项　目	参　数
d轴电抗X_d	
d轴暂态电抗X'_d	
励磁绕组时间常数T_{d0}（s）	
转动惯量H（s）	

表20-3　信号接口

项　目	参　数
一次电压互感器变比（kV/100V）	
一次电流互感器变比（A/5A）	

表20-4　保护参数（低励限制UEL）

项　目	参　数
P_0（MW）	
Q_0（Mvar）	

(3) 旧设备拆除。

1) 制定拆除方案。

2) 开具工作票，与上级调度部门或运行部门进行联系，做好安全和技术措施。

3) 对设备进行停电、放电操作。

4) 拆除旧励磁设备与二次控制电缆连接线，做好记号和记录。

5) 拆除旧励磁设备端子排与二次回路的连接线，做好记号和记录。

6) 拆除装置屏柜，注意防止机械损伤。

(4) 新励磁设备的到货验收。

1) 打开所更换的设备的包装，按发货清单清点收到的设备及附件。

2）检查装置上的元件、连线有无缺损。

（5）新励磁设备盘体的安装。

（6）进行励磁系统二次回路的设计。

1）选择励磁系统二次回路元件（继电器、接触器、控制电缆等）。

2）出具二次回路安装接线图。

（7）进行控制电缆的敷设。

（8）对自动装置及二次回路盘柜电器元件进行安装和配线。

（9）对自动装置及二次回路控制电缆进行连接。

（10）励磁装置及二次回路的检查。励磁装置及二次回路安装连接完毕后，应对其线路、元器件等进行全面检查。

1）按接线图检查各部分的接线是否正确，线号是否完整无误，接线端子有无松动，控制电缆的压接端头是否合格，各导线的截面积是否符合图纸的规定。

2）检查励磁系统操作、控制、保护、信号回路的正确性。

3）检查装置接地情况。逐一复查各接地处的选择是否正确，接触是否可靠，是否正确无误地连接在地线网上。

4）检查各手动开关、限位开关的动作是否可靠，各接触器、继电器的动作是否灵活，接触是否可靠，接线有无松动，灭弧装置是否完整。

5）检查装置各保护环节。熔断器的熔体是否选择适当，报警装置是否接好。

6）检查各部绝缘电阻。用绝缘电阻表（适当的电压等级）检查励磁设备之间等的对地及不同回路之间的绝缘电阻，新设备应大于1MΩ，旧设备应不小于0.5MΩ。

（11）励磁设备试验。柜体安装完成后，须进行静态检查试验，确认设备内部无因运输造成的损坏，验证外部连接电缆配线是否正确。

1）进行励磁调节器总体静态特性试验。

2）进行整流装置试验。

3）进行励磁变压器试验。

（12）励磁系统整体调试。

1）进行人机界面调试。

2）进行通信试验。

3）进行电力系统稳定器PSS的投运试验。

4）进行负载闭环试验。

5）进行发电机短路试验。

6）进行发电机无功负荷调整试验及甩负荷试验。

7）进行励磁调节器投运前校准试验。

（13）完成交代工作，设备投入运行。

（14）进行励磁系统更新改造项目施工验收。

（15）编制投运报告及励磁系统更新改造项目施工终结报告。

三、操作安全注意事项

（1）设备整体试运行期限为 12 个月。

（2）不得擅自变更原设计的回路或端子号，不得擅自将通用性设备改为特殊规范的设备。

（3）接触器和开关上的灭弧罩应完好，不应取掉。熔断器的熔体应按要求选用，不许用其他金属材料代替。

（4）送电时，应先送主电源，然后送控制电源；切断时则相反。

（5）调试时，应先进行静态试验，确认良好后再进行动态试验。注意出现异常情况，应立即停止试验，进行仔细检查。

（6）励磁系统调试顺序是：先开环后闭环，先内环后外环，先静态后动态，最后励磁系统整体联动。

（7）调试时，如保护装置动作，应查明原因，一般不得任意增大整定值强行送电。

（8）调试结束，应将调试过程中的检查、试验和运行情况详细记录，以供分析与总结。

模块 2　调速系统设备的更换

一、操作说明

调速系统的设备主要由调速器、交/直流电源及二次回路等组成。调速系统设备更换就是针对这些设备而言的。

掌握调速系统设备更换的方法、步骤及标准。

二、操作步骤

（1）将调速系统设备更新改造技术方案和施工方案报经上级部门审批。

（2）订货时向厂家提供，见表 20-5。

表 20-5　　调速设备的技术要求和机组参数

项　目	参　数	单　位
发电机额定电压 U_n		kV
发电机额定视在功率 S_n		MVA
发电机额定有功功率 P_n		MW

续表

项　目	参　数	单　位
发电机额定无功功率 Q_n		MVA
机组频率 f_n		Hz
转动惯量		s
最高水头		m
最低水头		m

(3) 旧设备拆除。

1) 制订拆除方案。

2) 开具工作票，与上级调度部门或运行部门进行联系，做好安全和技术措施。

3) 对设备进行停电、放电操作。

4) 拆除旧励磁设备与二次控制电缆连接线，做好记号和记录。

5) 拆除旧励磁设备端子排与二次回路的连接线，做好记号和记录。

6) 拆除装置屏柜，注意防止机械损伤。

(4) 新调速设备的到货验收。

1) 打开所更换的设备的包装，按发货清单清点收到的设备及附件。

2) 检查装置上的元件、连线有无缺损。

(5) 新调速设备盘体的安装。

(6) 进行调速系统二次回路的设计，出具二次回路安装接线图。

(7) 进行控制电缆的敷设。

(8) 对调速装置及二次回路盘柜电器元件进行安装和配线。

(9) 对调速装置及二次回路控制电缆进行连接。

(10) 调速装置及二次回路的检查。调速装置及二次回路安装连接完毕后，应对其线路、元器件等进行全面检查。

1) 按接线图检查各部分的接线是否正确，线号是否完整无误，接线端子有无松动，控制电缆的压接端头是否合格，各导线的截面积是否符合图纸的规定。

2) 检查调速系统操作、控制、保护、信号回路的正确性。

3) 检查装置接地情况。逐一复查各接地处的选择是否正确，接触是否可靠，是否正确无误地连接在地线网上。

4) 检查各手动开关、限位开关的动作是否可靠，各接触器、继电器的动作是否灵活，接触是否可靠，接线有无松动，灭弧装置是否完整。

5) 检查装置各保护环节。熔断器的熔体是否选择适当，报警装置是否接好。

6) 检查各部绝缘电阻。用绝缘电阻表（适当的电压等级）检查励磁设备之间等的对地及不同回路之间的绝缘电阻，新设备应大于 1MΩ，旧设备应不小

于0.5MΩ。

(11) 调速设备试验。柜体安装完成后，须进行静态检查试验，确认设备内部无因运输造成的损坏，验证外部连接电缆配线是否正确，进行调速装置总体静态特性试验。

(12) 调速系统整体调试。

1) 进行钢管充水后调速器手动开机、停机试验 。

2) 进行钢管充水后调速器自动开机、停机试验。

3) 进行微机调速器调节模式切换试验。

4) 进行微机调速器模拟运行试验。

5) 进行现场充水后的空载频率扰动试验。

6) 进行现场充水后的空载频率摆动试验。

7) 进行现场充水后的调速器带负荷调节试验、停机试验。

8) 进行现场充水后的电源切换试验。

9) 进行机组调节性能试验。

10) 进行现场充水后的机组甩负荷试验。

11) 进行现场充水后的调速器工作模式切换试验。

12) 进行现场充水后的模拟紧急停机试验。

(13) 完成交代工作，设备投入运行。

(14) 进行调速系统更新改造项目施工验收。

(15) 编制投运报告及调速系统更新改造项目施工终结报告。

三、操作注意事项

(1) 设备整体试运行期限为12个月。

(2) 开关、控制器的手柄及机械操作手柄应放在正确的位置。

(3) 调试时，应先进行静态试验，确认良好后再进行动态试验。注意出现异常情况，应立即停止试验，进行仔细检查。

(4) 调试时应随时注意机组的转速、噪声、振动、温升、润滑等情况。

(5) 调试结束，应将调试过程中的检查、试验和运行情况详细记录，以供分析与总结。

模块3　同期系统设备的更换

一、操作说明

同期系统的设备主要由同期点电压互感器、同期装置（手动准同期装置、自动准同期装置）、同期控制回路等组成。同期系统设备更换就是针对这些设备而言的。

掌握同期系统设备更换的方法及步骤。

二、操作步骤

（1）将同期系统设备更新改造技术方案和施工方案报经上级部门审批。

（2）在定货时向厂家提供同期点的频率、电压参数。

（3）旧设备拆除。

1）制定拆除方案。

2）开具工作票，与上级调度部门或运行部门进行联系，做好安全和技术措施。

3）对设备进行停电、放电操作。

4）拆除旧同期设备与二次控制电缆连接线，做好记号和记录。

5）拆除旧同期设备端子排与二次回路的连接线，做好记号和记录。

6）拆除装置屏柜，注意防止机械损伤。

（4）新同期设备的到货验收。

1）打开所更换的设备的包装，按发货清单清点收到的设备及附件。

2）检查装置上的元件、连线有无缺损。

（5）新同期设备盘体的安装。

（6）进行同期系统二次回路的设计，出具二次回路安装接线图。

（7）进行控制电缆的敷设。

（8）对同期装置及二次回路盘柜电器元件进行安装和配线。

（9）对同期装置及二次回路控制电缆进行连接。

（10）同期装置及二次回路的检查。励磁装置及二次回路安装连接完毕后，应对其线路、元器件等进行全面检查。

1）按接线图检查各部分的接线是否正确，线号是否完整无误，接线端子有无松动，控制电缆的压接端头是否合格，各导线的截面积是否符合图纸的规定。

2）检查励磁系统操作、控制、保护、信号回路的正确性。

3）检查装置接地情况。逐一复查各接地处的选择是否正确，接触是否可靠，是否正确无误地连接在地线网上。

4）检查各手动开关、限位开关的动作是否可靠，各接触器、继电器的动作是否灵活，接触是否可靠，接线有无松动，灭弧装置是否完整。

5）检查装置各保护环节。熔断器的熔体是否选择适当，报警装置是否接好。

6）检查各部绝缘电阻。用绝缘电阻表（适当的电压等级）检查励磁设备之间等的对地及不同回路之间的绝缘电阻，新设备应大于 1MΩ，旧设备应不小于 0.5MΩ。

(11) 同期设备试验。柜体安装完成后，须进行静态检查试验，确认设备内部无因运输造成的损坏，以及验证外部连接电缆配线是否正确。进行同期装置总体静态特性试验。

(12) 同期装置与上位机连接。

(13) 假并列试验。

(14) 开机并列试验。

(15) 完成交代工作，设备投入运行。

(16) 进行同期系统更新改造项目施工验收。

(17) 编制投运报告及同期系统更新改造项目施工终结报告。

三、操作安全注意事项

(1) 设备整体试运行期限为12个月。

(2) 不得擅自变更原设计的回路或端子号，不得擅自将通用性设备改为特殊规范的设备。

(3) 调试工艺及技术要求。

(4) 开关、控制器的手柄及机械操作手柄应放在正确的位置。

(5) 送电时，应先送主电源，然后送控制电源，切断时则相反。

(6) 调试时，应先进行静态试验，确认良好后再进行动态试验。注意出现异常情况，应立即停止试验，进行仔细检查。

(7) 调试结束，应将调试过程中的检查、试验和运行情况详细记录，以供分析与总结。

科 目 小 结

本科目面向水电自动装置的更新改造工作，按照培训目标，以水电自动装置更新改造施工中的技能操作为主要培训内容，对施工的准备、设备的安装、自动装置及系统的试验、水电自动装置更新改造项目结尾和试运等技能操作项目进行了详细的阐述。注重安全施工、安全操作。

通过本科目的技能操作培训，掌握自动装置维护检修工作中规范的维护检修工艺，标准的测量、检查步骤，正确的安装、调试方法；能核对、校正、会审水电自动装置及二次回路的原理图、展开图、端子排图、盘面布置图、盘背面接线图、元件内部连接图、一次设备（如操动机构等）内部的二次回路图、电缆敷设图、电缆清册及有关一次回路图等（包括制造图与自行绘制的现场施工用图）；掌握安装装置及回路接线的方法、步骤，安装的装置能保证质量，达到精度要求；掌握元件、装置、系统试验和整定的方法、步骤及标准；能编制调试技术措施及试运安全措施；会编写试验报告、项目终结报告及竣工图。

练 习 题

1. 水电自动装置的技术改造应遵循什么原则？

2. 水电自动装置及二次回路的技术改造的施工包括几部分工作？

3. 在施工准备阶段，主要应抓好什么工作？

4. 进入安装阶段后，工作重点应放在哪些内容上？

5. 进行装置及系统试验的工作重点是什么？

6. 水电自动装置的更新改造准备工作有哪些？

7. 励磁设备柜体安装完成后，须进行静态检查试验，确认设备内部无因运输造成的损坏，验证外部连接电缆配线是否正确，试验项目都有哪些？

8. 如何进行励磁系统整体调试？

9. 如何拆除同期系统的旧设备？

10. 怎样进行调速装置及二次回路的检查？

11. 调速系统更新改造项目操作注意事项有哪些？

参 考 文 献

[1] 李基成．现代同步发电机励磁系统设计及应用．2版．北京：中国电力出版社，2009.
[2] 张诚，陈国庆．水电厂电气二次设备检修．北京：中国电力出版社，2012.
[3] 竺士章．发电机励磁系统试验．北京：中国电力出版社，2005.
[4] 魏守平．现代水轮机调节技术．武汉：华中科技大学出版社，2002.
[5] 梁建行．发电机灭磁系统的分析与计算．北京：中国电力出版社，2009.
[6] 章吕勋．水电自动装置检修．北京：中国电力出版社，2003.